Tableau

数据可视化从入门到精通（视频教学版）

王国平 编著

清华大学出版社
北京

内 容 简 介

本书基于 Tableau 2020 版本编写，结合编者十余年数据分析行业从业经验和应用心得，详细介绍了 Tableau 2020.1 的数据连接功能、图形编辑与展示功能，包括软件的安装与激活、数据类型和运算符、连接数据源、基础操作、数据与图形的导出、连接大数据、基础图表、函数、高级数据操作、地图分析、故事、Tableau Online、Tableau Server 等内容，还介绍了 Tableau 在大数据方面的应用、数据分析案例以及上机操作题。另外，为方便读者使用本书，本书录制了同步全程视频教学，提供配书资源文件和 PPT 教学课件。

本书适合 Tableau 软件的初学者，互联网、银行证券、咨询审计、快消品、能源等行业数据分析用户以及媒体、网站等数据可视化用户使用，也可作为 Tableau 软件培训和高等院校相关专业的教学用书。

图书在版编目（CIP）数据

Tableau 数据可视化从入门到精通：视频教学版 / 王国平编著.—北京：清华大学出版社，2020.8（2021.11重印）
ISBN 978-7-302-56161-3

Ⅰ. ①T… Ⅱ. ①王… Ⅲ. ①可视化软件 Ⅳ. ①TP31

中国版本图书馆 CIP 数据核字（2020）第 143487 号

责任编辑：王金柱
封面设计：王　翔
责任校对：闫秀华
责任印制：宋　林

出版发行：清华大学出版社
网　　址：http://www.tup.com.cn，http://www.wqbook.com
地　　址：北京清华大学学研大厦 A 座　　**邮　　编**：100084
社 总 机：010-62770175　　**邮　　购**：010-62786544
投稿与读者服务：010-62776969，c-service@tup.tsinghua.edu.cn
质 量 反 馈：010-62772015，zhiliang@tup.tsinghua.edu.cn

印 装 者：三河市科茂嘉荣印务有限公司
经　　销：全国新华书店
开　　本：190mm×260mm　　印　　张：14.75　　字　　数：377 千字
版　　次：2020 年 10 月第 1 版　　印　　次：2021 年 11 月第 3 次印刷
定　　价：59.00 元

产品编号：089199-01

前 言

Tableau是当今世界上极为流行的商业智能化软件，它可以帮助用户生动地分析实际存在的任何结构化数据，并在几分钟内生成美观的图表、坐标图、仪表盘与报告。利用 Tableau 简便的拖放式界面，你可以自定义视图、布局、形状、颜色等，展现自己的数据视角。

本书基于 Tableau 2020.1 编写，结合编者十余年数据分析行业从业经验，详细介绍了该版本的数据连接功能、图形编辑与展示功能，包括软件的安装与激活、数据类型和运算符、连接数据源、基础操作、数据与图形的导出、连接大数据、基础图表、函数、高级数据操作、地图分析、故事、Tableau Online、Tableau Server 等内容。可以帮助读者快速掌握软件使用并应用于工作实践。

本书的内容

第 1 章介绍大数据时代的特征和挑战，数据可视化的新特性，以及目前主要的数据可视化软件。此外还简单介绍了 Tableau 软件，包括 Tableau Desktop、Tableau Prep、Tableau Online、Tableau Server、Tableau Mobile、Tableau Public、Tableau Reader。

第 2 章介绍 Tableau Desktop 的新增功能，以及软件的数据类型、运算符、开始页面以及软件的安装与激活。

第 3 章介绍 Tableau Desktop 可以连接的数据源，包括 Excel 文件、文本文件、Access、统计文件等，还介绍了如何连接各类数据库，如 SQL Server、MySQL、Oracle 等。

第 4 章首先介绍 Tableau Desktop 中维度和度量、连续和离散的概念和操作，然后介绍了工作区和工作表，并结合具体的案例进行讲解。

第 5 章介绍 Tableau Desktop 的数据导出，包括数据文件导出、图片文件导出、PDF 文件导出、PowerPoint 文件导出。

第 6 章和第 7 章介绍 Tableau 在大数据方面的应用，主要有连接基本条件、主要步骤和注意事项等，同时还介绍了 Tableau 大数据引擎的优化方法，以及如何提升连接性能。

第 8 章介绍如何使用 Tableau 生成一些统计图形，如条形图、饼图、直方图、折线图、散点图、树状图等。

第 9 章介绍 Tableau 函数，包括数学函数、字符串函数、日期函数、类型函数、逻辑函数、聚合函数、直通函数、用户函数、表计算函数等，同时介绍了每类函数的用法和例子。

第 10 章介绍 Tableau 的一些高级操作，如表计算、创建字段、创建参数、聚合计算和缺失值处理，并结合具体实例进行讲解。

第 11 章介绍如何使用 Tableau 创建地图，包括设置角色、标记地图、添加字段信息、设置地图选项、创建分布图和自定义地图等。

第 12 章介绍 Tableau 故事的概念，包括如何创建故事、修改故事点、设置故事格式和演示故事等。

第 13 章介绍 Tableau Online，包括如何导入工作簿、导入数据源、搜索内容等基础操作，如何创建用户站点角色、站点添加用户和导入现有用户等，如何创建和管理项目，以及为项目添加工作簿等。

第 14 章介绍 Tableau Server，包括安装的系统要求、安装步骤以及如何配置服务器，包括常规配置、数据连接、通知和订阅、SMAL、OpenID 等。

第 15 章介绍网上超市运营分析案例，分别从客户分析、配送分析、销售分析、退货分析和预测分析 5 个方面进行详细介绍。

第 16 章介绍网站流量分析案例，分别从页面指标分析、访问量分析、浏览量分析、退出量分析和下载量分析 5 个方面进行详细介绍。

本书配套资源

（1）配书教学视频

为提高读者的学习效率，本书录制了多媒体教学视频，读者扫描本书各章的二维码即可观看。

（2）配书资源文件

读者扫描下述二维码可以下载本书的资源文件，以方便读者上机练习。

（3）PPT 教学课件

读者扫描下述二维码可以下载本书的 PPT 教学课件。

本书的读者对象

本书适合 Tableau 软件的初学者，互联网、银行证券、咨询审计、快消品、能源等行业数据分析用户以及媒体、网站等数据可视化用户使用，也可作为培训机构及高等院校相关专业的教学用书。

尽管编者精益求精，但限于水平，书中难免存在错误和不妥之处，请广大读者批评指正。

编者

2020 年 5 月

目　录

第 1 章

数据可视化及 Tableau 概述

“让每个人都成为数据分析师”是大数据时代的要求，数据可视化的出现恰恰从侧面缓解了专业数据分析人才的缺乏。Tableau、Qlik、Microsoft、SAS、IBM 等 IT 厂商纷纷加入数据可视化的阵营，在降低数据分析门槛的同时，为分析结果提供更炫的展现效果。为了进一步让大家了解如何选择适合的数据可视化产品，本书将围绕这一话题展开，希望能对正在选型中的个人和企业有所帮助。

数据可视化是技术与艺术的完美结合，它借助图形化的手段，清晰有效地传达与沟通信息。一方面，数据赋予可视化意义；另一方面，可视化增加数据的灵性，两者相辅相成，帮助企业从信息中提取知识、从知识中收获价值。

数据可视化技术允许利用图形、图像处理、计算机视觉以及用户界面，通过表达、建模以及对立体、表面、属性、动画的显示，对数据加以可视化解释。Tableau 数据可视化软件为用户在数据可视化方面提供了行之有效的方法，重视的人越来越多。

1.1 大数据时代的挑战

大数据的出现正在引发全球范围内技术与商业变革的深刻变化。在技术领域，以往更多依靠模型的方法，现在可以借用规模庞大的数据，用基于统计的方法，使语音识别、机器翻译这些技术领域在大数据时代取得新进展。

既有技术架构和路线已经无法高效处理如此海量的数据。对于相关组织来说，如果投入巨大而采集的信息无法通过及时处理与反馈，就会得不偿失。可以说，大数据时代对人类的数据驾驭能力提出了新挑战，也为人们获得更为深刻、全面的洞察能力提供了前所未有的空间与潜力。

大数据时代主要有 4 个挑战：

第一个挑战是数据量大。

大数据的起始计量单位是 PB（1000TB）、EB（100 万 TB）或 ZB（10 亿 TB）。目前，企业面临数据量的大规模增长，预测未来十年全球数据量将扩大 50 倍。如今，大数据的规模尚在不断变化，单一数据集的规模范围从几十 TB 到数 PB 不等。

第二个挑战是数据类型繁多。

包括网络日志、音频、视频、图片、地理位置信息等，多种类型的数据对数据处理能力提出了更高要求。数据多样性的增加主要由新型多结构数据和多种数据类型（包括网络日志、社交媒体、互联网搜索、手机通话记录及传感器网络等）造成。其中，部分传感器安装在火车、汽车和飞机上，每个传感器都增加了数据的多样性。

第三个挑战是数据价值密度低。

大数据非常复杂，有结构化的，也有非结构化的，增长速度飞快，单条数据的价值密度极低。此外，随着物联网的广泛应用，信息感知无处不在。信息海量，但价值密度较低，如何通过强大的机器算法更迅速地完成数据的价值“提纯”，是大数据时代亟待解决的难题。

第四个挑战是高速性。

描述的是数据被创建和移动的速度。在高速网络时代，通过实现软件性能优化的高速电脑处理器和服务器，创建实时数据流已成为流行趋势。企业不仅需要了解如何快速创建数据，还必须知道如何将数据快速处理、分析并返回给用户，以满足用户的实时需求。

1.2 大数据可视化的难点

大数据具有多层结构，意味着会呈现多变的形式和类型。相较于传统的业务数据，大数据存在不规则和模糊不清的特性，造成很难甚至无法使用传统应用软件进行分析。传统业务数据随时间演变已拥有标准的格式，能够被标准商务智能软件识别。目前，企业面临的挑战是处理并从各种形式呈现的复杂数据中挖掘价值。

传统数据可视化工具仅将数据加以组合，通过不同展现方式提供给用户，用于发现数据之间的关联信息。近年来，随着云和大数据时代的来临，数据可视化产品已经不再满足于使用传统数据可视化工具对数据仓库中的数据抽取、归纳并简单的展现。新型数据可视化产品必须满足互联网爆发的大数据需求，必须快速收集、筛选、分析、归纳、展现决策者所需要的信息，并根据新增数据进行实时更新。

中国传媒大学新闻学院沈浩教授说过，“随着非结构和半结构化数据的增长，数据可视化的发展需要迎合多类型数据，词云、泡泡图、热图等形式的出现更加贴合新数据类型。”另外，在展现形式上，数据可视化工具还应该满足直接发布到云端、移动端的需求。

阿里巴巴数据平台事业部资深开发工程师宁朗说过，“数据可视化是大数据和大智慧之间的桥梁，大数据将数据变为设计师，每个人都可以利用。”

Splunk 中国区高级售前工程师崔玥说过，“如同 Windows 重新定义了操作系统，数据可视化重新定义了数据分析，将数据从晦涩的代码中脱离出来，通过简单的图形界面和大众更易接受的方式提供一个展现、监控数据的平台，让数据分析工作更简单。”

QlikView 南北亚区售前经理张子斌说过，“数据可视化利用人类发现复杂数据中的异常、模式、趋势甚至相关性的天然能力，这是我们无法用数据的行和列做到的。”好的数据可视化伴随内存关联技术、移动和社交商业探索能力，能让使用者自由、高效地挖掘数据以找出重要规律并做出决策。

1.3　可视化技术的新特性

数据可视化的历史可以追溯到 20 世纪 50 年代计算机图形学的早期，人们利用计算机创建了首批图形图表。到了 1987 年，一篇题目为《Visualization in Scientific Computing》（科学计算中的可视化，即科学可视化）的报告成为数据可视化领域发展的里程碑，它强调了基于计算机可视化技术新方法的必要性。

随着人类采集数据种类和数量的增长、计算机运算能力的提升，越来越多高级计算机图形学技术与方法应用于处理和可视化这些规模庞大的数据集。20 世纪 90 年代初期，“信息可视化”成为新的研究领域，旨在为许多应用领域对于抽象异质性数据集的分析工作提供支持。

当前，数据可视化是一个既包含科学可视化，又包含信息可视化的新概念。数据可视化是可视化技术在非空间数据上的新应用，使人们不再局限于通过关系数据表观察和分析数据信息，还能以更直观的方式看到数据与数据之间的结构关系。

数据可视化是关于数据视觉表现形式的研究。这种数据视觉表现形式被定义为一种以某种概要形式抽取出来的信息，包括相应信息单位的各种属性和变量。

数据可视化技术的基本思想是将数据库中每一个数据项作为单个图元元素表示，是由大量数据构成的数据图像，同时将数据的各个属性值以多维数据的形式表示，可以从不同维度观察数据，从而对数据进行更深入的观察和分析。

在大数据时代，数据可视化工具必须具有以下 4 种新特性。

- **实时性**：数据可视化工具必须适应大数据时代数据量的爆炸式增长需求，必须快速收集、分析数据，并对数据信息进行实时更新。
- **简单操作**：数据可视化工具满足快速开发、易于操作的特性，能满足互联网时代信息多变的特点。
- **更丰富的展现**：数据可视化工具需具有更丰富的展现方式，能充分满足数据展现的多维度要求。
- **多种数据集成支持方式**：数据的来源不局限于数据库，数据可视化工具将支持团队协作数据、数据仓库、文本等多种方式，并能够通过互联网进行展现。

数据可视化的思想是将数据库中每一个数据项作为单个图元元素，通过抽取的数据构成数据图像，同时将数据的各个属性值加以组合，并以多维数据的形式通过图表、三维等方式展现数据之间的关联信息，使用户能从不同维度和不同组合对数据库中的数据进行观察，从而对数据进行更深入的分析和挖掘。

1.4 主要数据可视化软件

1.4.1 Tableau

Tableau 是桌面系统中最简单的商业智能工具软件。Tableau 没有强迫用户编写自定义代码，新控制台也可以完全自定义配置。在控制台上，不仅能够监测信息，还提供了完整的分析能力。Tableau 控制台灵活，具有高度动态性。

Tableau 简单、易用、快速，一方面归功于产生自斯坦福大学的突破性技术。Tableau 是集复杂的计算机图形学、人机交互和高性能的数据库系统于一身的跨领域技术，其中最耀眼的莫过于 VizQL 可视化查询语言和混合数据架构。另一方面在于 Tableau 专注于处理最简单的结构化数据，即已整理好的数据——Excel、数据库等，结构化数据处理在技术上难度较低，这就使得 Tableau 有精力在快速、简单和可视上做出更多改进。

2014 年 3 月，IT168 网站进行了一项有关数据可视化的调查，已经部署数据可视化的企业仅为 15%，有 56%的企业计划 1～2 年内部署相关应用。从企业部署可视化的目的来看，排在前三位的分别为：通过可视化发现数据的内在价值（36%）、满足高层领导的决策需要（30%）和满足业务人员的分析需要（25%），仅有 9%的企业选择更美观的展现效果。

针对 Tableau、Qlik、TIBCO Software、SAS、Microsoft、SAP、IBM 和 Oracle 八家数据可视化产品和服务提供商的调查，分别从知名度、流行度和领导者三个角度进行分析。从知名度来看，8 家厂商几乎不分先后，只有微小的差距；从流行度来看，SAP、IBM 和 SAS 占据前三位，所占比例分别为 19%、18%和 17%；从领导者来看，Tableau 以 40%的优势遥遥领先。

1.4.2 Microsoft Power BI

Microsoft Power BI 是一套商业分析工具，可以连接数百个数据源、简化数据准备并提供即席查询，即席查询（Ad Hoc）是用户根据自己的需求，灵活地选择查询条件，系统能够根据用户的选择生成相应的统计报表等。即席查询与普通应用查询最大的不同是普通的应用查询是定制开发的，而即席查询是由用户自定义查询条件。

Microsoft Power BI 是微软发布的一种最新的可视化工具，它整合了 Power Query，Power Pivot，Power View 和 Power Map 等一系列工具的经验成果，所以使用过 Excel 做报表和 BI 分析的从业人员，可以快速使用它，甚至可以直接使用以前的模型，此外，Excel 2016 以上的版本也提供了 Power BI 插件。

1.4.3 阿里 DataV

阿里 DataV 旨在让更多的人看到数据可视化的魅力，帮助非专业的工程师通过图形化的界面轻松搭建专业水准的可视化应用，满足会议展览、业务监控、风险预警、地理信息分析等多种业务的展示需求。拖拽即可完成样式编辑和数据配置，无须编程就能轻松搭建可视化应用，是业务人员和设计师的最佳拍档。

支持接入包括阿里云分析型数据库、关系型数据库、本地 CSV 上传和在线 API 等，支持动态请求。将游戏级三维渲染能力引入地理场景，借助 GPU 实现海量数据渲染，提供低成本、可复用的三维数据可视化方案，适用于智慧城市、智慧交通、安全监控、商业智能等场景。

1.4.4　腾讯 TCV

腾讯 TCV（Tencent Cloud Visualization），即腾讯云图，是腾讯云旗下的一站式数据可视化展示平台，旨在帮助用户快速通过可视化图表展示海量数据，10 分钟零门槛打造出专业大屏数据展示，预设多种行业模板，极致展示数据魅力。采用拖拽式自由布局，无须编码，全图形化编辑，快速可视化制作，基于 Web 页面渲染，可灵活投屏于多种屏幕终端。

腾讯云图支持静态数据（CSV）、数据库、API 三类数据接入方式，其中仅静态数据 CSV 文件需要上传至数据管理，其他方式不需要。数据可视化通常需要 7 个步骤：获取（Acquire）、分析（Parse）、过滤（Filter）、挖掘（Mine）、呈现（Represent）、修饰（Refine）和交互（Interact）。支持公开发布，也支持对大屏进行密码验证和 Token 验证两种加密方式，充分保障项目安全。

1.4.5　百度 Sugar

百度 Sugar 是百度推出的数据可视化服务平台，目标是解决报表和大屏的数据可视化问题，解放数据可视化系统的开发人力。提供整体的可视化报表+大屏解决方案，能够快速分析数据和搭建数据可视化效果，应用的场景比较广泛，如日常数据分析报表、搭建运营系统的监控大屏、销售实时大屏、政府政务大屏等。

Sugar 提供界面优美、体验良好的交互设计，通过拖拽图表组件可实现 5 分钟搭建数据可视化页面，支持直接连接多种数据源，还可以通过 API、静态 JSON 方式绑定可视化图表的数据，大屏与报表的图表数据源可以复用，用户可以方便地为同一套数据搭建不同的展示形式。

1.4.6　FineBI

FineBI 是帆软公司推出的一款商业智能产品，通过最终业务用户自主分析企业已有的信息化数据，帮助企业发现并解决存在的问题，协助企业及时调整策略做出更好的决策，增强企业的可持续竞争性。

FineBI 具有以下几个方面的特点：完善的数据管理策略，FineBI 支持丰富的数据源连接，以可视化的形式帮助企业进行多样数据管理，极大地提升了数据整合的便利性和效率；可连接多种数据源，FineBI 支持超过 30 种以上的大数据平台和 SQL 数据源，支持 Excel、TXT 等文件数据集，支持多维数据库、程序数据集的等各种数据源；可视化管理数据，用户可以方便地以可视化形式来对数据进行管理，简单易操作。

1.5　Tableau 软件概况

Tableau 公司成立于 2003 年，是由斯坦福大学的三位校友 Christian Chabot（首席执行官）、Chris Stole（开发总监）以及 Pat Hanrahan（首席科学家）在远离硅谷的西雅图注册成立的。其中，Chris Stole 是计算机博士，Pat Hanrahan 是皮克斯动画工作室的创始成员之一，曾负责视觉特效渲染软件的开发，两度获得奥斯卡最佳科学技术奖，至今仍在斯坦福担任教授职位，教授计算机图形课程。

Tableau 公司主要面向企业数据提供可视化服务，是一家商业智能软件提供商。企业运用 Tableau 授权的数据可视化软件对数据进行处理和展示，不过 Tableau 的产品并不局限于企业，其他机构甚至个人都能很好地运用 Tableau 软件进行数据分析工作。数据可视化是数据分析的完美结果，能够让枯燥的数据以简单友好的图表形式展现出来。可以说，Tableau 在抢占细分市场，也就是大数据处理末端的可视化市场，目前市场上并没有太多这样的产品。同时，Tableau 还为客户提供解决方案服务。

1.5.1 Tableau Desktop

"所有人都能学会的业务分析工具"，这是 Tableau 官方网站上对 Tableau Desktop 的描述。确实，Tableau Desktop 的简单、易用程度令人发指，这也是软件的最大特点。使用者不需要精通复杂的编程和统计原理，只需要把数据直接拖放到工具簿中，通过一些简单的设置就可以得到想要的可视化图形。

Tableau Desktop 的学习成本很低，使用者可以快速上手，这无疑对日渐追求高效率和成本控制的企业来说具有巨大吸引力，特别适合日常工作中需要绘制大量报表、经常进行数据分析或需要制作图表的人使用。简单、易用并没有妨碍 Tableau Desktop 拥有强大的性能，它不仅能完成基本的统计预测和趋势预测，还能实现数据源的动态更新。Tableau Desktop 的开始页面如图 1-1 所示。

图 1-1　Tableau Desktop 的开始页面

Tableau Desktop 不同于 SPSS，SPSS 作为统计分析软件，比较偏重于统计分析，使用者需要有一定数理统计基础，虽然功能强大且操作简单、友好，但输出的图表与办公软件的兼容性及交互方面有所欠缺。Tableau Desktop 是一款完全的数据可视化软件，专注于结构化数据的快速可视化，使用者可以快速进行数据可视化并构建交互界面，用来辅助人们进行视觉化思考，并没有 SPSS 强大的统计分析功能。

总之，快速、易用、可视化是 Tableau Desktop 最大的特点，能够满足大多数企业、政府机构数据分析和展示的需要，以及部分大学、研究机构可视化项目的要求，而且特别适合企业使用，毕竟 Tableau 自己的定位是业务分析和商业智能。在简单、易用的同时，Tableau Desktop 极其高效，数据引擎的速度极快，处理上亿行数据只需几秒就可以得到结果，用其绘制报表的速度也比程序员制作传统报表快 10 倍以上。

Tableau Desktop 还具有完美的数据整合能力，可以将两个数据源整合在同一层，甚至可以将一个数据源筛选为另一个数据源，并在数据源中突出显示，这种强大的数据整合能力具有很大的实用性。Tableau Desktop 还有一项独具特色的数据可视化技术——嵌入地图，使用者可以用经过自动地理编码的地图呈现数据，这对于企业进行产品市场定位、制定营销策略等有非常大的帮助。

1.5.2　Tableau Prep

2018 年 4 月份,Tableau 推出全新的数据准备产品——Tableau Prep，可以到其官网下载。它定位于如何帮助人们以快速可靠地方式对数据进行合并、组织和清理，进一步缩短从数据获取见解所需的时间。简而言之，Prep 是一款简单易用的数据处理工具（部分 ETL 工作）。

之所以需要使用 Tableau Prep，是因为我们在使用 BI 工具进行数据可视化展示时，常常数据不具有适合分析的形制（数据模型），很难应对复杂的数据准备工作。因此，我们需要一种更方便的工具来搭建我们需要的数据模型。

Prep 保持了与 Tableau Desktop 一致的蓝色基调 UI，默认英语，未支持多语言选择。界面分为 3 部分，左边第一部分进行数据链接，中间是最近使用过的操作流程及预设的展示操作流程，右侧是一些教学资源，如图 1-2 所示。

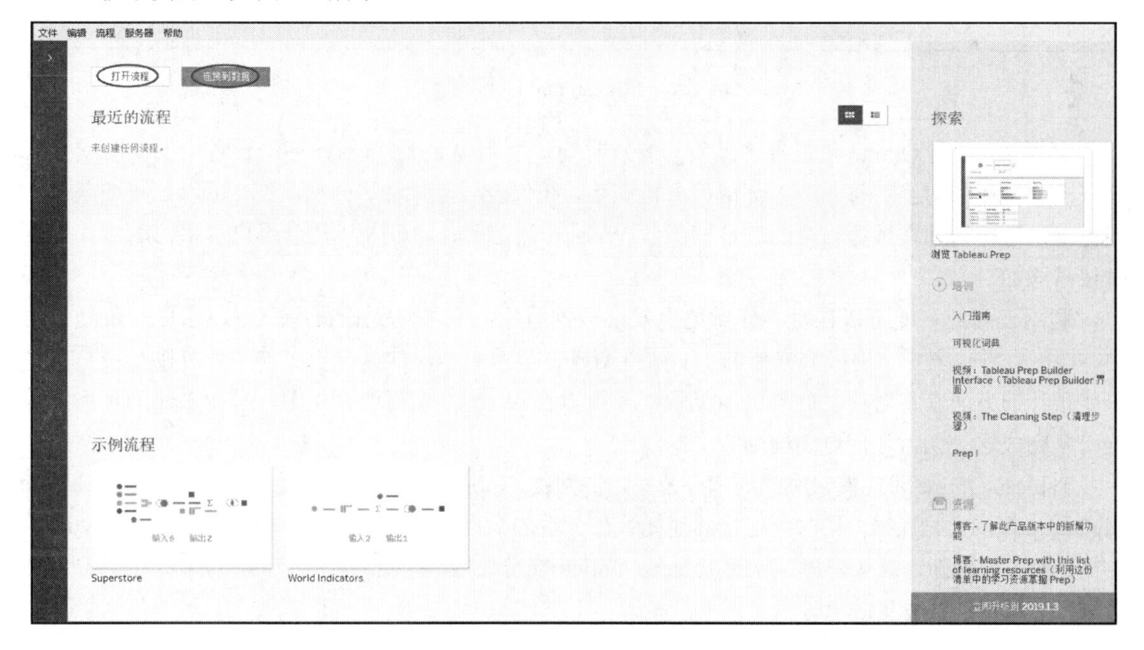

图 1-2　Tableau Prep 的页面

虽然 Tableau Prep 是一款独立的产品，但是可以与 Tableau Desktop、Tableau Server 和 Tableau

Online 进行无缝衔接。可以随时随地在 Tableau Prep 中创建数据提取、将数据源发布到 Tableau Server 或 Tableau Online，还可以直接从 Tableau Prep 中打开 Tableau Desktop 进行数据预览。Tableau Prep 可以创建 Tableau 数据提取（.tde 和.hyper）以及 CSV 等文件，这些文件可以在 Tableau 10.0 和更高版本中使用，并且可以连接到众多的数据源。

1.5.3 Tableau Online

Tableau Online 是 Tableau Server 的软件即服务托管版本，它让商业分析比以往更加快速轻松。可以利用 Tableau Desktop 发布仪表板，然后与同事、合作伙伴或客户共享，利用云商业智能随时随地、快速找到答案。Tableau Online 的页面如图 1-3 所示。

图 1-3 Tableau Online 的页面

利用 Tableau Online 可以省去硬件与安装时间。利用 Web 浏览器或移动设备中的实时交互式仪表板可以让公司上下每一个人都成为分析高手，在仪表板上批注、分享发现。可以订阅和获得定期更新，这一切都在敏捷安全的软件即服务 Web 平台上完成。可以从几个用户着手，随后在需要时按需添加。

利用云商业智能可以在世界任意地点发现数据背后的真相。无论在办公室、家里，还是在途中，均可查看仪表板，进行数据筛选、下钻查询或将全新数据添加到分析工作中；可以在现有报表未能预计的方面获得对这些问题的新见解；还可以在 Web 上编辑现有视图，利用 Tableau 飞速数据引擎完成这一切，让问题随问随答。

Tableau Online 可连接云端数据和办公室内的数据。Tableau Online 还与 Amazon Redshift、Google BigQuery 保持实时连接，同时可连接其他托管在云端的数据源（如 Salesforce 和 Google Analytics）并按计划安排刷新，或从公司内部向 Tableau Online 推送数据，让团队轻松访问，按设定的计划刷新数据，在数据连接发生故障时获得警报。

1.5.4 Tableau Server

Tableau Server 是一种新型的商业智能工具，传统的商业智能系统往往很笨重、复杂，需要运用专业人员和资源进行操作和维护，一般由企业专门设立的 IT 部门进行维护，不过 IT 技术人员通常缺乏企业其他人员的商业背景，这种鸿沟导致对系统利用的低效率和时间滞后。

Tableau Server 非常简单、易用，一般人都能学会，是一种真正自助式的商业智能，速度比传统商业智能快 100 倍。更重要的是，Tableau Server 是一种基于 Web 浏览器的分析工具，是可移动式的商业智能，用 iPad、Android 平板也可以进行浏览和操作，而且 Tableau 的 iPad 和 Android 应用程序都已经过触摸优化处理，操作起来非常容易。

Tableau Server 的工作原理是，由企业服务器安装 Tableau Server，并由管理员进行管理，将需要访问 Tableau Server 的人作为用户添加（无论是要进行发布、浏览还是管理）。Tableau Server 还必须为用户分配许可级别，不同许可级别具有不同的权限，为自定义视图并与其进行交互的用户提供 Interactor 许可证，为只能查看与监视视图的用户提供 Viewer 许可证。

被许可的用户可以将自己在 Tableau Desktop（只支持专业版）中完成的数据可视化内容、报告与工作簿发布到 Tableau Server 中与同事共享。同事可以查看你共享的数据并进行交互，通过共享的数据源以极快的速度进行工作。这种共享方式可以更好地管理数据的安全性，如用户通过 Tableau Server 可以安全地共享临时报告，不再需要通过电子邮件发送带有敏感数据的电子表格。

值得一提的是，在全球最大的商业智能用户调查中，Tableau 在客户忠诚度、实施速度、最低实施成本和拥有成本方面都排名第一，击败了包括 IBM、甲骨文、微软、SAS 在内的众多 BI 供应商。

1.5.5 Tableau Mobile

Tableau Mobile 可以帮助用户随时掌握数据，需要搭配 Tableau Online 或 Tableau Server 账户才能使用，可以通过 Tableau.com/zh-cn/products/trial 下载免费试用版。

Tableau Mobile 可以快速流畅地查看数据，提供快捷、轻松的数据处理途径。从提出问题到取得见解只需要几次轻触。

Tableau Mobile 的主要功能如下：

- 随处编写和查看，编写一次仪表板可以在任何设备上查看。
- 脱机快照，即使在脱机状态下也能够以高分辨率图像形式供使用，仅限 iPad。
- 订阅，在需要时将重要信息发送至收件箱，立刻向 Tableau Mobile 订阅工作簿。
- 灵活，Tableau Mobile 提供适用于 iPad、Android 和移动浏览器的应用。
- 内容安全性，内容加密保存在设备上，并且安全连接 Tableau Online 和 Server。
- 共享，与团队轻松协作，轻触屏幕即可通过电子邮件发送发现或数据。

1.5.6 Tableau Public

Tableau Public 是 Tableau 的免费版本，适合所有想要在 Web 上讲述交互式数据故事的人。作为服务交付，Tableau Public 可以立时启动并运行。Tableau Public 可以连接到数据、创建交互式数据可视化内容，并将其直接发布到自己的网站，通过所发现的数据内在含义引导读者，让他们与数据互动，发表新的见解，这一切不用编写代码即可实现。

1.5.7 Tableau Reader

Tableau Reader 是一款免费桌面应用程序，可用来与 Tableau Desktop 中生成的可视化数据进行交互。利用 Tableau Reader 可以筛选、向下钻取和查看数据明细，一直详细到用户允许的程度。

1.6 上机操作题

练习 1：登录 Tableau 的官方网站（http://www.tableau.com/zh-cn/products/trial）下载最新版本的 Tableau Desktop 试用软件。

练习 2：登录 Tableau Desktop 的帮助文档网站，了解其最新版本的功能，文档网址为：https://help.tableau.com/current/pro/desktop/zh-cn/default.htm。

练习 3：登录 Microsoft Power BI 的官方网站（https://powerbi.microsoft.com/zh-cn/）初步了解微软的 Power BI 及其功能，比较其与 Tableau 的异同。

第 2 章

Tableau Desktop 简介

Tableau Desktop 是基于斯坦福大学突破性技术的软件应用程序，可以分析实际存在的所有结构化数据，可以在几分钟内生成美观的图表、坐标图、仪表板与报告。利用 Tableau 简便的拖放式，可以自定义视图、布局、形状、颜色等，帮助展现自己的数据视角。本章将详细介绍 Tableau Desktop 的数据类型、运算符、软件的安装与注册等。

2.1 主要新增功能

与之前的版本相比，Tableau 2020.1 在诸多方面进行了优化和升级，主要新增功能如下：

1. 自定义“发现”窗格

在最新版本中，可以自定义显示在 Tableau Desktop 中的“开始”页面上的“发现”窗格，以显示自定义内容，而不是默认情况下显示的链接、博客文章和 Tableau 新闻。只需创建自己的网页，然后使用新的 DISCOVERPANEURL 安装属性指向它。

2. 使用动态参数自动刷新

可以将参数的当前值设置为独立于视图的单值计算结果。此外，还可以基于某个数据源列刷新参数的值列表（或域）。这意味着，每次打开工作簿且 Tableau 连接到参数引用的数据源时，工作簿中引用该参数的每个位置都将使用最新的值或域。

3. 以动画方式显示标记

为可视化项设置动画，以更好地突出显示数据中不断变化的模式、显示峰值和异常值，并查看数据点如何进行聚类和分离。动画在筛选、排序和缩放、不同页面以及对筛选器、参数和设置操作的更改之间进行视觉过渡。

4. 将仪表板导出为 PDF、PowerPoint 或图像

新的“导出”对象可让我们快速创建仪表板的 PDF 文件、PowerPoint 幻灯片或 PNG 图像，样式和格式设置选项类似于“导航”对象（以前的版本称为“按钮”对象）。可以选择显示文本或图像，指定自定义边框和背景颜色，以及提供信息性工具提示。

5. 使用 Buffer 函数可视化地图上的区域

找到一个点周围的区域曾经需要复杂的计算，而且不能保证准确度。使用新的 Buffer 函数，我们可以定义距我们想要可视化的点的确切距离，此区域将准确反映地图的实际区域，即使在查看由于地图投影而扭曲的点时也适用。

6. 自动将手机布局添加到新仪表板

Web 制作环境现在包括“仪表板”→“向新仪表板中添加手机布局”命令，该命令默认处于选定状态。在大多数情况下，自动生成的手机布局是较小屏幕的理想选择，但始终可以在 Tableau Desktop 中对其进行编辑。

2.2 数据类型

Tableau 支持字符串、日期/日期时间、数字和布尔数据类型。这些数据类型会以正确的方式自动进行处理。如果创建自己的计算字段，就需要注意如何在公式中使用和组合不同的数据类型，如不能将字符串与数字相加。此外，许多在定义计算时可供使用的函数仅适用于特定数据类型，如 DATEPART()函数只能接受日期/日期时间数据类型作为参数。

2.2.1 主要的数据类型

数据源中的所有字段都具有一种数据类型。数据类型反映了该字段中存储信息的种类，如整数、日期和字符串。字段的数据类型在“数据”窗格中由图标标识。Tableau Desktop 主要数据类型的图标如图 2-1 所示。

图标	说明
Abc	文本值
🗓	日期值
🗓	日期和时间值
#	数字值
T|F	布尔值（仅限关系数据源）
🌐	地理值（用于地图）

图 2-1 Tableau Desktop 主要数据类型的图标

下面介绍 Tableau 支持的数据类型。

1. 字符串（STRING）

字符串是由零个或更多字符组成的序列。例如，"Wisconsin" "ID-44400"和"Tom Sawyer"都是字符串，字符串通过单引号或双引号进行识别。引号字符本身可以重复包含在字符串中，如"O''Hanrahan"。

2. 日期时间（DATE/DATETIME）

日期或日期时间，如"January 23,1972"或"January 23,1972 12:32:00 AM"。如果要将以长型格式

编写的日期解释为日期/日期时间，就要在两端放置#符号。例如，"January 23,1972"被视为字符串数据类型，而#January 23,1972#被视为日期/日期时间数据类型。

3. 数值型

Tableau 中的数值可以为整数或浮点数。对于浮点数，聚合的结果可能并非总是完全符合预期。例如，可能发现 SUM 函数返回值为-1.42e-14，求和结果正好为 0，出现这种情况的原因是数字以二进制格式存储，有时会以极高的精度级别舍入。

4. 布尔型（BOOLEAN）

包含 TRUE 或 FALSE 值的字段，当结果未知时会出现未知值。例如，表达式 7>Null 会生成未知值，会自动转换为 Null。

此外，还有地理型，可以根据需要将省市字段转换为具有经纬度坐标的字段。

2.2.2　更改数据类型

在日常工作中，Tableau 可能会将字段标识为错误的数据类型。例如，可能会将包含日期的字段标识为整数而不是日期，可以在“数据源”页面上更改曾经作为原始数据源一部分的字段的数据类型。

在“数据源”页面点击字段的字段类型图标，从下拉列表中选择一种新数据类型，如图 2-2 所示。

如果使用数据提取，就要确保在创建数据提取之前已经进行所有必要的数据类型更改，否则数据可能不准确。例如，Tableau 把原始数据源中的浮点字段解释为整数，生成的浮点字段部分精度会被截断。

如果要在“数据”窗格中更改字段的数据类型，就要点击字段名称左侧的字段类型图标，然后从下拉列表中选择一种新数据类型，如图 2-3 所示。

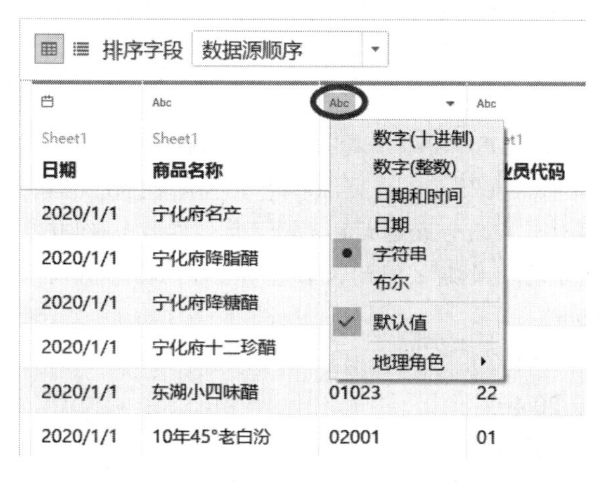

图 2-2　在“数据源”页面更改数据类型

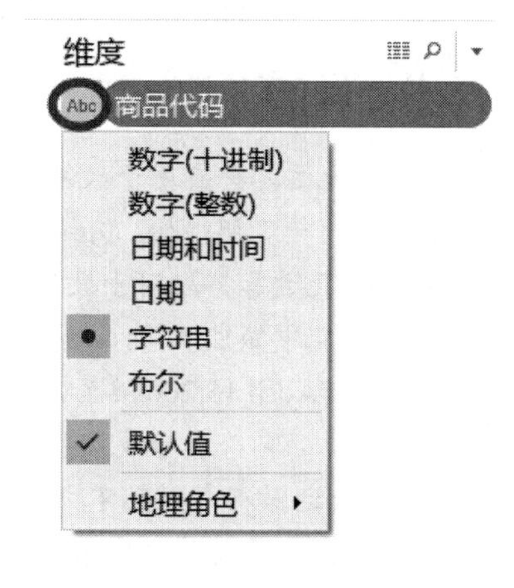

图 2-3　在“数据”窗格更改数据类型

若要在视图中更改字段的数据类型，则要在“数据”窗格中右击某个字段，选择“更改数据类型”，然后选择适当的数据类型，如图 2-4 所示。

此外，由于数据库中数据的精度比 Tableau 可以建模的精度高，因此将这些值添加到视图中时，状态栏右侧将显示一个精度警告对话框。

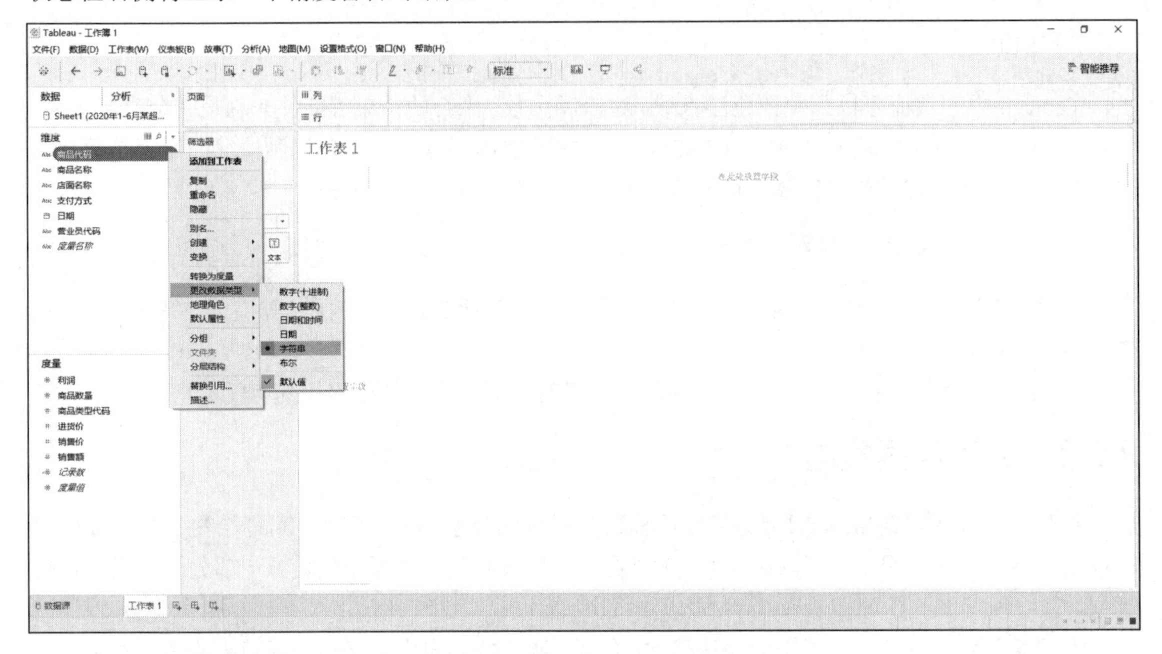

图 2-4 在“数据”视图更改数据类型

2.3 运算符及优先级

运算符用于执行程序代码运算，会针对一个以上操作数项目进行运算。例如，2+3 的操作数是 2 和 3，运算符是“+”。Tableau 支持的基本运算符有算术运算符、逻辑运算符、比较运算符。

2.3.1 算术运算符

- +（加法）：此运算符应用于数字时表示相加；应用于字符串时表示串联；应用于日期时，可用于将天数与日期相加。例如，'abc'+'def'='abcdef'；#April 15,2004#+15=#April 30,2004#。
- -（减法）：此运算符应用于数字时表示减法；应用于表达式时表示求反；应用于日期时，可用于从日期中减去天数，还可用于计算两个日期之间的天数差异。例如，7–3=4；-(7+3)=-10；#April 15,2004#-#April 8,2004#=7。
- *（乘法）：此运算符表示数字乘法。例如，5*4=20。
- /（除法）：此运算符表示数字除法。例如，20/4=5。
- %（求余）：此运算符算数字余数。例如，5%4=1。
- ^（乘方）：此符号等效于 POWER 函数，用于计算数字的指定次幂。例如，6^3=216。

2.3.2 逻辑运算符

- AND：逻辑运算且，两侧必须使用表达式或布尔值。

例如，IIF(Profit=100 AND Sales=1000,"High","Low")，如果两个表达式都为 TRUE，结果就为 TRUE；如果任意一个表达式为 UNKNOWN，结果就为 UNKNOWN；其他情况结果都为 FALSE。

- OR：逻辑运算或，两侧必须使用表达式或布尔值。

例如，IIF(Profit=100 OR Sales=1000,"High","Low")，如果任意一个表达式为 TRUE，结果就为 TRUE；如果两个表达式都为 FALSE，结果就为 FALSE；如果两个表达式都为 UNKNOWN，结果就为 UNKNOWN。

- NOT：逻辑运算符否，此运算符可用于对另一个布尔值或表达式求反。

例如，IIF(NOT(Sales=Profit),"Not Equal","Equal")。

2.3.3 比较运算符

Tableau 有丰富的比较运算符，有==或=（等于）、>（大于）、<（小于）、>=（大于或等于）、<=（小于或等于）、!=和<>（不等于），用于比较两个数字、日期或字符串，并返回布尔值（TRUE 或 FALSE）。

2.3.4 运算符优先级

所有运算符都按特定顺序计算，如 2*1+2 等于 4 而不等于 6，因为*运算符始终在+运算符之前计算。表 2-1 显示了计算运算符的顺序，第一行具有最高优先级，同一行中的运算符具有相同优先级，如果两个运算符具有相同优先级，在公式中就从左向右进行计算。

表2-1 运算符优先级

优先级	运算符	优先级	运算符
1	-（求反）	5	==、>、<、>=、<=、!=
2	^（乘方）	6	NOT
3	*、/、%	7	AND
4	+、-	8	OR

可以根据需要使用括号，括号中的运算符在计算时优先于括号外的运算符，从内部的括号开始向外计算，如(1+(2*2+1)*(3*6/3))=31。

2.4 软件安装

在安装 Tableau Desktop 2020.1.2 之前，我们首先需要确保计算机满足条件：操作系统为 Windows Server 2008、Windows Server 2012、Windows 7、Windows 8、Windows 8.1 或 Windows 10。

Tableau Desktop 提供 32 位和 64 位版本，尽管 32 位可以在 64 位操作系统上良好运行，还是建议在 64 位操作系统上使用 64 位版本。Tableau Public 的安装过程与 Tableau Desktop 基本相同。

2.4.1 软件下载

在官方网站（http://www.tableau.com/zh-cn/products/trial）可以下载最新的免费试用版本，填写“商务电子邮件”地址，然后单击“下载免费试用版”按钮，如图 2-5 所示。

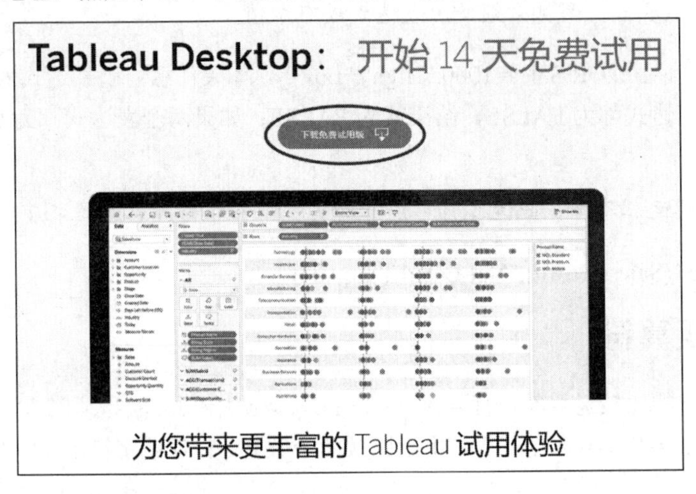

图 2-5 Tableau Desktop 下载页面

根据我们的需要下载不同版本，随后进入下载过程，如图 2-6 所示。

图 2-6 Tableau Desktop 开始下载

如果要下载 Tableau 的历史版本，可以到 http://www.tableau.com/support/esdalt 下载，该链接包括 Tableau Desktop 和 Tableau Server 等。

2.4.2 安装步骤

Tableau Desktop 下载完成后，进入安装过程，这里使用的是 64 位软件，32 位软件的安装过程与此类似。下面介绍的安装过程基于 Windows 10 64 位家庭版，其他环境可能有所不同。

步骤 01 双击安装文件（TableauDesktop-64bit-2020-1-2.exe），进入产品许可协议界面，如图 2-7 所示。

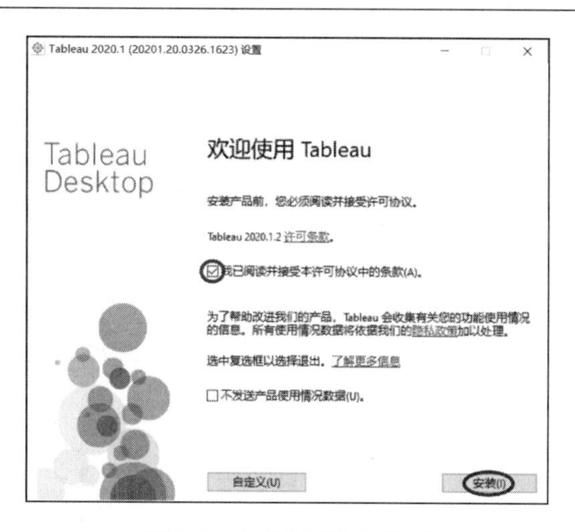

图 2-7　产品许可协议界面

步骤 02 勾选“我已阅读并接受本许可协议中的条款”，并单击“安装”按钮，弹出“用户账户控制”界面，如图 2-8 所示。

步骤 03 单击“是”按钮，将会进入“正在安装”Tableau 软件的过程界面，如图 2-9 所示。

图 2-8　“用户账户控制”界面

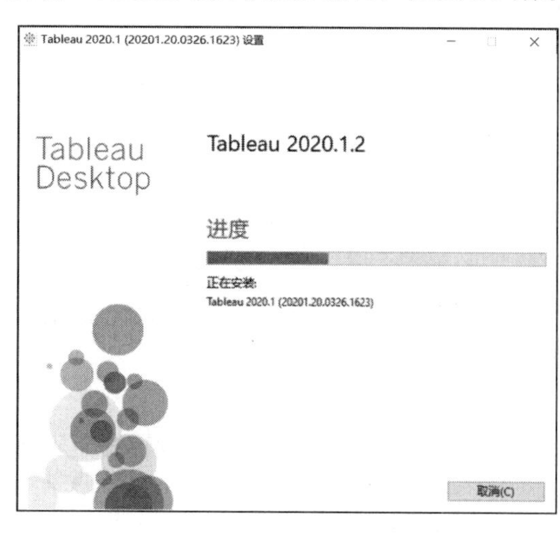

图 2-9　“正在安装”界面

2.4.3　软件激活

软件安装过程结束后，直接进入“激活 Tableau”界面，如图 2-10 所示。

在“激活 Tableau”界面中，各个选项的含义如下：

- 通过登录到服务器进行激活：登录到 Tableau Server 或 Tableau Online，使用基于登录名的许可证管理激活 Tableau 许可证。
- 使用产品密钥激活：输入产品密钥以激活 Tableau，选择该选项后，需要我们输入产品密钥（需要向 Tableau 公司付费购买），如图 2-11 所示。
- 立即开始试用：无限制使用 Tableau 14 天，选择该选项后，将会进入用户填写注册信息的过程，如图 2-12 所示。

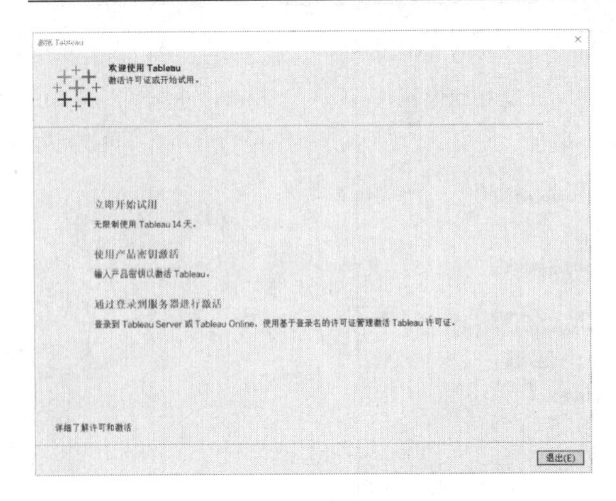

图 2-10　Tableau 激活界面

图 2-11　输入产品密钥

所有的用户注册信息都需要填写，完毕后单击“注册”按钮，如图 2-13 所示。

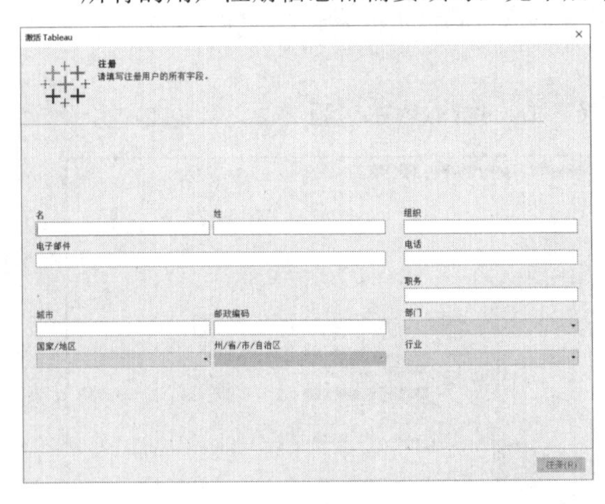

图 2-12　用户填写注册信息

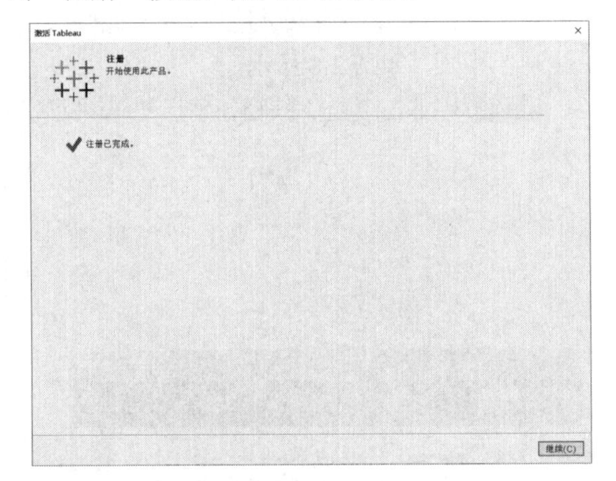

图 2-13　“注册”完成

单击“继续”按钮，将会进入软件开始界面，如图 2-14 所示。

图 2-14　Tableau Desktop 开始界面

2.5　软件界面简介

软件安装结束后，会在桌面上自动生成 Tableau 2020.1 的快捷启动图标，我们可以通过双击桌面上的图标启动 Tableau Desktop，如图 2-15 所示。

此外，Tableau 的相关文件通常存储在“我的 Tableau 存储库”文件夹中，该文件夹默认位于用户“文档”文件夹下，如图 2-16 所示。

图 2-15　Tableau Desktop 图标

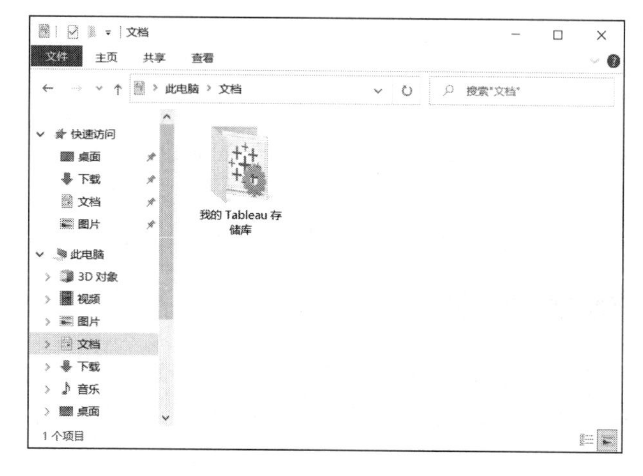

图 2-16　我的 Tableau 存储库

2.5.1　开始界面

Tableau Desktop 的开始页面主要由 2 个窗格组成：“连接”和“打开”，可以从中连接数据和访问最近使用的工作簿，如图 2-17 所示。

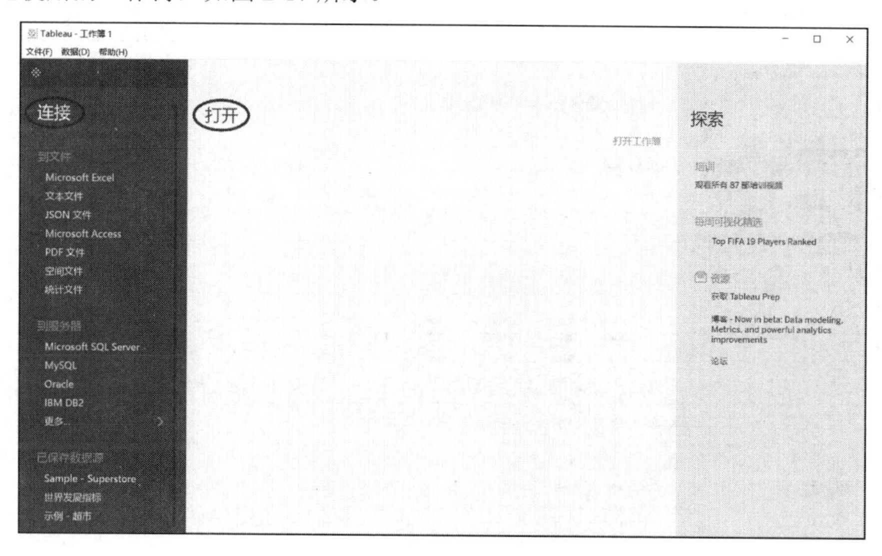

图 2-17　Tableau Desktop 开始页面

1. 连接

- 连接“到文件”：可以连接存储在 Microsoft Excel 文件、文本文件、Access 文件、Tableau 数据提取文件和统计文件等数据源。
- 连接“到服务器”：可以连接存储在数据库中的数据，如 Tableau Server、Microsoft SQL Server 或 Oracle 和 MySQL 等。
- 已保存数据源：快速打开之前保存到“我的 Tableau 存储库”目录的数据源，默认情况下显示一些已保存数据源的示例。

2. 打开

在“打开”窗格可以执行以下操作：

- 访问最近打开的工作簿：首次打开 Tableau Desktop 时，此窗格为空，随着创建和保存新工作簿，此处将显示最近打开的工作簿。
- 锁定工作簿：可通过单击工作簿缩略图左上角的锁定图标将工作簿锁定到开始页面。

2.5.2 数据源界面

在建立与数据的初始连接后，Tableau 将引导我们进入“数据源”页面，也可以通过在工作簿任意位置单击“显示起始页”按钮返回开始页面，再连接数据源，如图 2-18 所示。

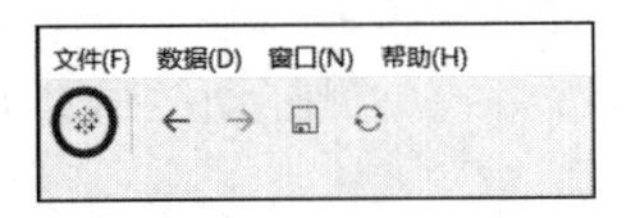

图 2-18 单击“显示起始页”按钮

页面外观和可用选项会根据连接的数据类型而异，“数据源”页面通常由 3 个主要区域组成：左侧窗格、画布和网格，如图 2-19 所示。

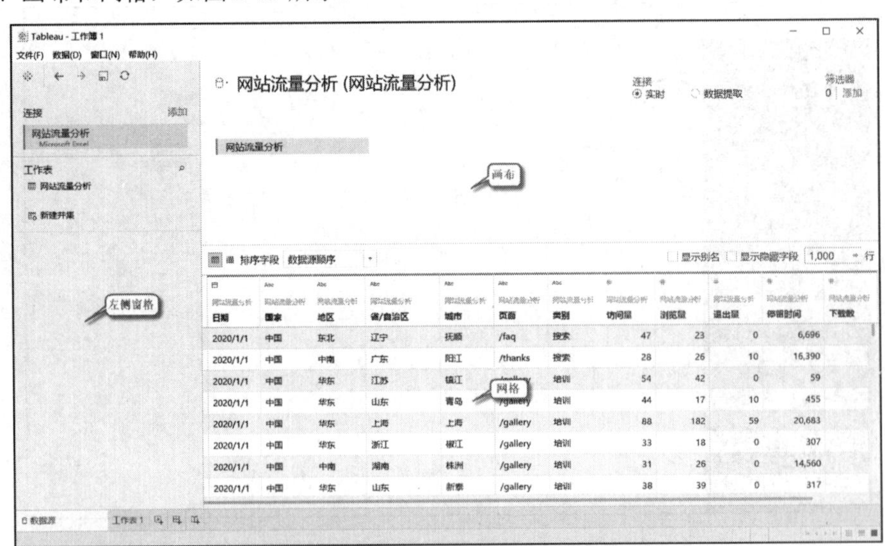

图 2-19 “数据源”页面

1. 左侧窗格

"数据源"页面的左侧窗格显示有关 Tableau Desktop 连接数据的详细信息。对于基于文件的数据，左侧窗格可能显示文件名和文件中的工作表；对于关系数据，左侧窗格可能显示服务器、数据库或架构、数据库中的表。

2. 画布

连接大多数关系数据和基于文件的数据后，我们可以将一个或多个表拖到画布区域的顶部以设置 Tableau 数据源。当连接多维数据集数据后，"数据源"页面的顶部会显示可用的目录或要从中进行选择的查询和多维数据集。

3. 网格

通过使用网格我们可以查看数据源中的字段和前 1000 行数据，还可以使用网格对 Tableau 数据源进行一般的修改，如排序/隐藏字段、重命名字段/重置字段名称、创建计算、更改列/行排序或添加别名。

此外，根据连接的数据类型，单击元数据网格按钮以导航到元数据网格。元数据网格会将数据源中的字段显示为行，以便能够快速检查 Tableau 数据源的结构并执行日常管理任务，如重命名字段或一次性隐藏多个字段，如图 2-20 所示。

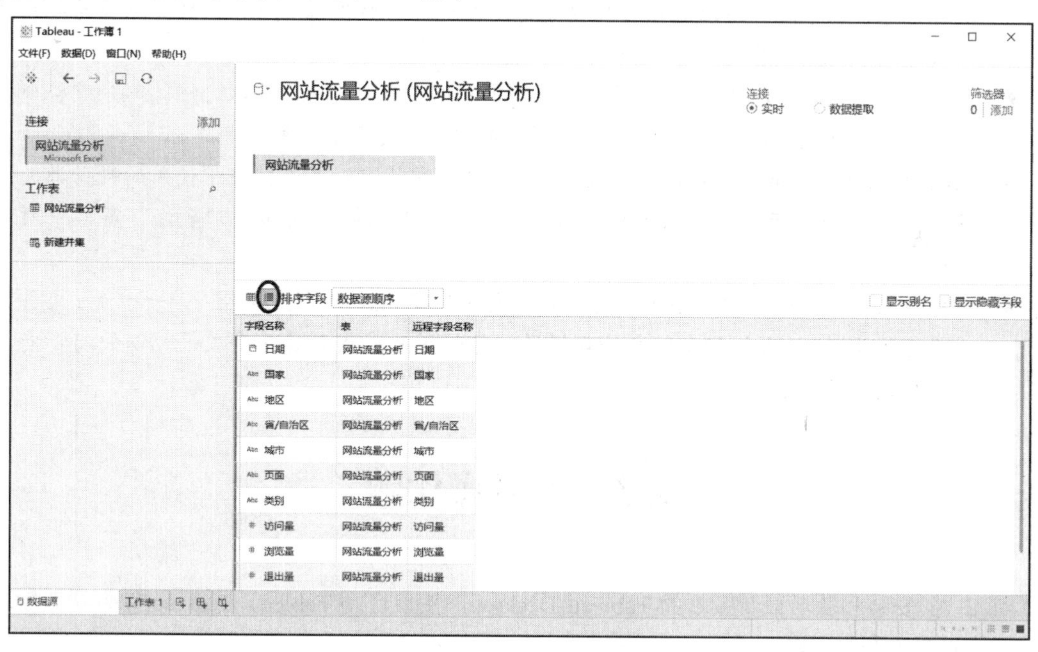

图 2-20　元数据网格

2.5.3 工作簿界面

Tableau 工作簿文件与 Excel 工作簿十分类似，包含一个或多个工作表，可以是普通工作表、仪表板或故事。通过这些工作簿文件，可以对结果进行组织、保存和共享。打开 Tableau 时自动创建一个空白工作簿，也可以创建新工作簿，方法是选择"文件"→"新建"。

可以通过执行以下操作之一打开现有的工作簿：

- 单击开始页面上的工作簿缩略图图像。
- 选择“文件”→“打开”，使用“打开”对话框导航到该工作簿的位置。
- 双击 Windows 资源管理器中的任意工作簿文件。
- 将任意工作簿文件拖到 Tableau Desktop 图标上或运行中的应用程序上。

2.6 文件类型

可以使用多种不同的 Tableau 专用文件类型保存工作，有工作簿、书签、打包数据文件、数据提取和数据连接文件。

- 工作簿（.twb）：Tableau 工作簿文件具有.twb 文件扩展名，工作簿中含有一个或多个工作表，有零个或多个仪表板和故事。
- 书签（.tbm）：Tableau 书签文件具有.tbm 文件扩展名，书签包含单个工作表，是快速分享所做工作的简便方式。
- 打包工作簿（.twbx）：Tableau 打包工作簿具有.twbx 文件扩展名，打包工作簿是一个 zip 文件，包含一个工作簿以及任何提供支持的本地文件数据源和背景图像，适合与不能访问该数据的其他人共享。
- 数据提取（.tde）：Tableau 数据提取文件具有.tde 文件扩展名，提取文件是部分或整个数据源的一个本地副本，可用于共享数据、脱机工作和提高数据库性能。
- 数据源（.tds）：Tableau 数据源文件具有.tds 文件扩展名，是连接经常使用的数据源的快捷方式，不包含实际数据，只包含连接到数据源所必需的信息和在“数据”窗格中所做的修改。
- 打包数据源（.tdsx）：Tableau 打包数据源文件具有.tdsx 文件扩展名，是一个 zip 文件，包含数据源文件（.tds）和本地文件数据源，可使用此格式创建一个文件，以便与不能访问该数据的其他人共享。

2.7 上机操作题

练习 1：安装和激活最新版本的 Tableau Desktop，然后启动 Tableau Desktop 并查看其版本信息，以及修改软件的语言。

练习 2：在已打开的 Tableau Desktop 软件中，找到“连接”“打开”和“探索”三个窗格，以及“已保存数据源”选项。

练习 3：打开“超市运营分析.twbx”文件，然后使用 Tableau 软件“文件”菜单下的“另存为”选项，将其另存为工作簿（.twb）格式文件。

第3章

连接数据源

如果要构建视图并分析数据，就必须首先将 Tableau 连接到数据。本章将介绍 Tableau Desktop 支持连接到存储在各个地方的各种数据。例如，数据可以存储在计算机的电子表格或文本文件中，也可以存储在企业服务器的大数据、关系或多维数据集（多维度）数据库中，还可以连接到云数据库源，如 Google Analytics。

3.1 连接到文件

Tableau Desktop 支持各种数据源类型，包括 Microsoft Excel 文件、SQL 数据库、逗号分隔文本文件和多维数据集（多维）数据库等。

3.1.1 Microsoft Excel

Microsoft Excel 是微软办公套装软件的一个重要组成部分，可以进行各种数据处理、统计分析和辅助决策操作，广泛应用于管理、统计财经、金融等众多领域，主要有 Excel 2013、2010、2007 和 2003 等版本。

Tableau 可以连接到.xls 和 xlsx 文件。在开始页面的“连接”下单击 Excel，选择要连接的 Excel 工作簿，然后单击“打开”按钮，如图 3-1 所示。

例如，我们要打开本地电脑上的“Superstore Subset.xlsx”数据源，首先单击“连接”下的 Excel 按钮，然后选择数据源的路径，如图 3-2 所示。

设置数据源后，如果 Tableau 检测到子表、唯一格式设置或数据源包含某些无关信息，就会提示“使用数据解释器”。数据解释器会检测这些子表，以便独立于其他数据使用数据的子集，还可以移除无关信息。选择 Superstore Subset.xlsx，单击“打开”按钮，如图 3-3 所示。

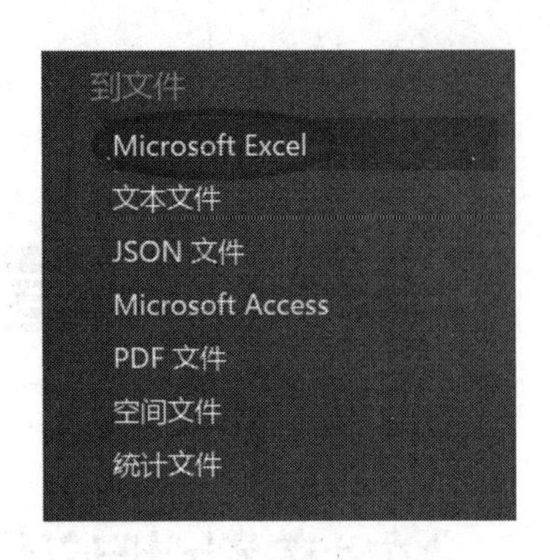

图 3-1 选择 Microsoft Excel

图 3-2 选择数据源的路径

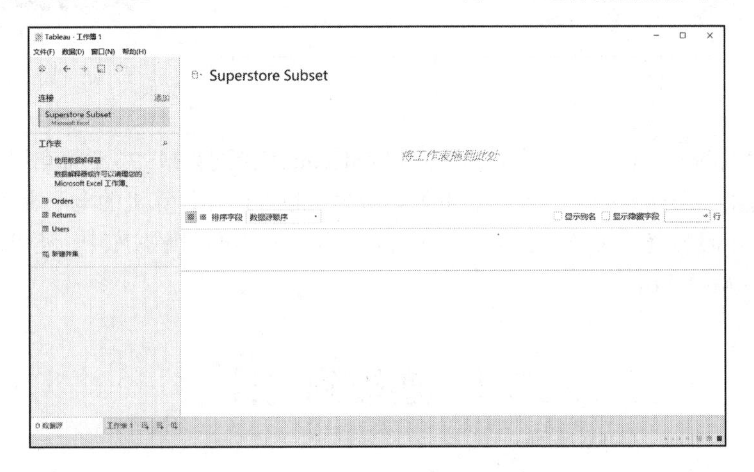

图 3-3 打开 Excel 工作簿文件

Superstore Subset.xlsx 中共有 Orders、Returns 和 Users 三张表，我们可以根据需要打开。如果需要打开 Orders，将其拖到右侧上方指定位置（画布）即可，如图 3-4 所示。

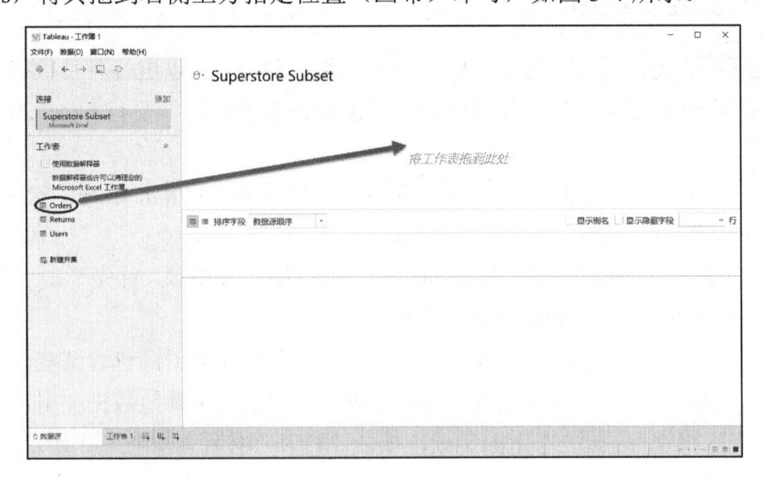

图 3-4 拖动 Orders 到窗口右侧上方

3.1.2　文本文件

文本文件是指以 ASCII 码方式（文本方式）存储的文件。更确切地说，英文、数字等字符存储的是 ASCII 码，而汉字存储的是机内码。通常在文本文件最后一行后放置文件结束标志。

在"连接"页面上单击"文本文件"，选择要连接到的文件，然后单击"打开"按钮，如图 3-5 所示。

例如，我们要打开本地电脑上的"Bank Response.txt"数据源，首先单击"连接"下的"文本文件"按钮，选择数据源的路径，如图 3-6 所示。

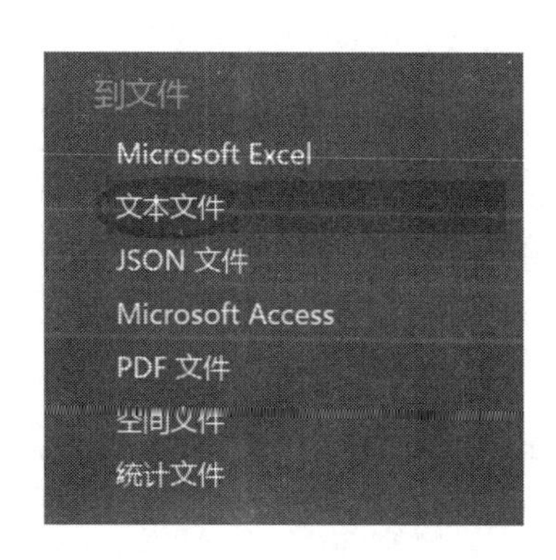

图 3-5　选择文本文件

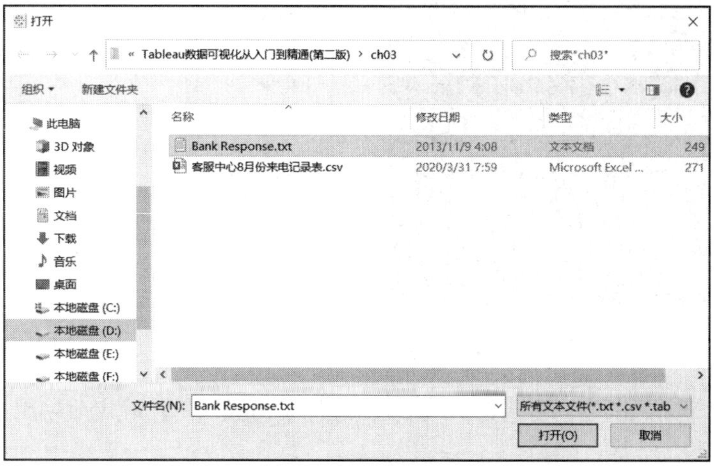

图 3-6　选择文本文件的路径

然后选择"Bank Response.txt"文件，单击"打开"按钮，导入后的效果如图 3-7 所示。

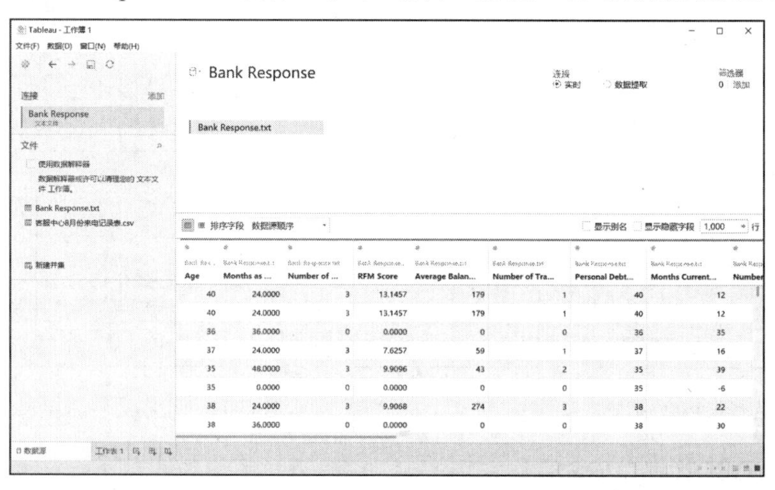

图 3-7　打开文本文件

3.1.3　JSON 文件

Tableau 可以读取 JSON 文件格式中的数据。JSON 是一种轻量级的数据交换格式，适合服务器与 JavaScript 的交互，具有读写更加容易、易于机器的解析和生成、支持 Java 等多种语言的特点。

在“连接”页面单击“JSON 文件”，选择要连接的文件，然后单击“打开”按钮，如图 3-8 所示。

例如，数据 usagov bitly 的格式为 JSON，在“连接”下单击“JSON 文件”，选择数据源的路径，然后选择“usagov bitly.json”文件，如图 3-9 所示。

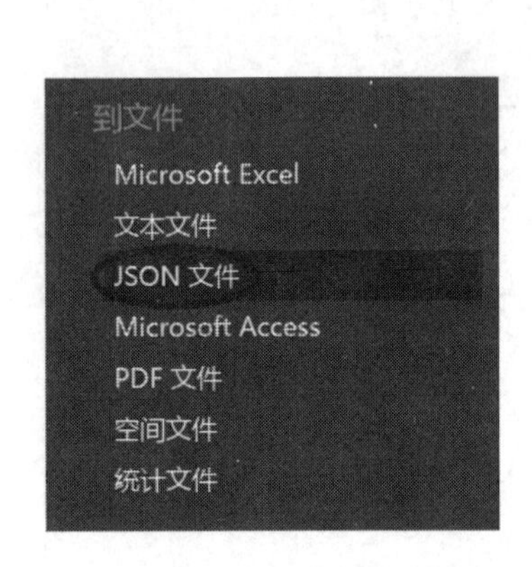

图 3-8　选择 JSON 文件

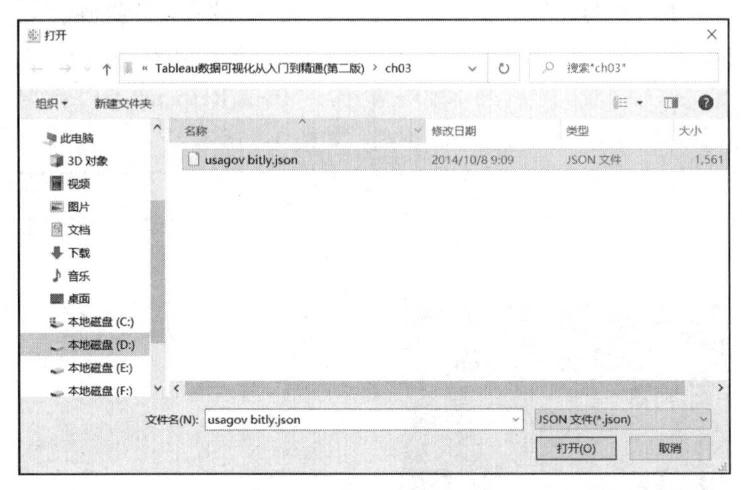

图 3-9　选择 JSON 文件的路径

单击“打开”按钮，出现“选择架构级别”，确定后期用于分析的维度和度量，如图 3-10 所示。

单击“确定”按钮，完成“usagov bitly.json”文件的导入，如图 3-11 所示。

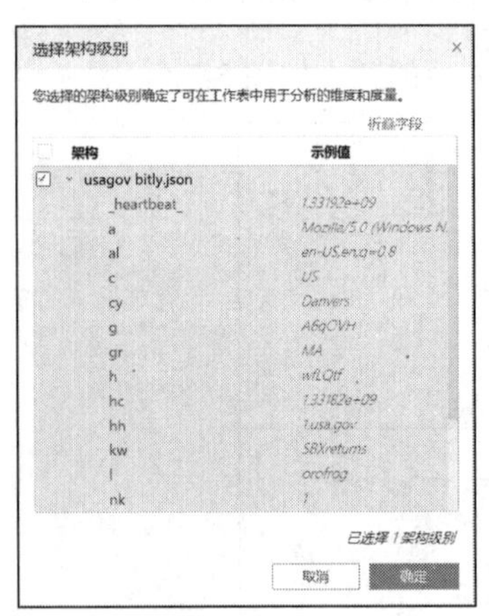

图 3-10　选择架构级别

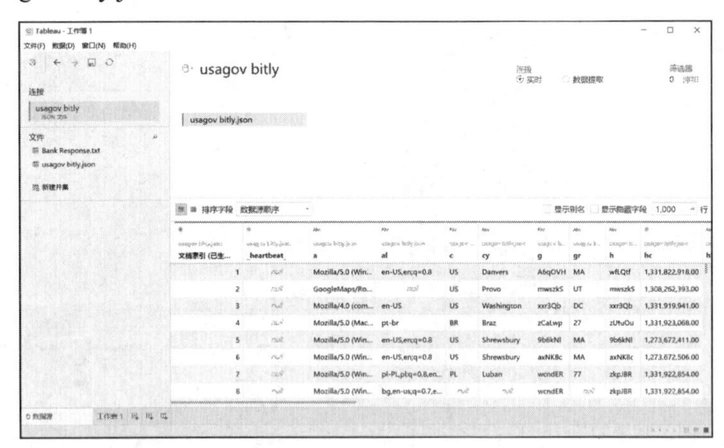

图 3-11　完成文件的导入

3.1.4　Microsoft Access

Microsoft Office Access 是微软把数据库引擎的图形用户界面和软件开发工具结合在一起的数据库管理系统。Access 是微软 Office 的一个成员，在包括专业版和更高版本的 Office 版本里被单独出售，最大的优点是易学，非计算机专业的人员也能学会。

将 Tableau 连接到 Microsoft Access 文件（*.mdb、*.accdb）并设置数据源。Tableau 支持除 OLE

对象和超链接之外的所有 Access 数据类型。

在开始页面的“连接”下单击 Access，如图 3-12 所示。

通过文件名后的“浏览”按钮选择要连接的 Access 文件，然后单击“确定”按钮。

如果 Access 文件受密码保护，就选择“数据库密码”，然后输入密码。如果 Access 文件受工作组安全性保护，就选择“工作组安全性”，然后在对应文本字段中输入工作组文件、用户和密码等，如图 3-13 所示。

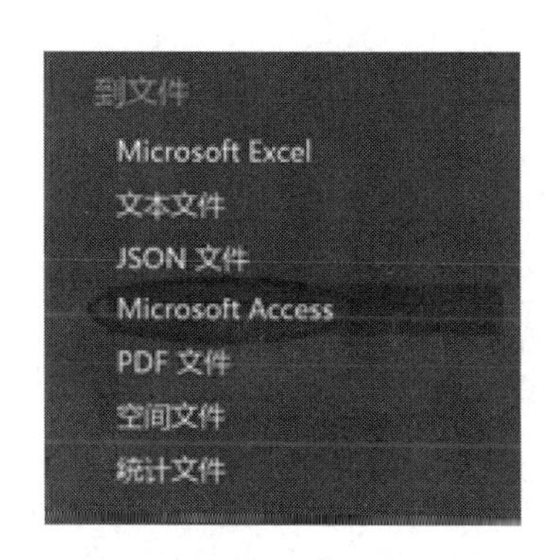

图 3-12 选择要连接的 Access 文件

图 3-13 连接 Access 文件服务器

在数据源页面执行下列操作：

步骤 01 单击页面顶部的默认数据源名称，然后输入在 Tableau 中使用的唯一数据源名称，默认名称基于文件名自动生成。

步骤 02 单击需要打开的 Access 文件名称，如“Coffee Chain.mdb”，如图 3-14 所示。

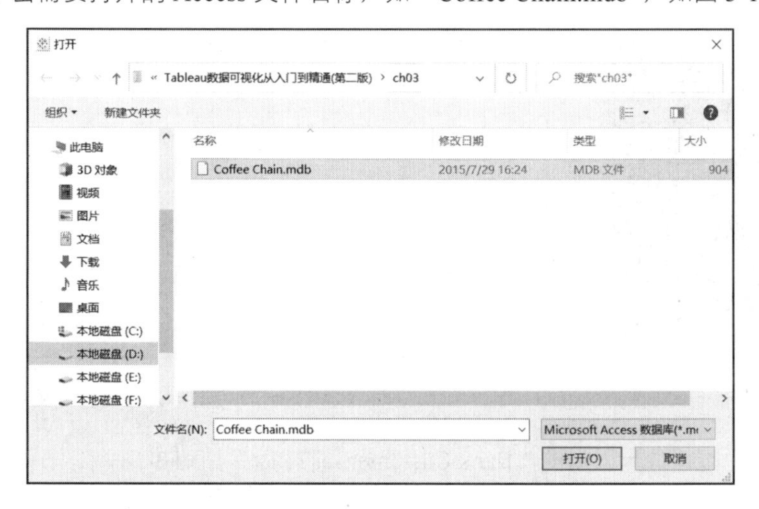

图 3-14 选择 Access 文件路径

步骤 03 单击“打开”按钮，可以看到多张表，我们选择 Product 表，如图 3-15 所示。

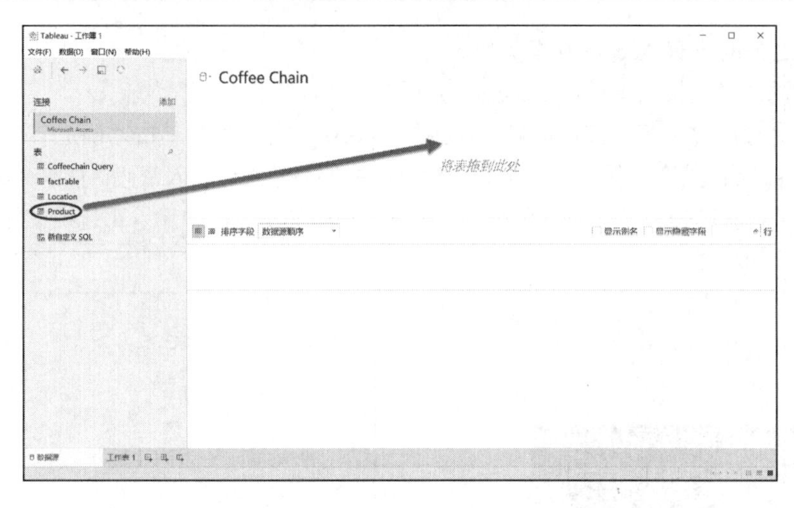

图 3-15　打开 Access 文件

3.1.5　统计文件

统计文件是 SAS、SPSS 和 R 等统计软件导出的数据文件。在日常统计分析中，我们可能需要经常转换数据源，这就需要分析软件具有兼容性。

Tableau 可连接到 SAS(*.sas7bdat)、SPSS(*.sav)和 R（*.rdata、*.rda）数据文件。在开始页面的“连接”下单击“统计文件”，选择要连接的文件，然后单击“打开”按钮，如图 3-16 所示。

例如，要打开“Bank Customer.sas7bdat”，单击“统计文件”，然后选择具体的文件，如图 3-17 所示。

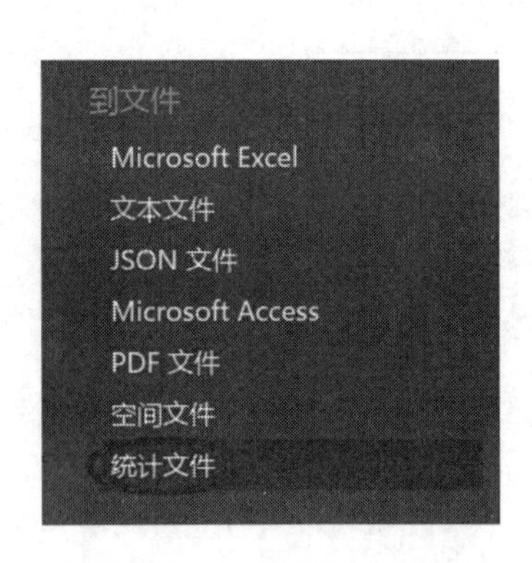

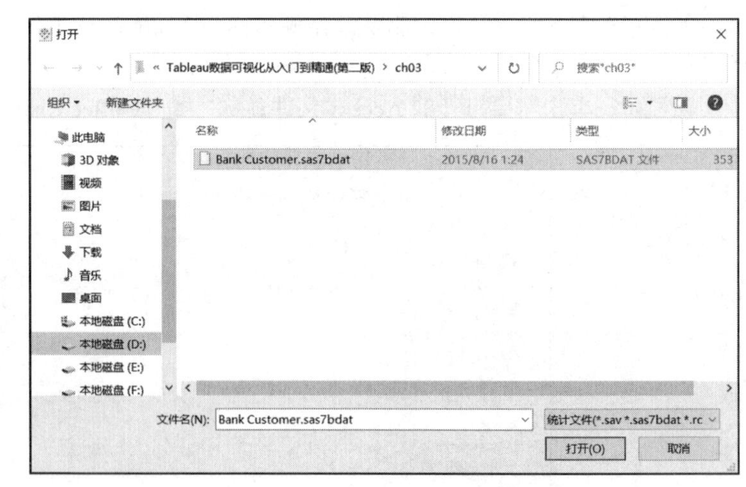

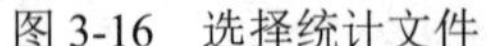
图 3-16　选择统计文件

图 3-17　选择 SAS 文件的路径

单击“打开”按钮，导入后的“Bank Customer.sas7bdat”如图 3-18 所示。

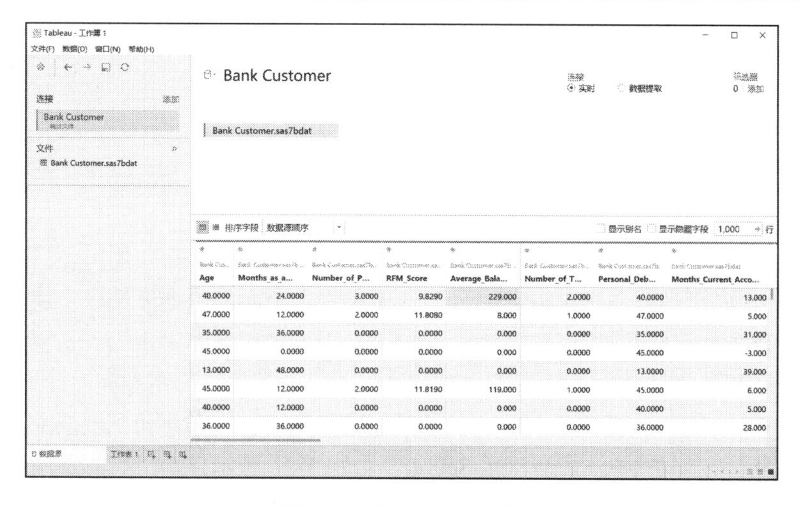

图 3-18　打开 SAS 文件

3.2　连接到数据库

3.2.1　MySQL

MySQL 是一种关联数据库管理系统，关联数据库将数据保存在不同的表中，而不是将所有数据放在一个大仓库内，这样可以增加速度并提高灵活性。MySQL 所使用的 SQL 语言是用于访问数据库的最常用的标准化语言。

MySQL 软件采用双授权政策，分为社区版和商业版。由于体积小、速度快、总体拥有成本低，尤其是开放源码这一特点，因此一般中小型网站的开发都选择 MySQL 作为网站数据库。MySQL 社区版的性能卓越，搭配 PHP 和 Apache 可组成良好的开发环境。

在连接 MySQL 之前首先需要安装其对应的 ODBC 驱动，然后在开始页面的“到服务器”下单击 MySQL，如图 3-19 所示。

然后执行操作：输入承载数据库的服务器名称，然后输入用户名和密码，单击“确定”按钮，如图 3-20 所示。

图 3-19　选择要连接的 MySQL 服务器

MySQL
服务器(V): 192.168.93.207　端口(R): 3306
数据库(D): 可选
输入数据库登录信息:
用户名(U): root
密码(P): ••••••••••
需要 SSL(L)
初始 SQL(I)...　登录

图 3-20　MySQL 服务器连接

在连接到 SSL 服务器时，勾选“需要 SSL”复选框。如果连接不成功，就要验证用户名和密码是否正确。如果连接仍然失败，就说明计算机在定位服务器时遇到问题，需要联系网络管理员或数据库管理员进行处理。

3.2.2 SQL Server

SQL Server 是 Microsoft 公司推出的关系型数据库管理系统，具有使用方便、可伸缩性好、与相关软件集成程度高等优点。Microsoft SQL Server 是一个全面的数据库平台，使用集成的商业智能（BI）工具提供企业级的数据管理。Microsoft SQL Server 数据库引擎为关系型数据和结构化数据提供了更安全可靠的存储功能，是可以构建和管理用于业务的高可用和高性能的数据应用程序。

因为 Windows 已经自带了 SQL Server 的驱动，因此在连接之前不再需要安装其驱动，在开始页面的“到服务器”下单击 Microsoft SQL Server，如图 3-21 所示。

然后执行操作：输入要连接的服务器的名称，选择登录到服务器的方式，指定使用 Windows 身份验证还是特定用户名和密码。如果服务器有密码保护，而不在 Kerberos 环境中，就必须输入用户名和密码。

连接到 SSL 服务器时，勾选“需要 SSL”复选框，如图 3-22 所示。

图 3-21 选择要连接的 SQL Server 服务器

图 3-22 SQL Server 服务器连接

指定是否读取未提交的数据。此选项将数据库隔离级别设置为“读取未提交的内容”，从 Tableau 执行的长时间查询（包括数据提取刷新）可能会锁定数据库并延迟交易。选择此选项以允许查询读取已被其他交易修改的行，即使这些行还没有提交也可读取。若清除此项目，则 Tableau 使用数据库指定的默认隔离级别。然后单击“确定”按钮。

如果连接不成功，就要验证用户名和密码是否正确。如果连接仍然失败，就说明计算机在定位服务器时遇到问题，需要联系网络管理员或数据库管理员进行处理。

3.2.3 Oracle

Oracle Database 简称 Oracle，是甲骨文公司的一款关系数据库管理系统。Oracle 是在数据库领域一直处于领先地位的产品，可以说，Oracle 数据库系统是目前世界上流行的关系数据库管理系统，系统可移植性好、使用方便、功能强，适用于各类大、中、小、微机环境。Oracle 是一种高效率、可靠性好的适应高吞吐量的数据库解决方案。

在连接 Oracle 之前首先需要安装其对应的 ODBC 驱动，然后在开始页面的“到服务器”下单击 Oracle，如图 3-23 所示。

然后执行操作：输入服务器名称，根据需要指定 Oracle 服务名称和端口，然后选择登录到服务器的方式，指定使用 Windows 身份验证还是特定用户名和密码。如果服务器由密码保护，就必须输入用户名和密码，如图 3-24 所示。

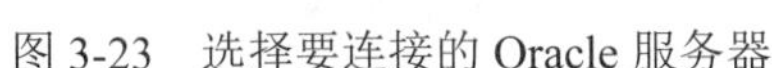
图 3-23　选择要连接的 Oracle 服务器

图 3-24　Oracle 服务器连接

单击“确定”按钮。如果连接不成功，就要验证用户名和密码是否正确。如果连接仍然失败，就说明计算机在定位服务器时遇到问题，需要联系网络管理员或数据库管理员进行处理。

3.2.4　更多数据库

Tableau 还可以连接更多服务器，包括传统的数据库软件（如 IBM DB2），也包括目前比较热门的 Hadoop 大数据集群（如 Cloudera Hadoop、MapR Hadoop Hive 和 Spark SQL 等）。

在开始页面查找“连接”→“到服务器”，单击“更多...”，出现如图 3-25 所示的界面。

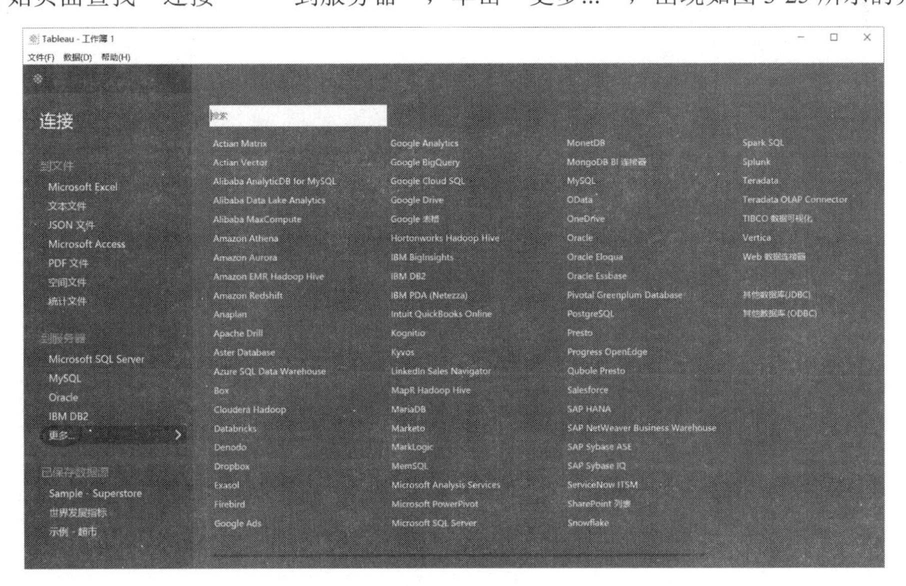

图 3-25　连接更多服务器

3.3 上机操作题

练习 1：导入本地的“客服中心 7 月份来电记录表.xlsx”数据文件，并核查是否有错误。

练习 2：导入本地的“客服中心 8 月份来电记录表.csv”数据文件，并核查是否有错误。

练习 3：连接本地的 MySQL 数据库，然后导入 sales 库下的 customers 表，并查看数据。

第 4 章

Tableau 的基础操作

Tableau 连接新数据源时会将该数据源中的每个字段分配给“数据”窗格的“维度”区域或“度量”区域，具体情况视字段包含的数据类型而定。如果字段包含分类数据（如名称、日期或地理数据），Tableau 就会将其分配给“维度”区域；如果字段包含数字，Tableau 就会将其分配给“度量”部分。本章将介绍 Tableau 的基础操作。

4.1 维度和度量

Tableau 为字段给“维度”区域或“度量”区域的初始分配建立了默认值，当我们单击并将字段从“数据”窗格拖到视图时，Tableau 将继续提供该字段的默认定义。如果从“维度”区域中拖动字段，视图中生成的字段将为离散字段；如果从“度量”区域中拖动字段，生成的字段将为连续字段。

4.1.1 维度

当第一次连接数据源时，Tableau 会将包含离散分类信息的字段（如值为字符串或日期的字段）分配给“数据”窗格中的“维度”区域；当单击并将字段从“维度”区域拖到“行”或“列”功能区时，Tableau 将创建列或行标题，如将“支付方式”拖放到行功能区时会出现 4 种支付类型，如图 4-1 所示。

维度字段可以转换为度量字段。作为度量处理时，需要在“列”功能区单击该字段，并选择度量，然后选择需要的聚合方式。Tableau 不会对维度进行聚合，如果要对字段的值进行聚合，该字段必须为度量，如计数，如图 4-2 所示。

将维度字段转换为度量时，Tableau 将提示为其分配聚合（计数、平均值等），聚合表示将多个值聚集为一个数字。

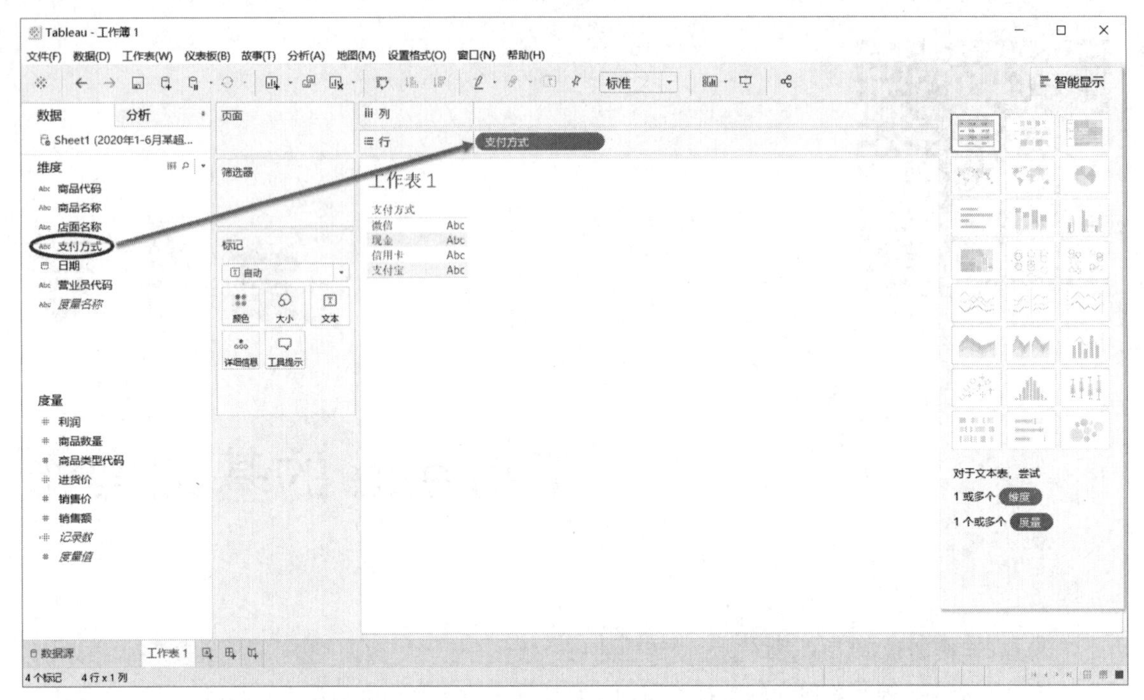

图 4-1　拖放维度字段到行或列功能区

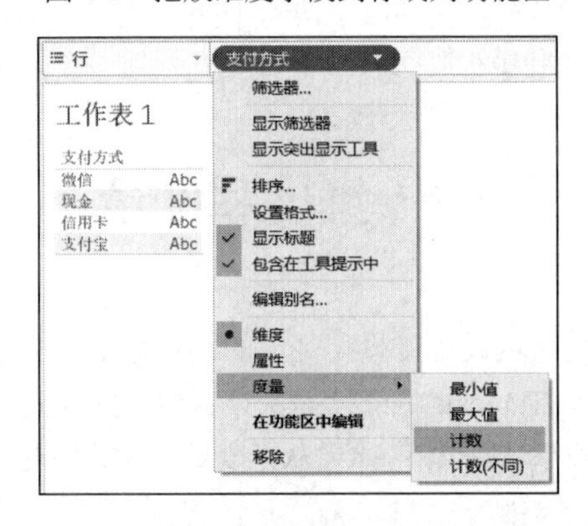

图 4-2　转换字段类型

4.1.2　度量

当第一次连接数据源时，Tableau 会将包含定量数值信息的字段分配给“数据”窗格中的“度量”区域；当将字段从“度量”区域拖到“行”或“列”功能区时，Tableau 将创建连续轴，创建一个默认的数据展示样式，我们可以根据需要进行修改，如图 4-3 所示。

从“度量”区域拖出的任何连续字段在添加到视图时，如果随后单击该字段并选择“离散”，字段的值就会创建列或行标题，如图 4-4 所示。

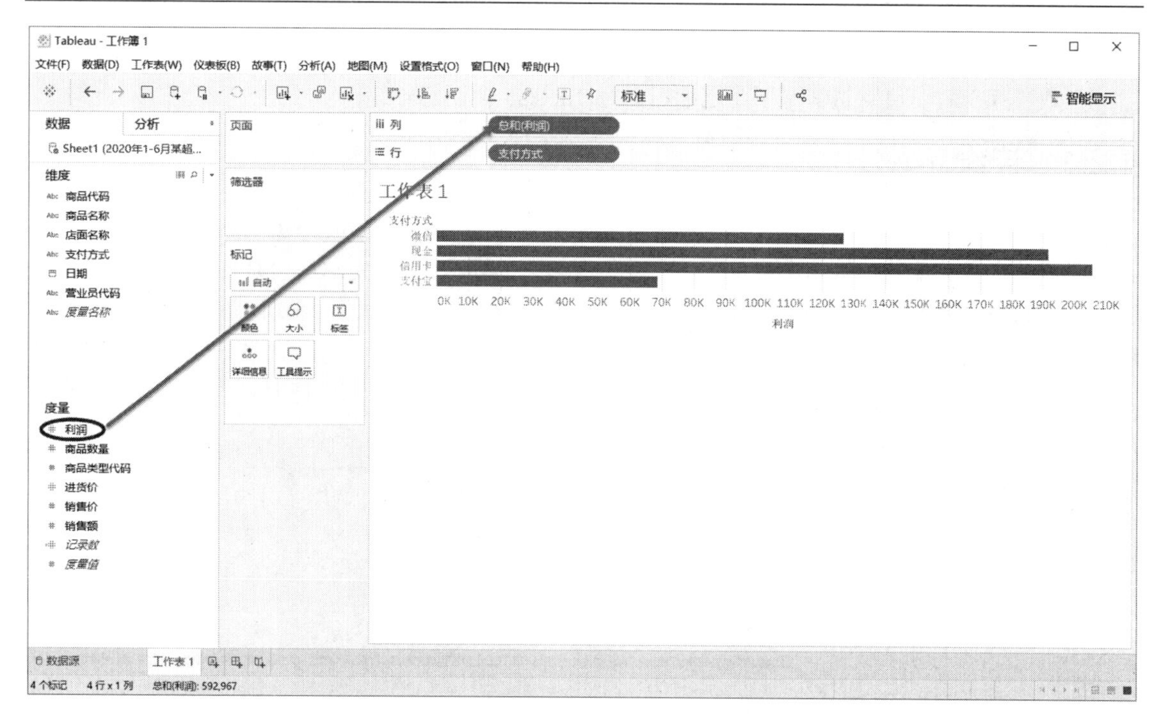

图 4-3　拖放度量字段到行或列功能区

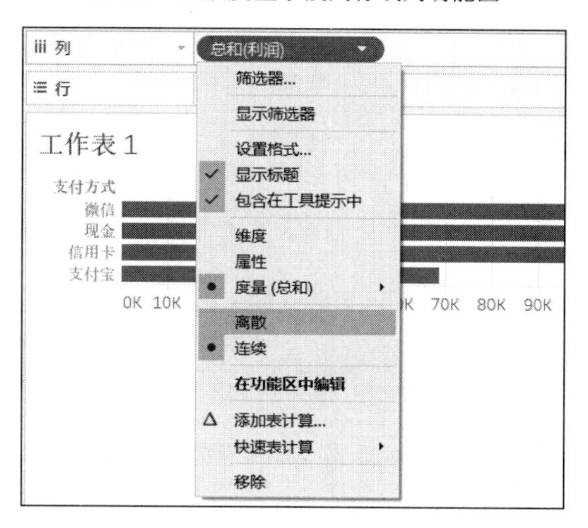

图 4-4　创建列或行标题

Tableau 会继续对字段的值进行聚合，即使该字段现在为离散，它仍然是度量，而 Tableau 会始终对度量字段进行聚合。

4.2　连续和离散

连续意指“构成一个不间断的整体，没有中断”，离散意指“各自分离且不同”。在 Tableau 中，字段可以为连续或离散。当单击并将字段从“数据”窗格的“维度”区域拖到“列”或“行”

时，值默认情况下为离散，并且 Tableau 会创建列或行标题；当单击并将字段从“度量”区域拖到“列”或“行”时，值默认情况下为连续，并且 Tableau 会创建轴。

4.2.1 连续字段

如果字段包含可以加总、求平均值或以其他方式聚合的数字，Tableau 就会在第一次连接到数据源时将该字段分配给“数据”窗格的“度量”区域，Tableau 会假定这些值是连续的。

当字段从“度量”区域拖到“行”或“列”时，必须能够显示一系列实际值和可能值。因为除了数据源中的初始值之外，在视图中处理连续字段时始终可能出现新值。因此，当将连续字段放在“行”或“列”功能区时，Tableau 会显示一个轴，这个轴是最小值和最大值之间值的度量线，如将“商品数量”拖放到“列”功能区上，如图 4-5 所示。

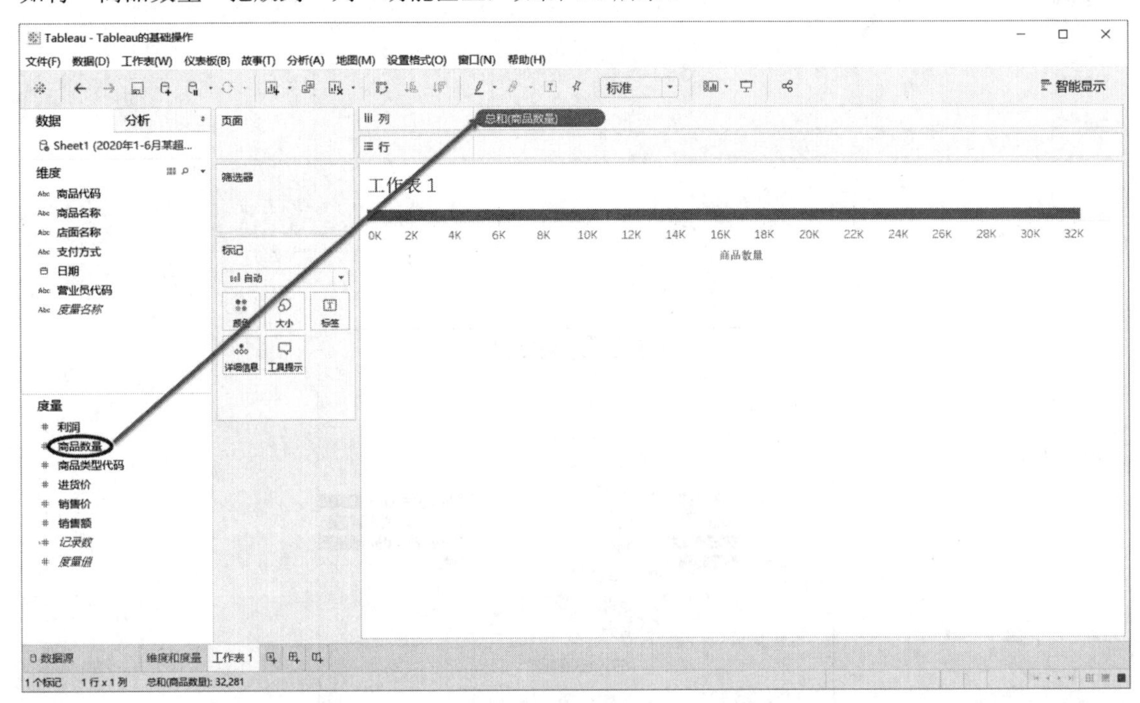

图 4-5 将连续字段拖放到行或列功能区

字段包含数字的事实并不必然表明这些值是连续的，邮政编码就是一个很经典的例子。尽管邮政编码通常完全由数字组成，不过绝不会加总或求平均值。如果 Tableau 将此类字段分配给“度量”区域，应将其拖到“维度”区域。

4.2.2 离散字段

如果某个字段包含的值是名称、日期或地理位置，Tableau 会在第一次连接到数据源时将该字段分配给“数据”窗格的“维度”区域，Tableau 会假定这些值是离散的。当把离散字段放在“列”或“行”功能区上时，Tableau 会创建标题，如将“店面名称”拖放到“行”功能区上，如图 4-6 所示。

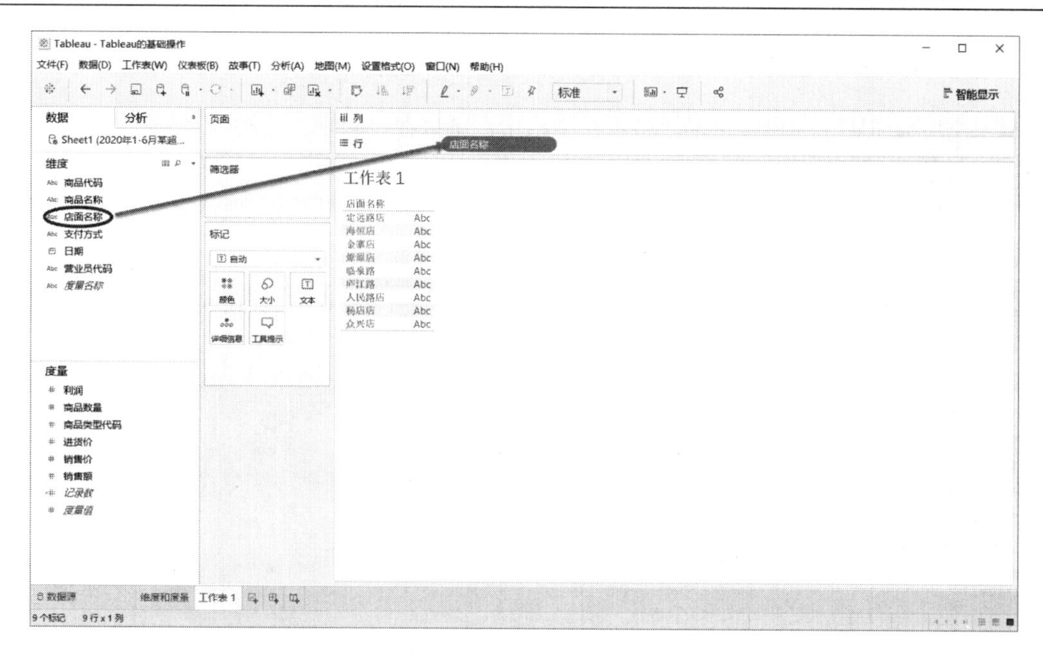

图 4-6　将离散字段拖放到行或列功能区

4.3　工作区操作

Tableau 工作区包含菜单、工具栏、“数据”窗格、卡和功能区以及一个或多个工作表。表可以是工作表、仪表板或故事，工作表包含功能区和卡，可以向其中拖入数据字段构建视图，如图 4-7 所示。

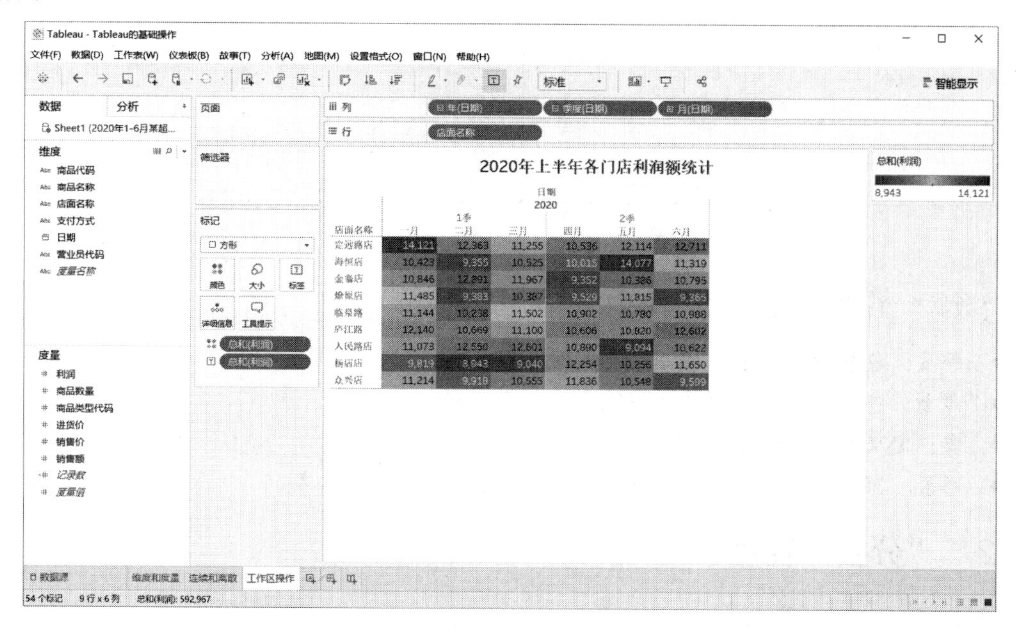

图 4-7　Tableau 工作区页面

4.3.1 “数据”窗格

数据字段显示在工作区左侧的“数据”窗格中，可以在“数据”窗格与“分析”窗格之间进行切换，如图 4-8 所示。

在数据源下方列出了当前所选的数据源中可用的字段。单击放大镜图标，然后在文本框中键入内容，可在“数据”窗格中搜索字段，如图 4-9 所示。

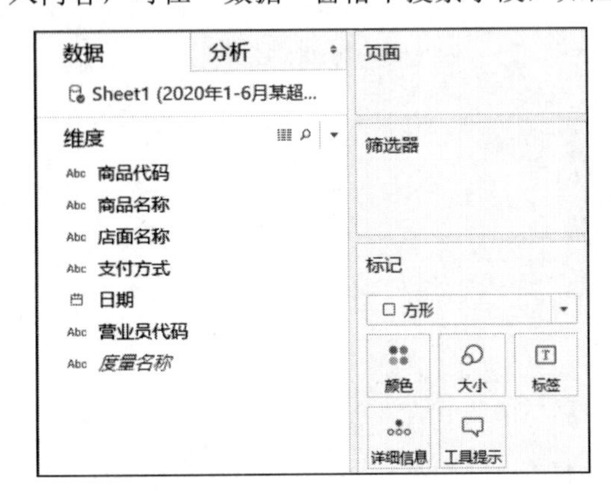

图 4-8 “数据”窗格

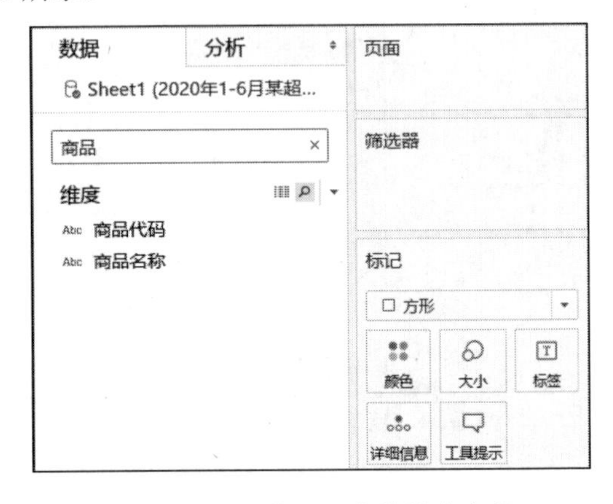

图 4-9 在“数据”窗格搜索字段

此外，单击“数据”窗格顶部的“查看数据”图标可查看基础数据，如图 4-10 所示。

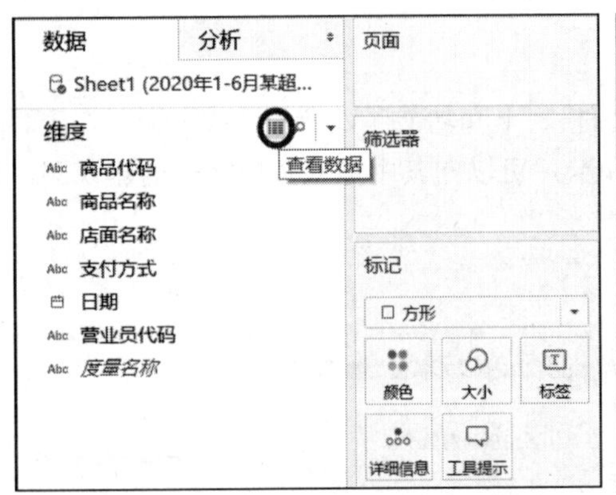

商品代码	商品名称	店面名称	支付方式	日期	营业员代码	利润
01001	宁化府名产	庐江路	信用卡	2020/1/1	14	13.000
01002	宁化府降脂醋	定远路店	微信	2020/1/1	22	6.550
01003	宁化府降糖醋	燎原店	微信	2020/1/1	02	26.200
01004	宁化府十二珍醋	燎原店	信用卡	2020/1/1	13	34.800
01023	东湖小四味醋	庐江路	信用卡	2020/1/1	22	6.100
02001	10年45°老白汾	众兴店	现金	2020/1/1	01	40.000
02001	10年45°老白汾	金寨店	信用卡	2020/1/1	05	40.000
02001	10年45°老白汾	燎原店	支付宝	2020/1/1	13	40.000
02003	10年45°双瓷老白汾	临泉路	微信	2020/1/1	23	76.668
02003	10年45°双瓷老白汾	临泉路	信用卡	2020/1/1	10	38.334
02004	10年45°吉祥汾	燎原店	信用卡	2020/1/1	04	45.000
02004	10年45°吉祥汾	庐江路	支付宝	2020/1/1	20	45.000
02004	10年45°吉祥汾	人民路店	现金	2020/1/1	14	45.000
02004	10年45°吉祥汾	金寨店	信用卡	2020/1/1	22	45.000
02006	15年45°陈酿汾酒	海恒店	支付宝	2020/1/1	13	136.000
02008	30年53°大兰花	人民路店	微信	2020/1/1	18	423.000

图 4-10 查看基础数据

“数据”窗格分为以下 4 个区域。

- 维度：包含诸如文本和日期等类别数据的字段。
- 度量：包含可以聚合的数字字段。
- 集：定义的数据子集。
- 参数：可替换计算字段和“筛选器”中常量值的动态占位符。

4.3.2 “分析”窗格

可以从工作区左侧显示的“分析”窗格中将参考线、盒形图、趋势线预测和其他项拖入视图。通过顶部的选项卡可以在“数据”窗格与“分析”窗格之间进行切换，如图 4-11 所示。

如果需要从“分析”窗格中添加项，就将该项拖入视图。从“分析”窗格中拖动项时，Tableau 会在视图左上方的放置目标区域中显示该项可能的目标，将该项放在此区域中的适当位置，如图 4-12 所示。

图 4-11　“分析”窗格

图 4-12　在“分析”窗格中添加项

无法通过其他方式添加到视图的内容，也就无法通过“分析”窗格添加。举例来说，参考线和区间可在编辑轴时找到，而趋势线和预测可从“分析”菜单中找到。“分析”窗格能够拖放各个选项，使得过程更加方便。

4.3.3　工具栏

Tableau 的工具栏包含“连接到数据”“新建工作表”和“保存”等命令，还包含“排序”“分组”和“突出显示”等分析和导航工具。通过选择“窗口”→“显示工具栏”可隐藏或显示工具栏。

工具栏有助于快速访问常用工具和操作。表 4-1 说明了每个工具栏按钮的功能。

表4-1　工具栏按钮及功能说明

工具栏按钮	说　明
	Tableau 图标，导航到开始页面
	撤销。反转工作簿中的最新操作，可以无限次撤销，返回到上次打开工作簿时，即使是在保存之后
	重做。重复使用“撤销”按钮反转的最后一个操作。可以重做无限次
	保存。保存对工作簿进行的更改
	连接。打开“连接”窗格，可以在其中创建新连接，或者从存储库中打开已保存的连接
	新建工作表。新建空白工作表。使用下拉菜单可创建新工作表、仪表板或故事
	复制工作表。创建含有与当前工作表完全相同的视图的新工作表
	清除。清除当前工作表。使用下拉菜单清除视图的特定部分，如筛选器、格式设置、大小调整和轴范围
	自动更新。控制更改后是否自动更新视图，使用下拉列表自动更新整个工作表，或者仅使用筛选器
	运行更新。运行手动数据查询，以便在关闭自动更新后用所做的更改对视图进行更新
	交换。交换“行”和“列”功能区的字段，按此按钮会交换“隐藏空行”和“隐藏空列”设置

（续表）

工具栏按钮	说　明
	升序排序。根据视图中的度量，以所选字段的升序应用排序
	降序排序。根据视图中的度量，以所选字段的降序应用排序
	成员分组。通过组合所选值创建组，选择多个维度时是对特定维度进行分组，还是对所有维度进行分组
Abc	显示标记标签。在显示和隐藏当前工作表的标记标签之间切换
	查看卡。显示和隐藏工作表中的特定卡。在下拉菜单选择要隐藏或显示的每个卡
Normal	适合选择器。指定在应用程序窗口中调整视图大小的方式，分普通、适合宽度、适合高度或整个视图
	固定轴。在仅显示特定范围的锁定轴和基于视图中的最小值、最大值调整范围的动态轴之间切换
	突出显示。启用所选工作表的突出显示。使用下拉菜单中的选项定义突出显示值的方式
	演示模式。在显示和隐藏视图（即功能区、工具栏、“数据”窗格）之外的所有内容之间切换
智能显示	智能显示。显示查看数据的替代方法，可用视图类型取决于视图中已有的字段和“数据”窗格中的选择

4.3.4 状态栏

状态栏位于 Tableau 工作区的左下角，它显示菜单项说明以及有关当前视图的信息，如状态栏显示该视图拥有 54 个标记、9 行和 6 列，还显示所有标记的总计（利润）为 592,967，如图 4-13 所示。

此外，可以通过选择“窗口”→“显示状态栏”或显示隐藏状态栏，如图 4-14 所示。

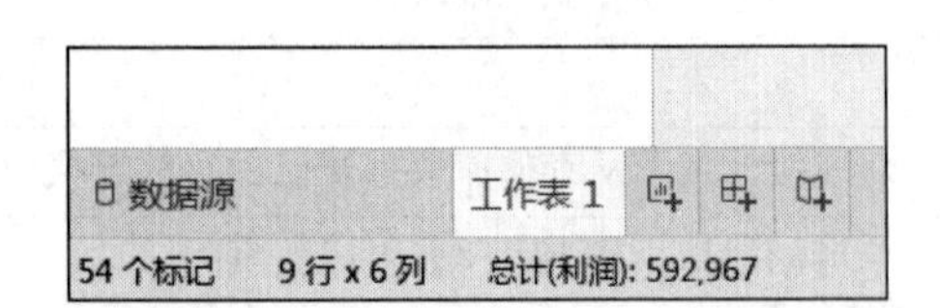

图 4-13　Tableau 状态栏

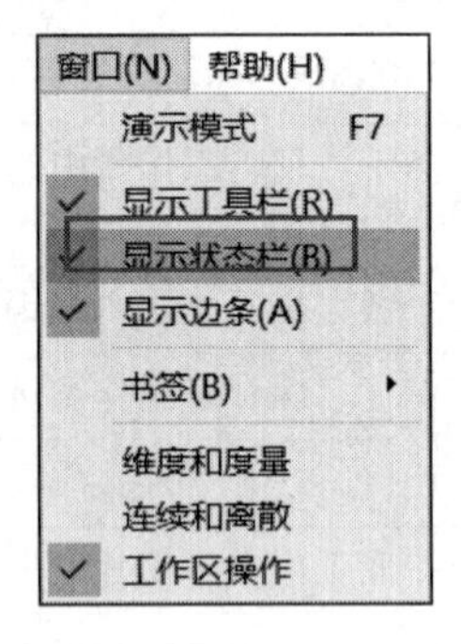

图 4-14　显示状态栏

4.3.5 卡和功能区

每个工作表都包含可显示或隐藏的各种不同的卡，卡是功能区、图例和其他控件的容器。例如，“标记”卡用于控制标记属性的位置，包含标记类型选择器以及“颜色”“大小”“文本”“详细信息”“工具提示”控件，有时还会出现“形状”和“角度”等控件，可用控件取决于标记类型，如图 4-15 所示。

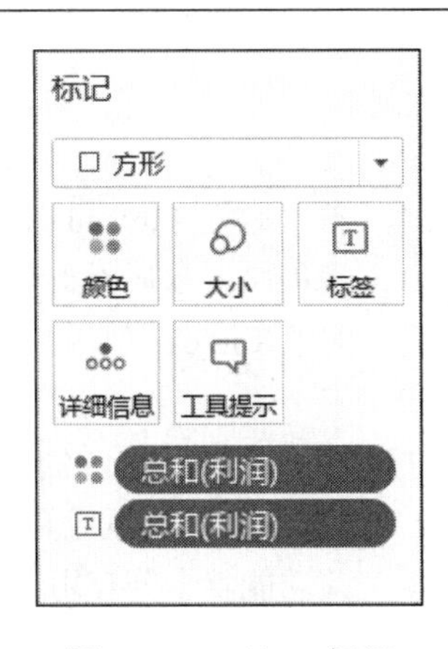

图 4-15　Tableau 标记

下面介绍工作表的卡及其内容。

- **列功能区**：可将字段拖到此功能区以向视图添加列。
- **行功能区**：可将字段拖到此功能区以向视图添加行。
- **页面功能区**：可在此功能区基于某个维度的成员或某个度量的值将一个视图拆分为多个页面。
- **筛选器功能区**：使用此功能区可指定包括在视图中的值。
- **度量值功能区**：使用此功能区在一个轴上融合多个度量，仅当在视图中有混合轴时才可用。
- **颜色图例**：包含视图中颜色的图例，仅当“颜色”上至少有一个字段时才可用。
- **形状图例**：包含视图中形状的图例，仅当“形状”上至少有一个字段时才可用。
- **尺寸图例**：包含视图中标记大小的图例，仅当“大小”上至少有一个字段时才可用。
- **地图图例**：包含地图上的符号和模式的图例。不是所有地图提供程序都可使用地图图例。
- **筛选器**：一个单独的筛选器卡可用于每个应用于视图的筛选器，可以轻松在视图中包含和排除值。
- **参数**：一个单独的参数卡可用于工作簿中的每个参数。参数卡包含用于更改参数值的控件。
- **标题**：包含视图的标题。双击此卡可修改标题。
- **说明**：包含描述该视图的一段说明。双击此卡可修改说明。
- **摘要**：包含视图中每个度量的摘要，包括最小值、最大值、中值、总计值和平均值。
- **当前页面**：包含“页面”功能区的播放控件，并指示显示的当前页面，仅当在“页面”功能区上至少有一个字段时才出现此卡。
- **标记**：控制视图中的标记属性，存在一个标记类型选择器，可以在其中指定标记类型（如条、线、区域等）。此外，“标记”卡还包含“颜色”“大小”“标签”“文本”“详细信息”“工具提示”“形状”“路径”和“角度”等控件，这些控件的可用性取决于视图中的字段和标记类型。

每个卡都有一个菜单，其中包含适用于该卡内容的常见控件，如可以使用卡菜单显示和隐藏该卡，通过单击卡右上角的箭头访问卡的菜单，如图 4-16 所示。

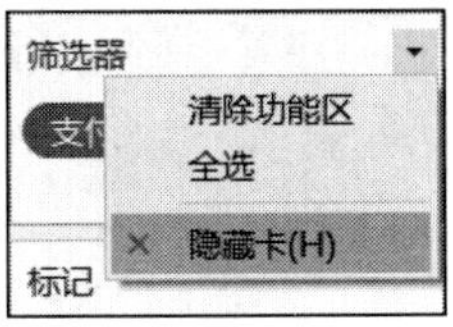

图 4-16　访问卡的菜单

4.3.6 语言和区域设置

Tableau Desktop 已有多种语言版本，首次运行 Tableau 时，可识别计算机区域设置并使用支持的语言。如果使用的是不支持的语言，应用程序就默认为英语。

可通过选择“帮助”→“选择语言”配置 Tableau 的用户界面语言，更改语言设置后，需要重新启动应用程序才能使更改生效。

若要配置日期和数字格式，请选择“文件”→“工作簿区域设置”。默认情况下，区域设置为“自动”，这意味着区域设置将与打开工作簿时的区域设置一致。如果制作以多种语言显示的工作簿，并希望日期和数字进行相应更新，此功能就十分有用。

4.4 工作表操作

可以在工作表中通过将字段拖到功能区生成数据视图，这些工作表以标签的形式沿工作簿的底部显示。

4.4.1 创建工作表

我们可以通过执行以下操作之一创建一个新工作表。

方法一：选择“工作表”→“新建工作表”，如图 4-17 所示。

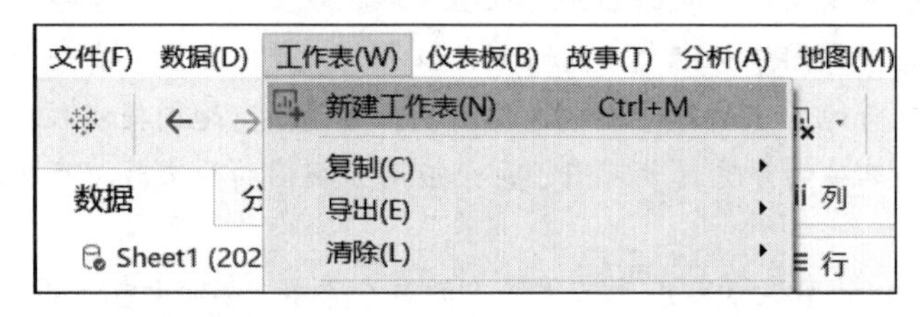

图 4-17 菜单栏新建工作表

方法二：单击工作簿底部的“新建工作表”标签，如图 4-18 所示。

图 4-18 工作簿底部新建工作表

方法三：单击工具栏的“新建工作表”图标，然后选择“新建工作表”，如图 4-19 所示。

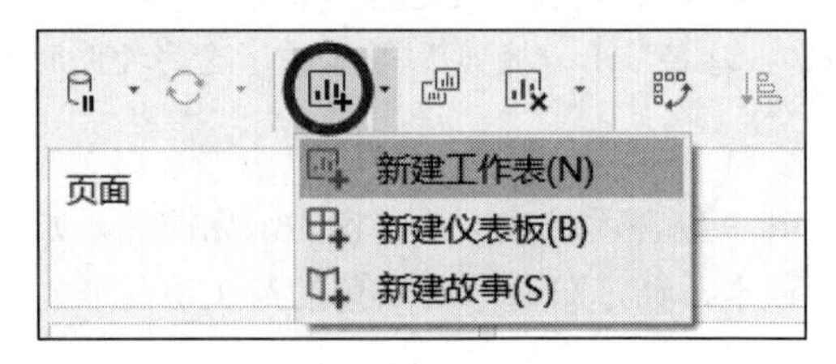

图 4-19 工具栏新建工作表

方法四： 用快捷键创建，即同时按键盘上的 Ctrl+M。

4.4.2　复制工作表

通过复制工作表可以方便得到工作表、仪表板或故事的副本，还可以在不丢失原始版本的情况下修改工作表。若要复制活动工作表，则右击工作表标签，在弹出的选择列表中，选择“复制”，将会出现与工作表 1 内容一样的“工作表 1 (2)”，如图 4-20 所示。

如果在选择列表中选择“拷贝”，还需要右击工作表 1 的标签，然后选择“粘贴”，也会出现与工作表 1 内容一样的“工作表 1 (2)”。

交叉表是一个以文本行和列的形式总结数据的表，这是显示与数据视图相关联的数字的便利方法。如果要通过视图快速创建交叉表，就右击工作表标签，并选择“复制为交叉表”。还可以选择“工作表”→“复制为交叉表”，此命令会向工作簿中插入一个新工作表，并用原始工作表中的数据交叉表视图填充该工作表，如图 4-21 所示。

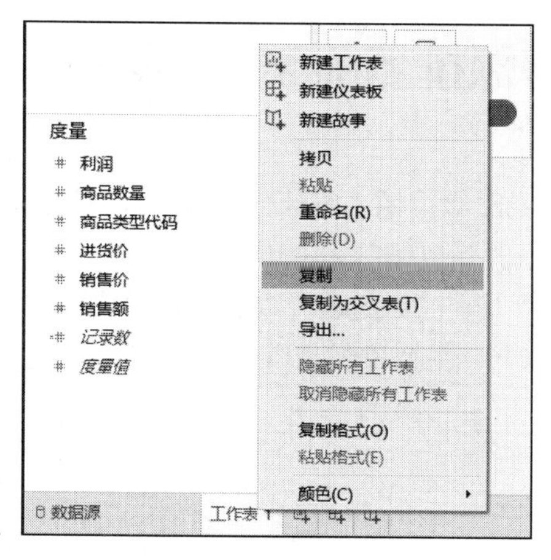

图 4-20　复制工作表

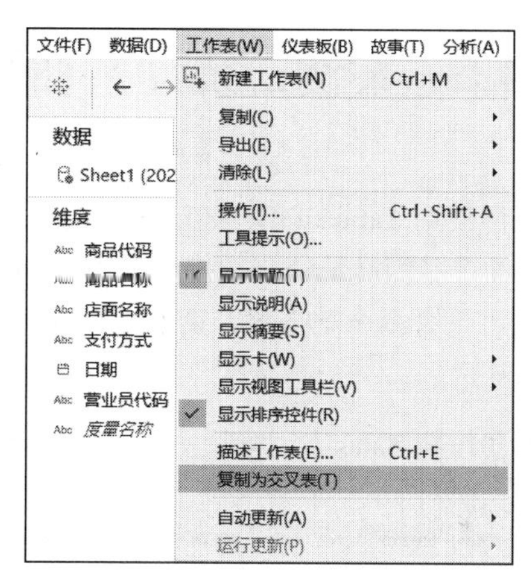

图 4-21　复制为交叉表

4.4.3　导出工作表

对于需要导出保存的工作表，右击该工作表标签，选择“导出”，将会出现导出工作表的保存路径，文件格式是 twb，如图 4-22 所示。

4.4.4　删除工作表

删除工作表会将工作表从工作簿中移除。若要删除活动工作表，则右击沿工作簿底部排列的工作表标签中的工作表，并选择“删除”，如图 4-23 所示。在仪表板或故事中使用的工作表无法删除，但可以隐藏，一个工作簿中至少要有一个工作表。

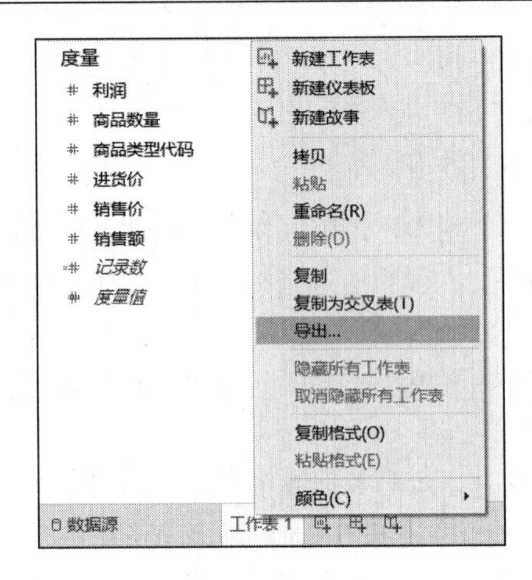

图 4-22　导出工作表

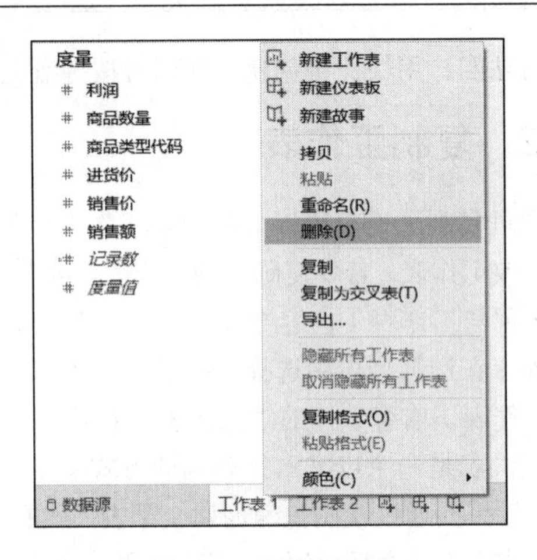

图 4-23　删除工作表

4.5　案例：统计某商品总销售额排名前 10 的客户

本案例使用 Tableau Desktop 附带的 Sample－Superstore 数据源。统计分析需要解决的问题是“统计纽约市某商品总销售额排名前 10 的客户”。

视图将包含两个筛选器，两者都是维度筛选器，一个是在“筛选器”对话框的“常规”选项卡创建的筛选器，另一个是在“顶部”选项卡创建的筛选器，主要操作步骤如下：

步骤 01 将 Sales（销售额）拖到列功能区，如图 4-24 所示。

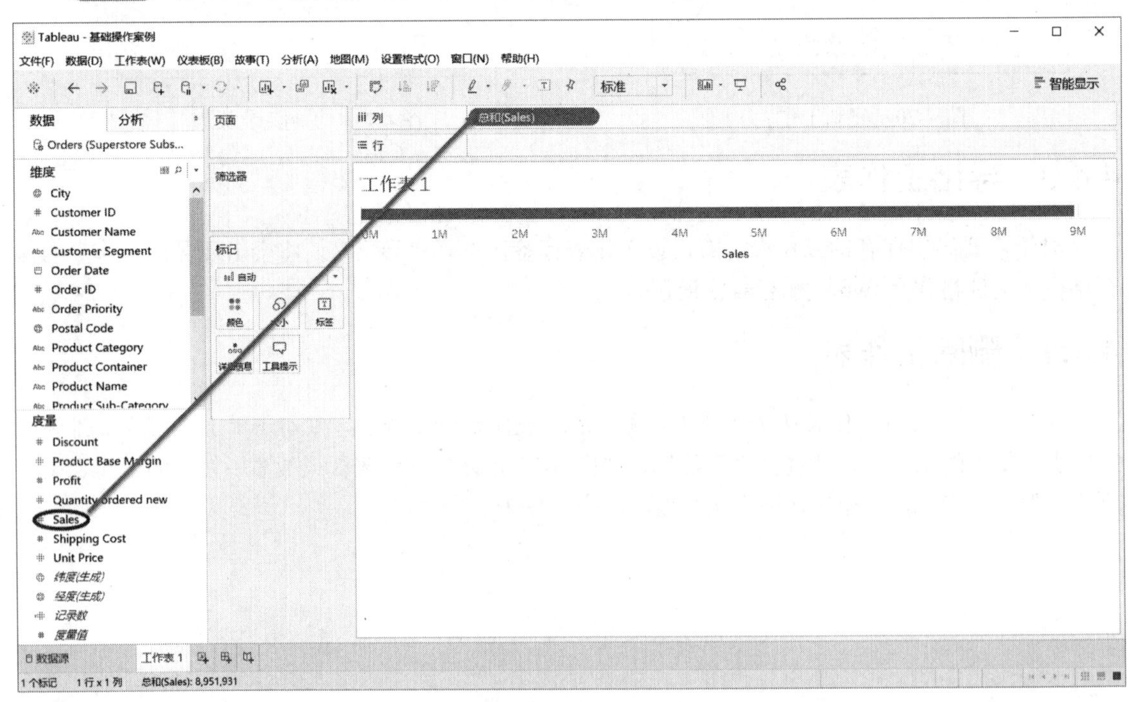

图 4-24　将销售额拖到列功能区

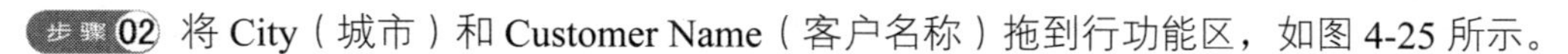
步骤 02 将 City（城市）和 Customer Name（客户名称）拖到行功能区，如图 4-25 所示。

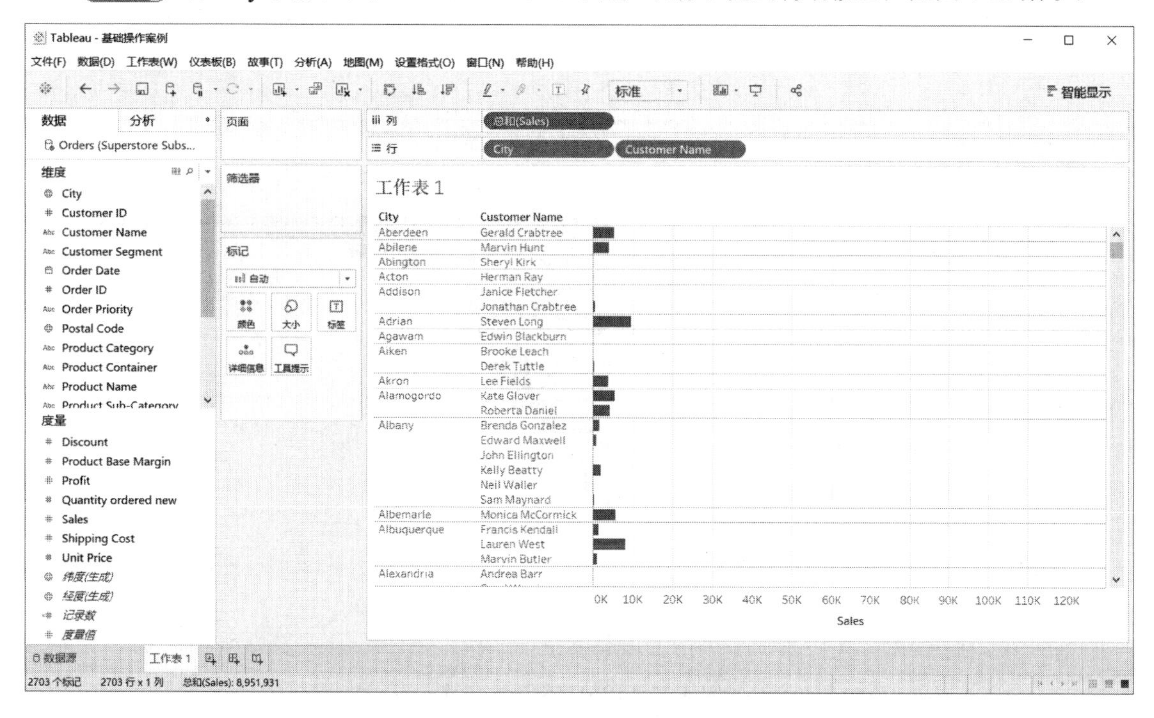

图 4-25　将城市和客户名称拖到行功能区

步骤 03 从“数据”窗格中拖出 City（城市），将其拖到“筛选器”，在“筛选器”对话框的“常规”选项卡中选择“从列表中选择”选项，单击“无”按钮，然后勾选 New York City（纽约市），将“筛选器”设置为仅显示单一值 New York City，如图 4-26 所示。

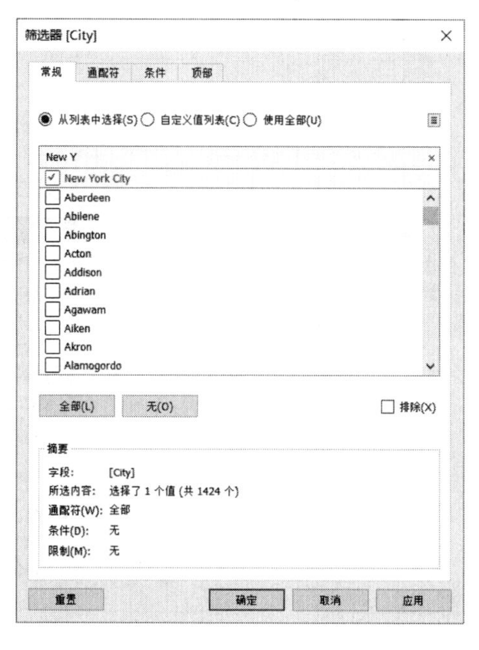

图 4-26　添加城市筛选器

步骤04 单击按降序进行排序的工具栏按钮，对纽约市的销售额进行排序，如图 4-27 所示。

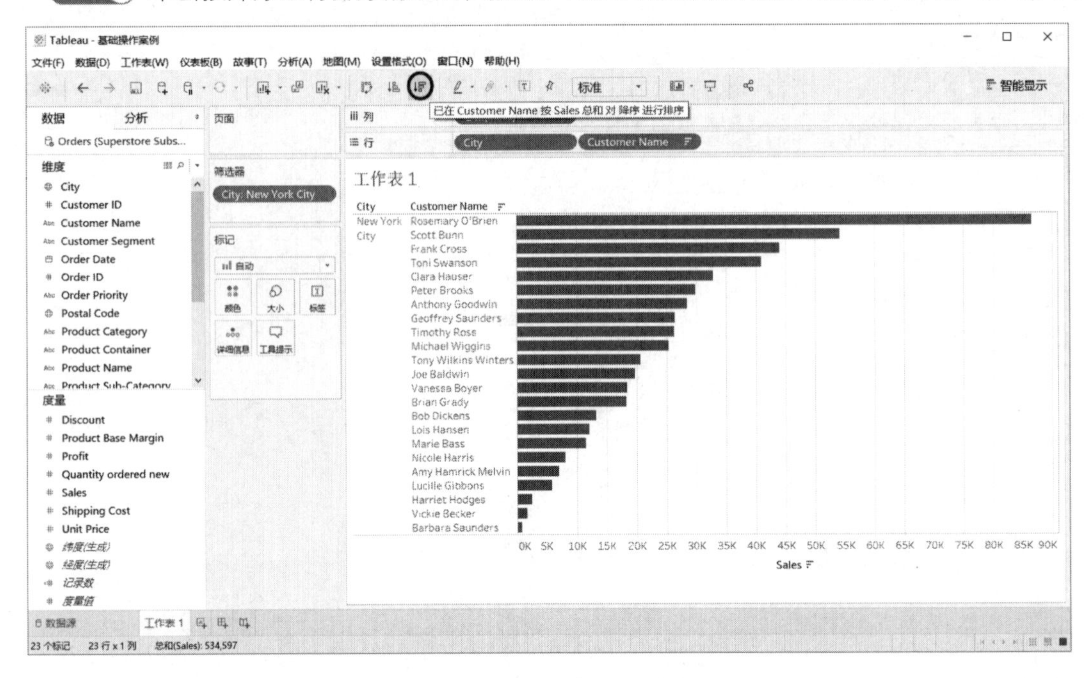

图 4-27 按销售额降序排序

步骤05 将 Customer Name（客户名称）从“数据”窗格拖到“筛选器”，并创建一个“前 10 名”筛选器，仅显示按总销售额统计的排名前 10 的客户，如图 4-28 所示。

步骤06 在“筛选器”功能区右击 City（城市），并选择“添加到上下文”，如图 4-29 所示。City 筛选器优先于其他筛选器，执行先于在工作表中创建的其他筛选器。

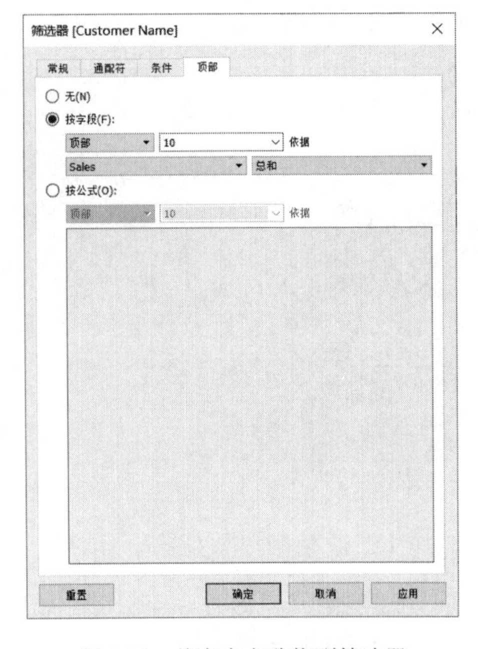

图 4-28 将客户名称拖到筛选器

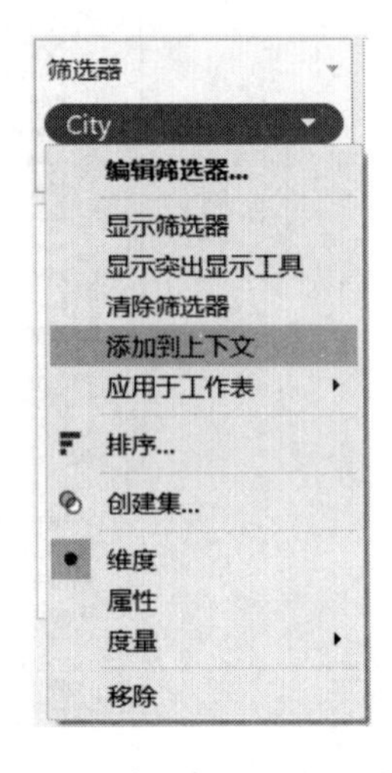

图 4-29 修改筛选器的优先级

4.6　上机操作题

练习 1：导入商品订单表（orders.xlsx），将是否满意（satisfied）的字段类型修改为维度，实现度量字段转换为维度字段。

练习 2：导入商品订单表（orders.xlsx），将计划发货天数（planned_days）的字段类型修改为度量，实现维度字段转换为度量字段。

练习 3：导入商品订单表（orders.xlsx），将省份（province）拖放到行功能区，销售额（sales）拖放到列功能区，年份（dt）拖放到标记上的“颜色”控件中。

第5章

Tableau 数据导出

数据输出是计算机对各类输入数据进行加工处理后，将结果以用户所要求的形式输出。本章将介绍 Tableau Desktop 的数据导出，包括数据文件导出、图片文件导出、PDF 文件导出和 PowerPoint 文件导出。

5.1 数据文件导出

Tableau Desktop 可以导出多种类型的数据文件，如图形、数据源、交叉表和 Access 等，下面将逐一介绍。

5.1.1 复制图形中的数据

如果需要导出图形中的数据，就可以在 Tableau Desktop 图形界面上右击，在弹出的菜单上选择“拷贝”→“数据”，如图 5-1 所示。

也可以单击菜单栏上的“工作表”→“复制”→“数据”，如图 5-2 所示。

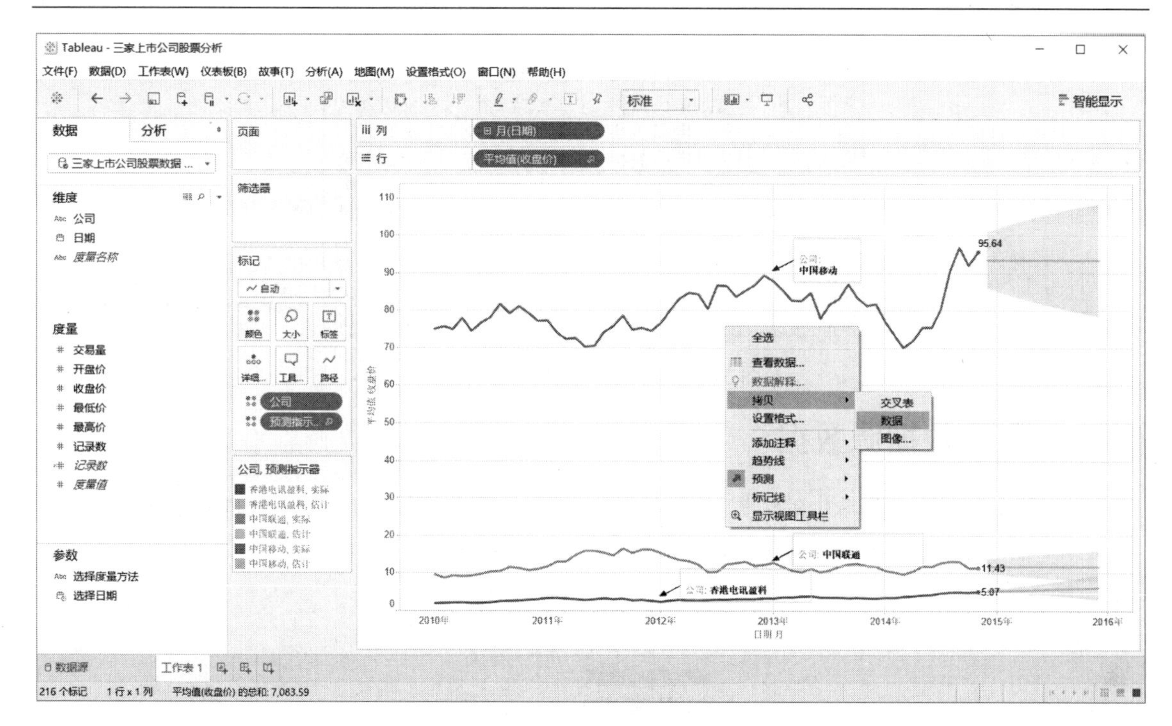

图 5-1　从图形界面导出数据

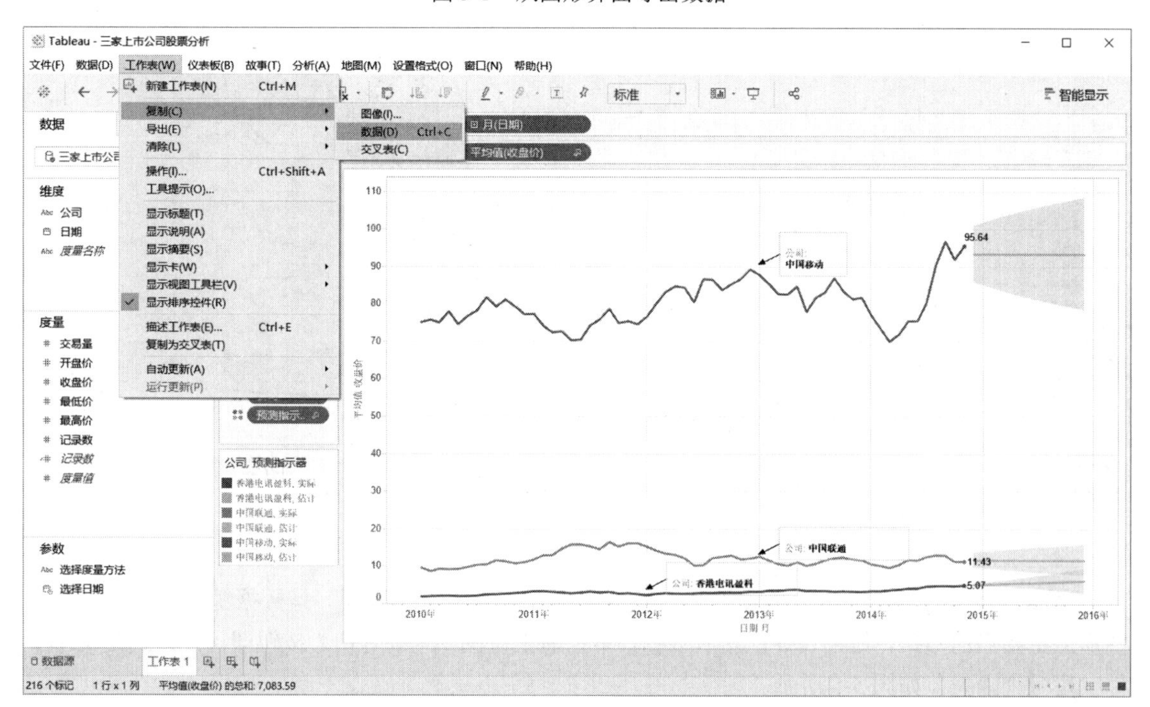

图 5-2　从菜单栏导出数据

在打开的 Excel 表中进行数据的粘贴操作，即可复制 Tableau 图形中的数据，如图 5-3 所示。

预测指示器	公司	日期 月	平均值 收盘价
实际	香港电讯盈科	2010年1月	1.968571
实际	香港电讯盈科	2010年2月	2.072000
实际	香港电讯盈科	2010年3月	2.181304
实际	香港电讯盈科	2010年4月	2.218636
实际	香港电讯盈科	2010年5月	2.097143
实际	香港电讯盈科	2010年6月	2.115455
实际	香港电讯盈科	2010年7月	2.234091
实际	香港电讯盈科	2010年8月	2.537727
实际	香港电讯盈科	2010年9月	2.603333
实际	香港电讯盈科	2010年10月	2.740000

图 5-3　在 Excel 中复制图形数据

5.1.2　导出数据源数据

在工作中，导出数据源中的数据时可以通过“查看数据”页面实现。在 Tableau Desktop 图形界面上右击，在弹出的菜单中选择“查看数据”，如图 5-4 所示。

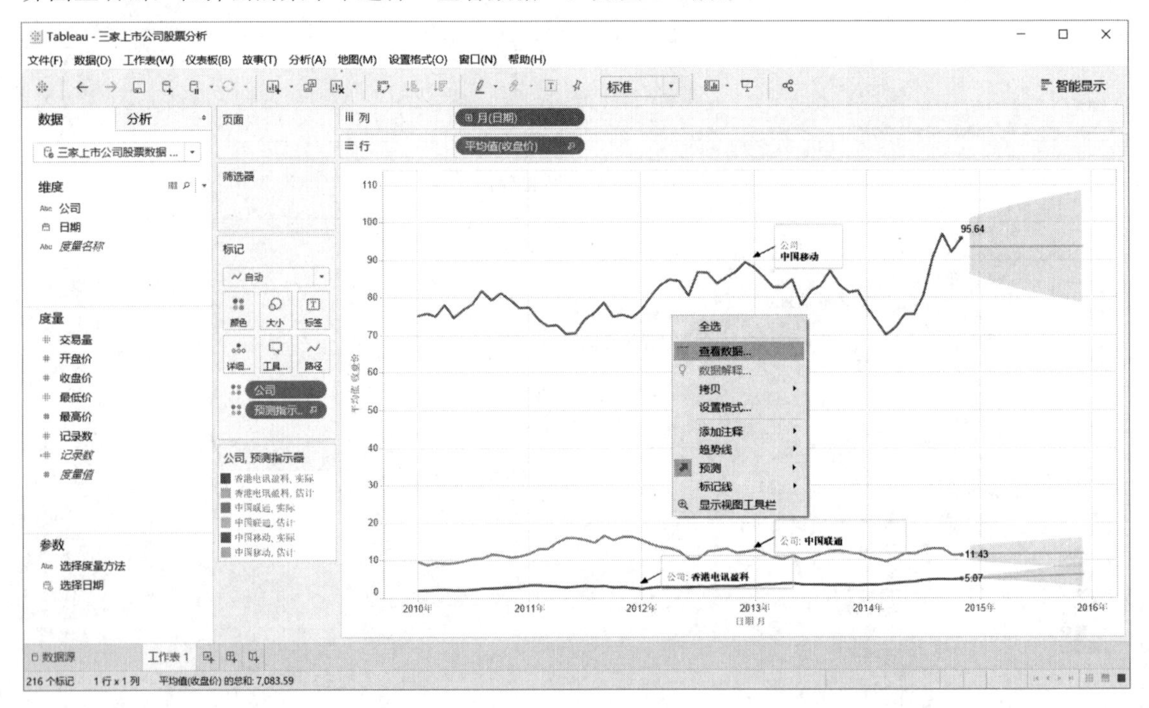

图 5-4　查看数据

“查看数据”页面分为“摘要”和“完整数据”。其中，“摘要”是数据源数据的概况，是图形上主要点的数据，如果要导出相应数据，单击右上方的“全部导出”按钮即可，格式是文本文件（逗号分隔），如图 5-5 所示。

“完整数据”是 Tableau 连接数据源的全部数据，同时添加了“记录数”字段。如果要导出相应数据，单击右上方的“全部导出”按钮即可，格式是文本文件（逗号分隔），如图 5-6 所示。

查看数据：工作表 1

☑ 显示别名(S)　　复制(C)　全部导出(E)

预测指示器	公司	日期 月	平均值 收盘价
估计	中国移动	2014年12月	93.4598
估计	中国移动	2015年1月	93.4598
估计	中国移动	2015年2月	93.4598
估计	中国移动	2015年3月	93.4598
估计	中国移动	2015年4月	93.4598
估计	中国移动	2015年5月	93.4598
估计	中国移动	2015年6月	93.4598
估计	中国移动	2015年7月	93.4598
估计	中国移动	2015年8月	93.4598
估计	中国移动	2015年9月	93.4598
估计	中国移动	2015年10月	93.4598
估计	中国移动	2015年11月	93.4598
估计	中国移动	2015年12月	93.4598
实际	中国移动	2010年1月	75.1452
实际	中国移动	2010年2月	75.8050
实际	中国移动	2010年3月	75.0391

摘要　完整数据　　216 行

图 5-5　全部导出摘要数据

查看数据：工作表 1

3873　☑ 显示别名(S)　☑ 显示所有字段(F)　　复制(C)　全部导出(E)

公司	日期	交易量	开盘价	收盘价	最低价	最高价	记录数	记录数
中国移动	2010/1/1	0	72.8500	72.8500	72.8500	72.850	1	1
中国联通	2010/1/1	0	10.2800	10.2800	10.2800	10.280	1	1
香港电讯盈科	2010/1/1	0	1.8000	1.8000	1.8000	1.800	1	1
中国移动	2010/1/4	14,919,700	72.8500	72.3500	72.0000	73.550	1	1
中国联通	2010/1/4	10,178,900	10.2800	10.2400	10.1400	10.320	1	1
香港电讯盈科	2010/1/4	8,765,700	1.8300	1.8400	1.8000	1.850	1	1
中国移动	2010/1/5	21,635,200	73.8000	72.9300	72.0300	73.880	1	1
中国联通	2010/1/5	17,105,300	10.4600	10.3000	10.1800	10.460	1	1
香港电讯盈科	2010/1/5	18,303,100	1.8500	1.8800	1.8400	1.880	1	1
中国移动	2010/1/6	18,241,800	73.4000	73.4000	72.9500	73.500	1	1
中国联通	2010/1/6	33,664,700	10.3000	10.4000	10.1400	10.460	1	1
香港电讯盈科	2010/1/6	12,260,400	1.8900	1.8900	1.8800	1.890	1	1
中国移动	2010/1/7	16,102,000	73.5000	73.2500	72.5500	73.500	1	1
中国联通	2010/1/7	21,445,000	10.5600	10.2800	10.2200	10.560	1	1
香港电讯盈科	2010/1/7	9,225,100	1.9000	1.8900	1.8700	1.900	1	1
中国移动	2010/1/8	34,688,700	73.6000	74.4500	73.3000	75.000	1	1

摘要　完整数据　　3,873 行

图 5-6　全部导出基础数据

选择导出数据的路径和名称，格式是文本文件（逗号分隔），默认路径是计算机的“文档”文件夹，如图 5-7 所示。

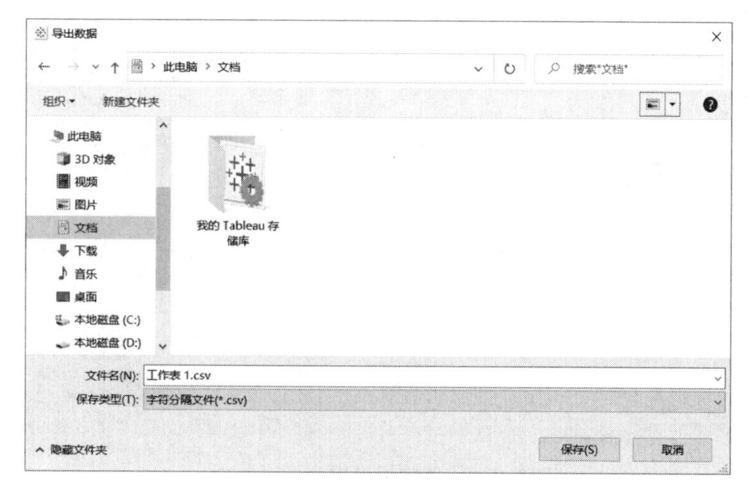

图 5-7　选择导出数据的路径和名称

5.1.3 导出交叉表数据

在 Tableau Desktop 图形界面上右击，在弹出的菜单中选择“拷贝”→“交叉表”，如图 5-8 所示。

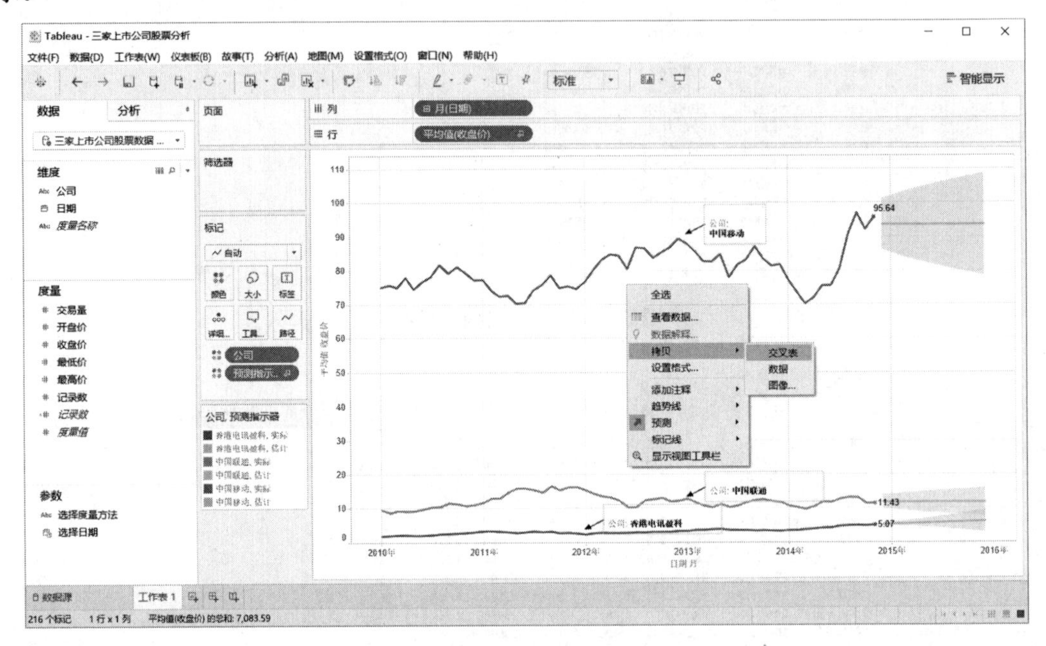

图 5-8　导出交叉表数据

也可以单击菜单栏“工作表”→“复制”→“交叉表”，如图 5-9 所示。

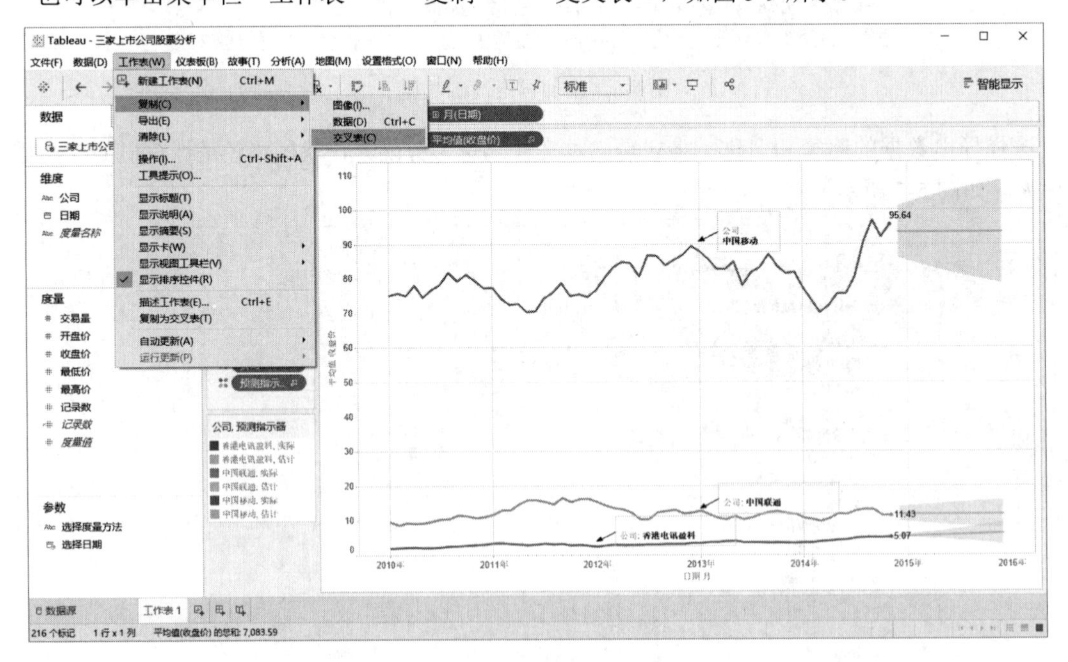

图 5-9　从菜单栏导出交叉表数据

随后在打开的 Excel 表中进行数据的粘贴操作，即可导出图形中的交叉表数据，如图 5-10 所示。

			日期 月	日期 月	日期 月	日期 月	日期 月	日期 月
公司	预测指示器		2015年1月	2015年2月	2015年3月	2015年4月	2015年5月	2015年6月
香港电讯盈科	实际	平均值 收盘价						
香港电讯盈科	估计	平均值 收盘价	5.3	5.4	5.5	5.5	5.6	5.7
香港电讯盈科	估计	平均值 收盘价	4.8	4.7	4.6	4.5	4.4	4.2
香港电讯盈科	估计	平均值 收盘价	5.8	6	6.3	6.6	6.9	7.2
中国联通	实际	平均值 收盘价						
中国联通	估计	平均值 收盘价	11.8	11.8	11.8	11.8	11.8	11.8
中国联通	估计	平均值 收盘价	9.5	9.3	9.1	8.9	8.7	8.6
中国联通	估计	平均值 收盘价	14.1	14.3	14.5	14.7	14.8	15
中国移动	实际	平均值 收盘价						
中国移动	估计	平均值 收盘价	93.5	93.5	93.5	93.5	93.5	93.5
中国移动	估计	平均值 收盘价	85.1	84.3	83.6	82.9	82.2	81.6
中国移动	估计	平均值 收盘价	101.8	102.6	103.4	104.1	104.7	105.3

图 5-10 在 Excel 表中粘贴数据

5.1.4 导出 Access 数据

我们还可以将数据导出为 Access 数据库格式，单击菜单栏“工作表”→“导出”→“数据”，如图 5-11 所示。

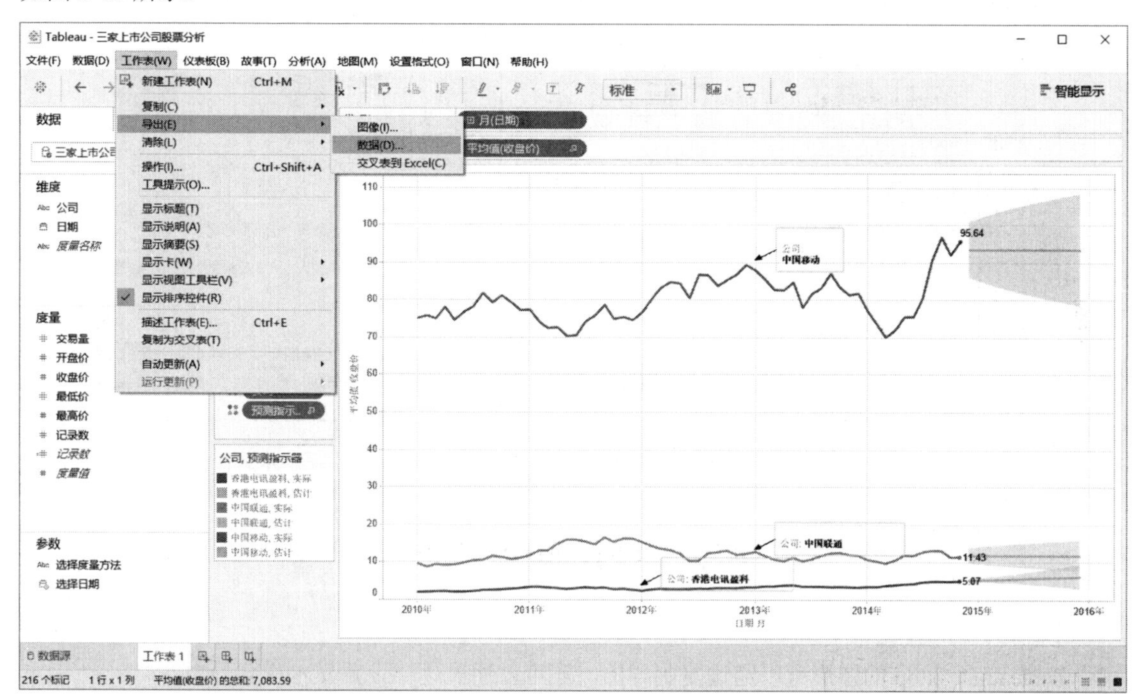

图 5-11 导出 Access 数据

在弹出的对话框中指定 Access 数据库的文件名称（如公司股票数据）和保存路径，单击“保存”按钮，如图 5-12 所示。

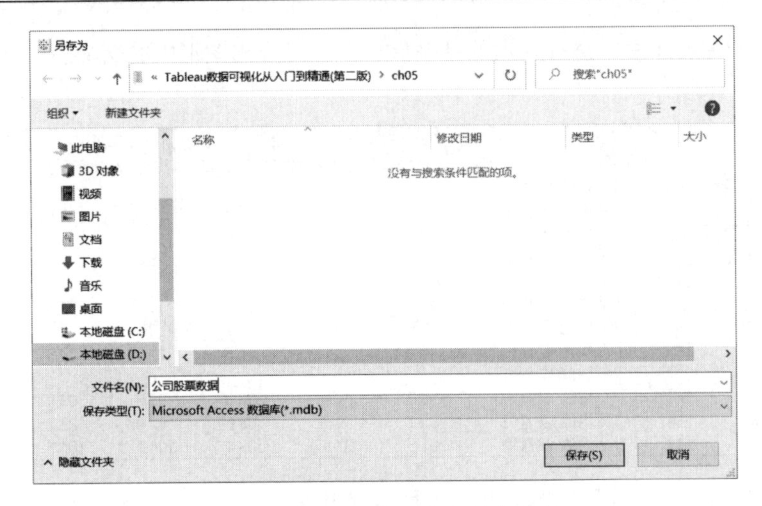

图 5-12　选择文件名称和保存路径

在随后弹出的“将数据导出到 Access”对话框中可以对表名称进行重新命名。如果勾先“导出后连接”复选框，导出完成就可以连接到新的 Access 数据库，如图 5-13 所示。

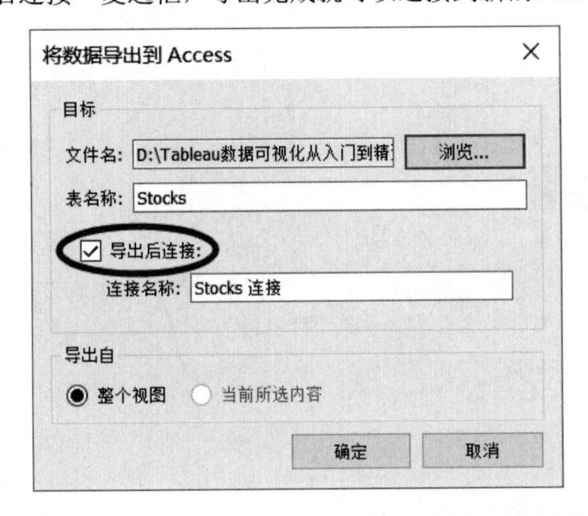

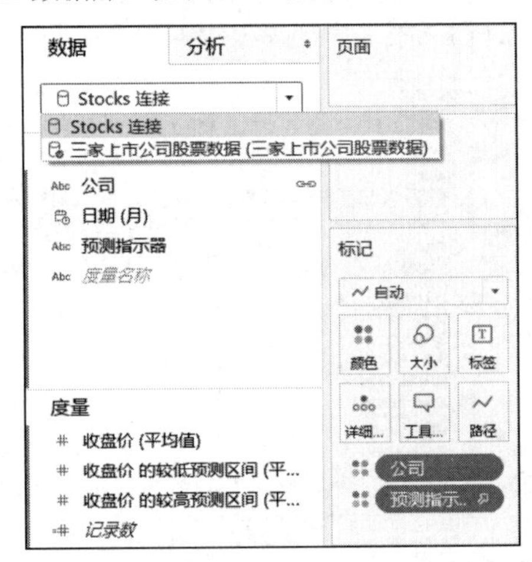

图 5-13　将数据导出到 Access 并连接

5.2　导出图形文件

Tableau Desktop 的图形可以通过复制导出，还可以通过逐一设置显示样式导出。

5.2.1　通过复制导出

在 Tableau Desktop 图形界面上右击，在弹出的菜单中选择“拷贝”→“图像”，如图 5-14 所示。

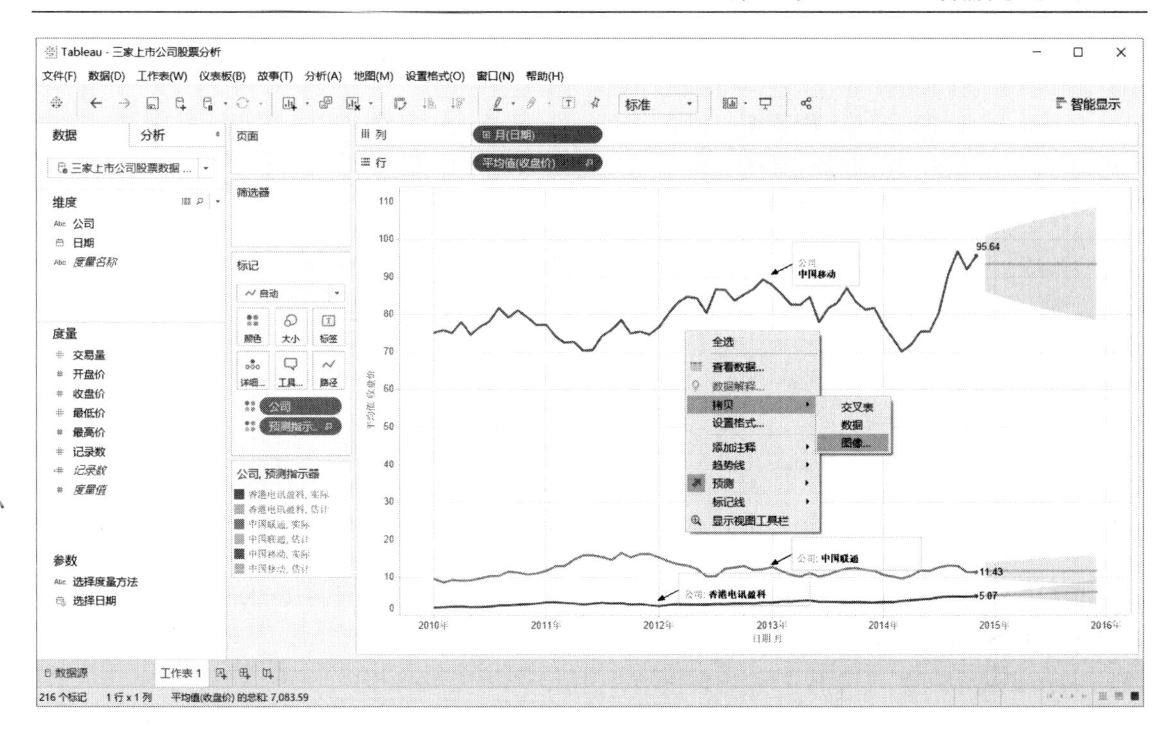

图 5-14 通过复制导出图片

也可以单击菜单栏“工作表”→“复制”→“图像”，如图 5-15 所示。

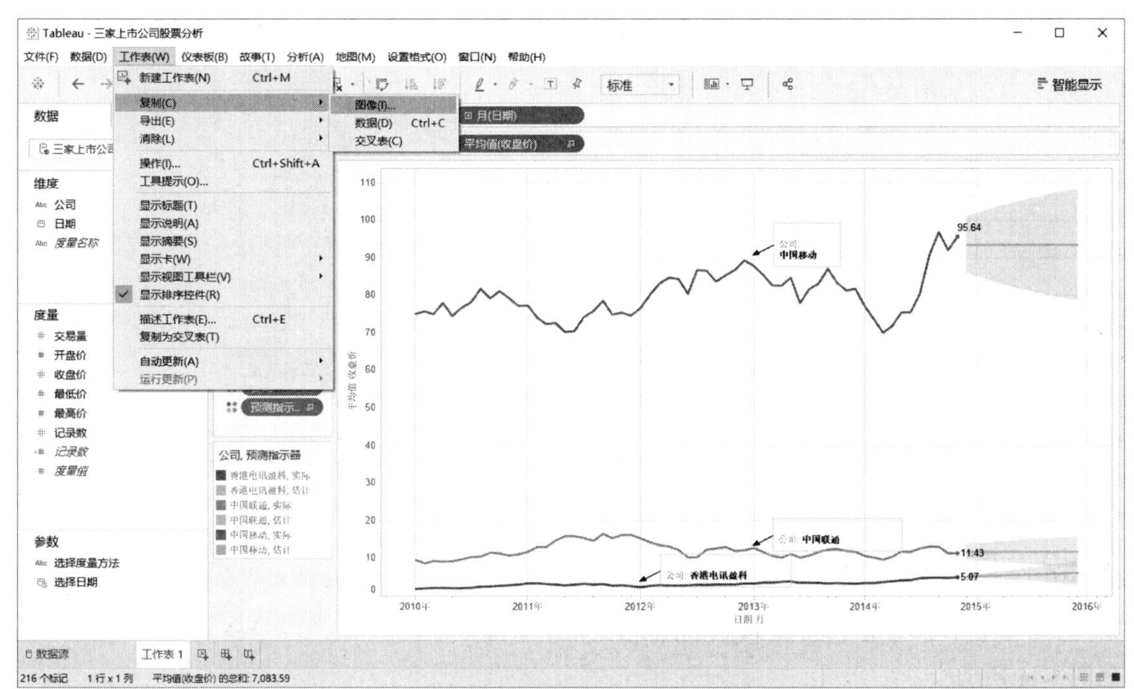

图 5-15 菜单栏导出图片

弹出“复制图像”对话框，通过“显示”选择需要显示的信息，通过“图像选项”选择需要显示的样式，然后单击“复制”按钮，如图 5-16 所示。

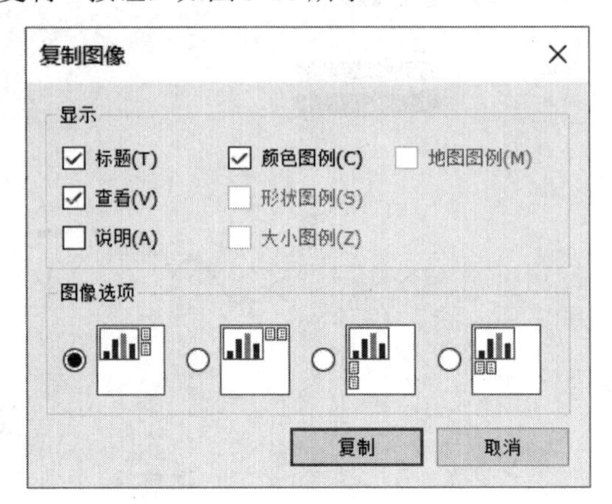

图 5-16　选择图片样式

最后，在打开的 Word、Excel 等文件中进行图片的粘贴操作，即可将 Tableau Desktop 图形复制导出，如图 5-17 所示。

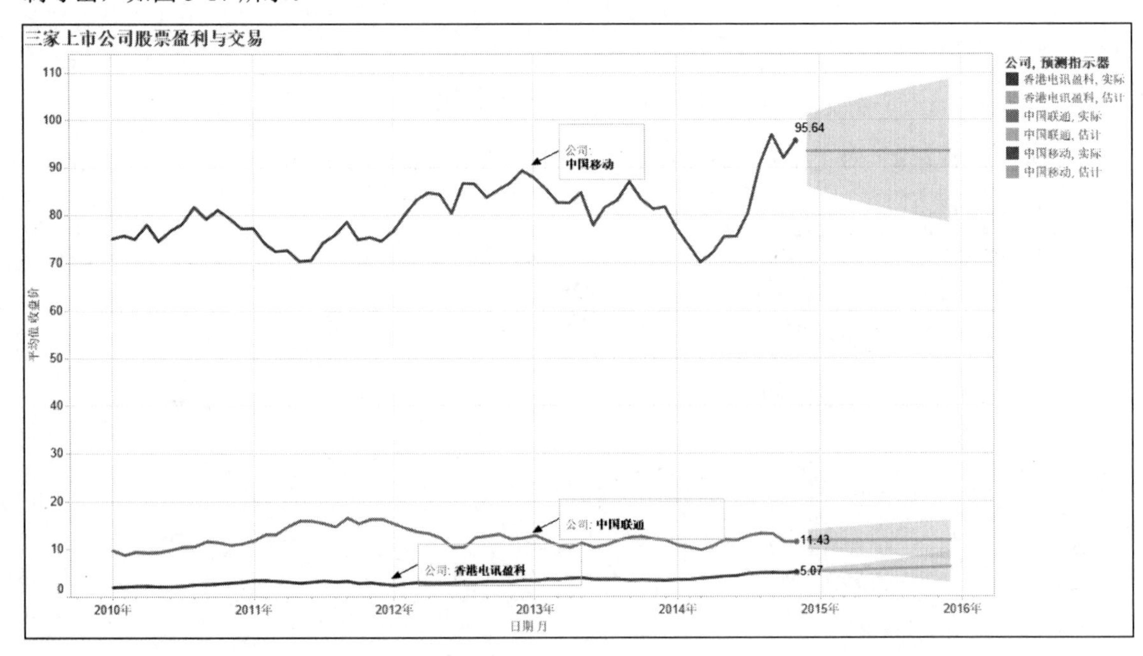

图 5-17　在打开的文件中粘贴图片

5.2.2　直接导出图像

我们可以直接导出 Tableau Desktop 图像，单击菜单栏的“工作表”→“导出”→“图像”，如图 5-18 所示。

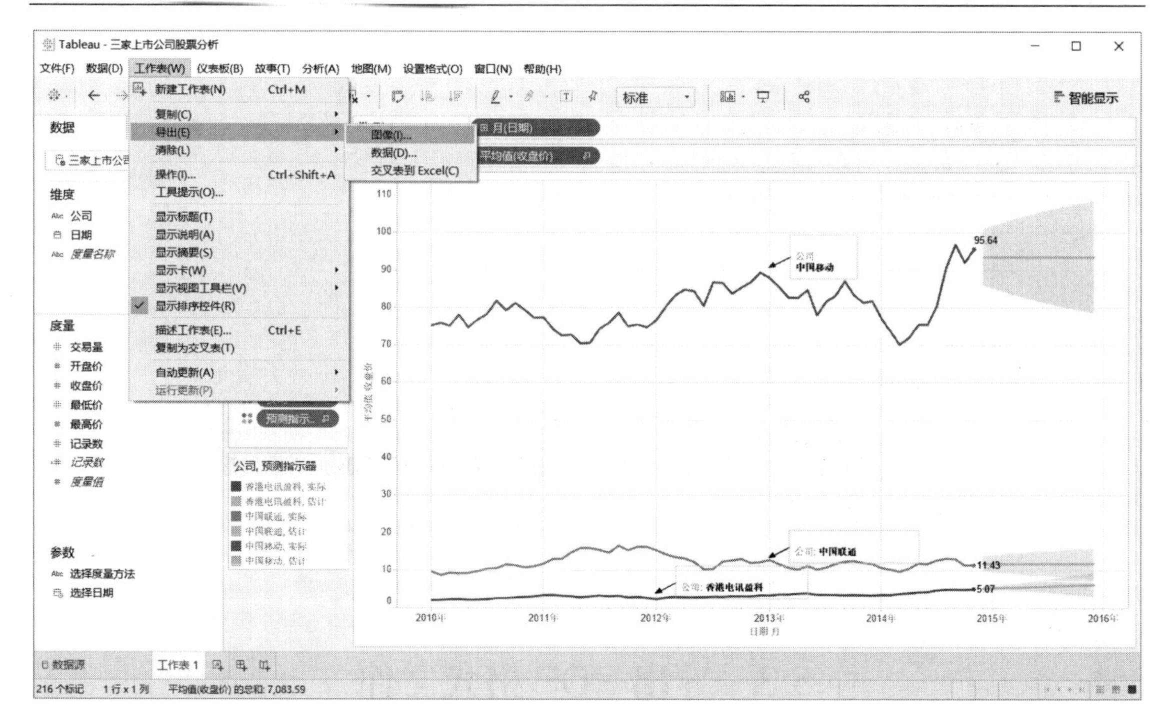

图 5-18　菜单栏直接导出图像

弹出“导出图像”对话框，通过“显示”选择需要显示的信息，通过“图像选项”选择需要显示的样式，单击“保存”按钮，如图 5-19 所示。

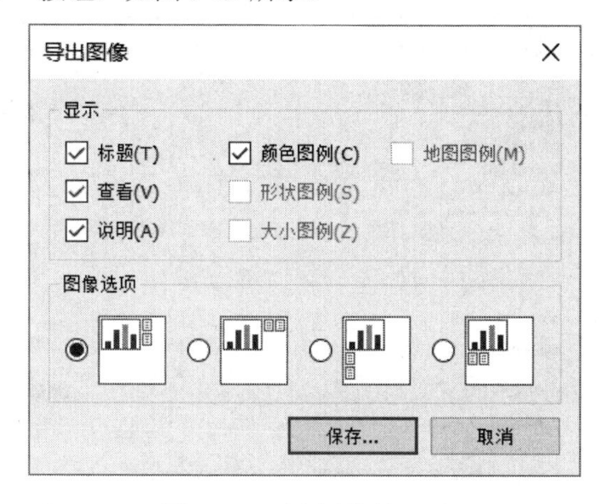

图 5-19　导出图像的设置

在弹出的“保存图像”对话框中指定文件名、存放格式和保存路径。Tableau 支持 4 种保存格式：可移植网络图（.png）、Windows 位图（.bmp）、增强图元文件（.emf）和 JPEG 图像（.jpg、.jpeg、.jpe、.jfif），如图 5-20 所示。

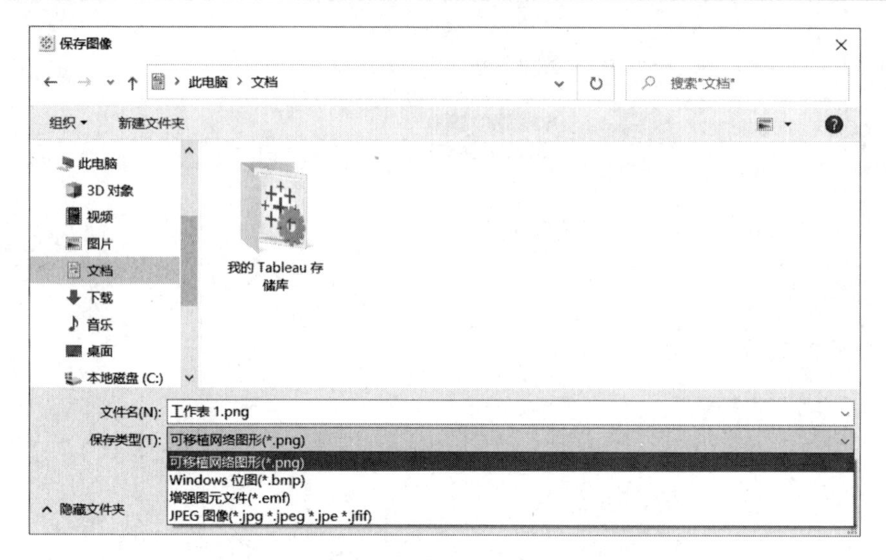

图 5-20　指定文件名、存放格式和保存路径

5.3　导出 PDF 格式文件

如果 Tableau Desktop 生成的各类图和表要导出为 PDF 便携式文件，就可以单击菜单栏的“文件”→“打印为 PDF”，如图 5-21 所示。

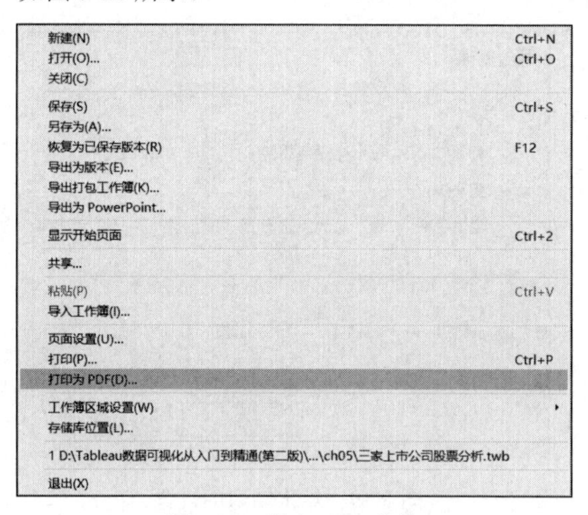

图 5-21　导出 PDF 文件

弹出“打印为 PDF”对话框，设置打印的“范围”“纸张尺寸”以及其他选项，然后单击“确定”按钮，如图 5-22 所示。

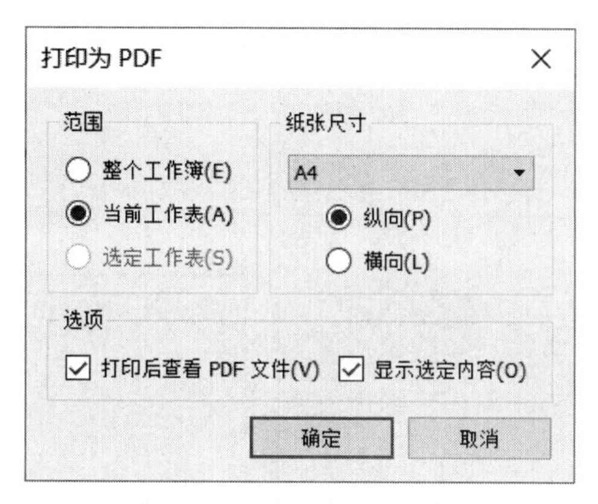

图 5-22　设置 PDF 文件格式

在弹出的“保存 PDF”对话框中，指定 PDF 文件名和保存路径，如图 5-23 所示。

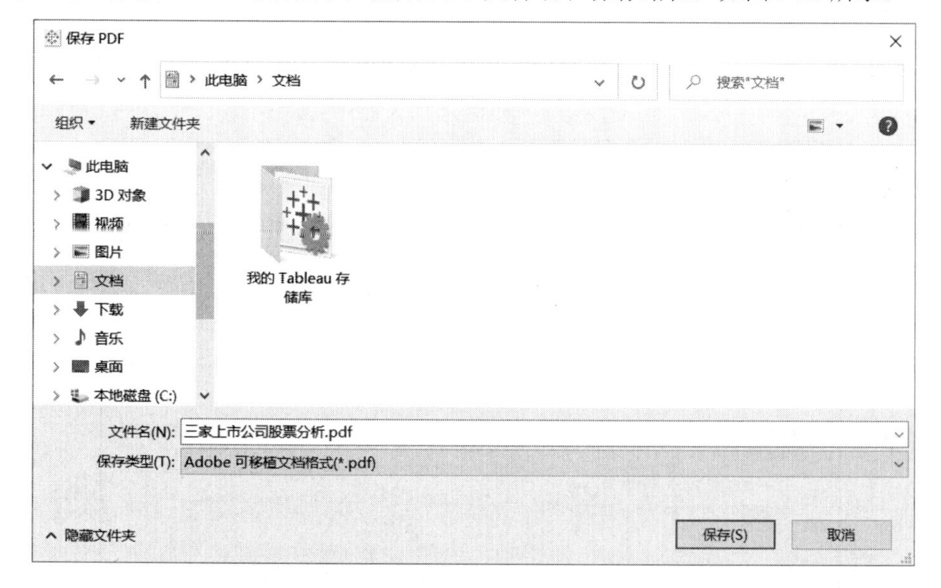

图 5-23　PDF 文件名和保存路径

5.4　导出 PowerPoint 格式文件

如果 Tableau Desktop 生成的各类图和表需要导出为 PowerPoint 格式的文件，可以单击菜单栏的“文件”→“导出为 PowerPoint”，如图 5-24 所示。

弹出“导出 PowerPoint”对话框，设置需要导出的视图或工作表等，然后单击“导出”按钮，如图 5-25 所示。

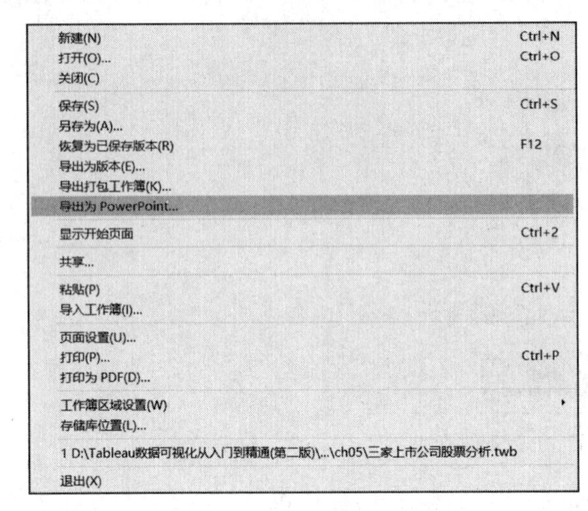

图 5-24　导出为 PowerPoint

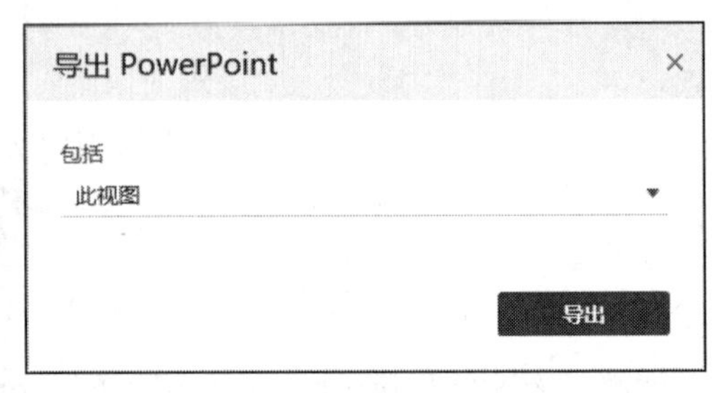

图 5-25　设置 PDF 文件格式

在弹出的“保存 PowerPoint”对话框中，指定 PowerPoint 的文件名和保存路径，如图 5-26 所示。

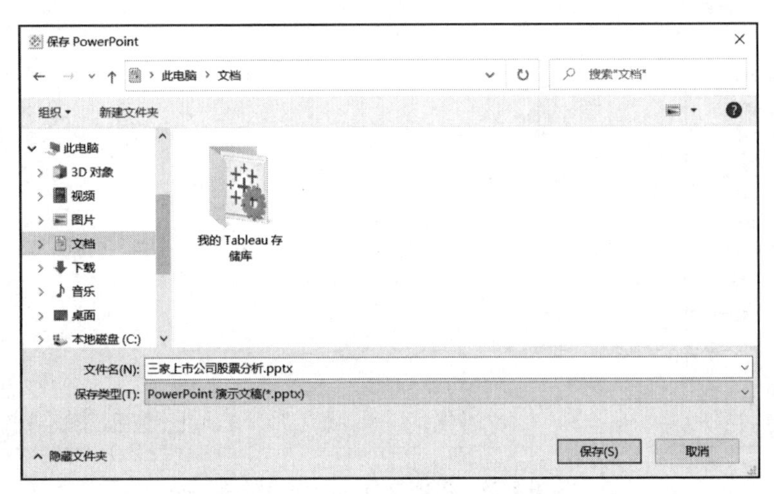

图 5-26　PowerPoint 文件名和保存路径

5.5　发布可视化视图

数据可视化视图可以很方便地发布到 Tableau 的服务器，包括 Tableau Online 或者 Tableau Server，下面介绍如何将报表或仪表板等发布到 Tableau Online，Tableau Server 的操作步骤与此类似。

单击 Tableau 菜单栏的“文件”→“共享”，我们这里是发布到 Tableau Online，因此在服务器中输入“Tableau Online”，也可以单击下方的快速链接，如图 5-27 所示。如果是发布到 Tableau Server，这里需要输入服务器的地址，然后单击“连接”按钮。

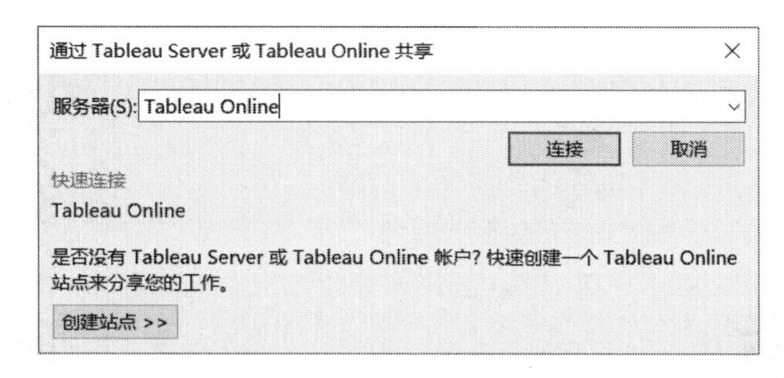

图 5-27　输入 Tableau Online

输入已经注册过的 Tableau Online 用户名和密码，然后单击“登录”按钮，即可将数据视图发布到 Tableau Online 中，如图 5-28 所示。注意为了数据的保密性，如果是企业的内部数据不建议发布到 Tableau Online。

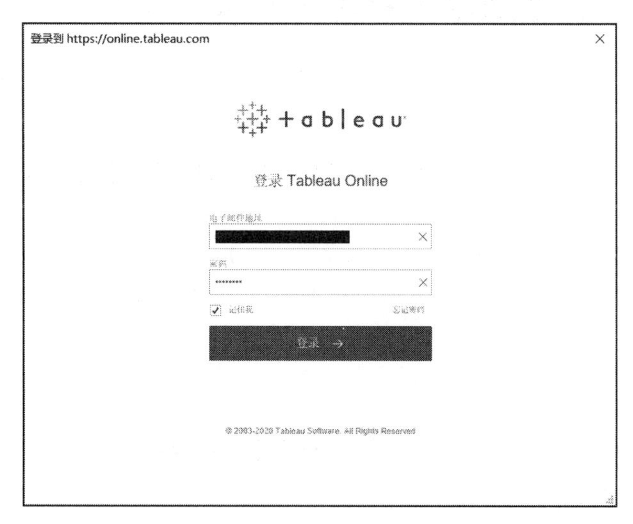

图 5-28　登录 Tableau Online

5.6　上机操作题

练习 1：打开“各省市商品销售额分析.twb”文件，查看“各省市的商品销售额条形图”中的数据，并导出图形中的数据。

练习 2：打开“各省市商品销售额分析.twb”文件，将“各省市的商品销售额条形图”导出为 jpg 格式的图片文件。

练习 3：打开“各省市商品销售额分析.twb”文件，将“各省市的商品销售额条形图”导出为 PowerPoint 格式的演示文件。

第 6 章

Tableau 连接到 Hadoop Hive

Hadoop Hive 是基于 Hadoop 的一个数据仓库工具，可以将结构化的数据文件映射为一张数据库表，并提供完整的 SQL 查询功能；可以将 SQL 语句转换为 MapReduce 任务进行运行，优点是学习成本低；可以通过类 SQL 语句快速实现简单的 MapReduce 统计，不必开发专门的 MapReduce 应用，十分适合数据仓库的统计分析。本章将详细介绍 Tableau 如何连接 Hadoop Hive 及其注意事项。

6.1 Hadoop 简介

Hadoop 存在的理由是适合进行大数据的存储计算。Hadoop 集群主要由两部分组成：一个是存储、计算“数据”的“库”，另一个是存储计算框架。

6.1.1 Hadoop 分布式文件系统

Hadoop 分布式文件系统是一种文件系统实现，类似于 NTFS、EXT3、EXT4 等。不过 Hadoop 分布式文件系统建立在更高的层次之上，在 HDFS 上存储的文件被分成块（每块默认为 64M，比一般文件系统块大得多）分布在多台机器上，每块又会有多块冗余备份（默认为 3），以增强文件系统的容错能力，这种存储模式与后面的 MapReduce 计算模型相得益彰。HDFS 在具体实现中主要有以下几个部分。

1. 名称节点（NameNode）

名称节点的职责在于存储整个文件系统的元数据，这是一个非常重要的角色。元数据在集群启动时会加载到内存中，元数据的改变也会写到磁盘的系统映像文件中，同时还会维护对元数据的编辑日志。HDFS 存储文件时是将文件划分成逻辑上的块存储的，对应关系都存储在名称节点上，如果有损坏，整个集群的数据就会不可用。

我们可以采取一些措施备份名称节点的元数据，如将名称节点目录同时设置到本地目录和一个 NFS 目录，这样任何元数据的改变都会写入两个位置做冗余备份。向两个目录冗余写入的过程是原子的，这样使用中的名称节点宕机后，我们可以使用 NFS 上的备份文件恢复文件系统。

2. 第二名称节点（SecondaryNameNode）

这个角色的作用是定期通过编辑日志合并命名空间映像，防止编辑日志过大。不过第二名称节点的状态滞后于主名称节点，如果主名称节点挂掉，必定会有一些文件损失。

3. 数据节点（DataNode）

这是 HDFS 中具体存储数据的地方，一般有多台机器。除了提供存储服务，还定时向名称节点发送存储的块列表。名称节点没有必要永久保存每个文件、每个块所在的数据节点，这些信息会在系统启动后由数据节点重建。

6.1.2　MapReduce 计算框架

MapReduce 计算框架是一种分布式计算模型，核心是将任务分解成小任务，由不同计算者同时参与计算，并将各个计算者的计算结果合并，得出最终结果。模型本身非常简单，一般只需要实现两个接口即可，关键在于怎样将实际问题转化为 MapReduce 任务。Hadoop 的 MapReduce 主要由以下两部分组成：

1. 作业跟踪节点（JobTracker）

负责任务的调度（可以设置不同的调度策略）、状态跟踪。有点类似于 HDFS 中的名称节点，JobTracker 也是一个单点，在未来的版本中可能会有所改进。

2. 任务跟踪节点（TaskTracker）

负责具体的任务执行。TaskTracker 通过“心跳”的方式告知 JobTracker 其状态，并由 JobTracker 根据报告的状态为其分配任务。TaskTracker 会启动一个新 JVM 运行任务，当然 JVM 实例也可以被重用。

6.2　连接基本条件

Hadoop Hive 是一种通过混合使用传统 SQL 表达式，以及特定于 Hadoop 的高级数据分析和转换操作，利用 Hadoop 集群数据的技术。Tableau 使用 Hive 与 Hadoop 配合工作，提供无须编程的环境。

Tableau 支持使用 Hive 和数据源的 HiveODBC 驱动程序连接存储在 Cloudera、Hortonworks、MapR 和 Amazon EMR（ElasticMapReduce）分布中的数据。

6.2.1　Hive 版本

下面介绍连接的先决条件和外部资源。对于到 Hive Server 的连接，必须具备以下条件之一：

包含 Apache Hadoop CDH3u1 或更高版本的 Cloudera 分布，其中包括 Hive 0.7.1 或更高版本；Hortonworks；MapR Enterprise Edition(M5)；Amazon EMR。

对于到 Hive Server 2 的连接，必须具备以下条件之一：

包括 Apache Hadoop CDH4u1 的 Cloudera 分布；Hortonworks HDP1.2；带有 Hive 0.9+的 MapR Enterprise Edition(M5)；Amazon EMR。

此外，还必须在每台运行 Tableau Desktop 或 Tableau Server 的计算机上安装正确的 Hive ODBC 驱动程序。

6.2.2 驱动程序

对于 Hive Server 或 Hive Server2，必须从“驱动程序”页面下载与安装 Cloudera、Hortonworks、MapR 或 Amazon EMR ODBC 驱动程序。

- Cloudera(Hive)：适用于 ApacheHive2.5.x 的 Cloudera ODBC 驱动程序；用于 Tableau Server 8.0.8 或更高版本，需要使用驱动程序 2.5.0.1001 或更高版本。
- Cloudera(Impala)：适用于 Impala Hive 2.5.x 的 Cloudera ODBC 驱动程序；如果连接到 Cloudera Hadoop 上的 Beeswax 服务，就要改为使用适合 Tableau Windows 使用的 Cloudera ODBC 1.2 连接器。
- Hortonworks：Hortonworks Hive ODBC 驱动程序 1.2.x。
- MapR：MapR_odbc_2.1.0_x86.exe 或更高版本，或者 MapR_odbc_2.1.0_x64.exe 或更高版本。
- Amazon EMR：Hive ODBC.zip 或 Impala ODBC.zip。

如果已安装其他驱动程序版本，就要先卸载该驱动程序，再安装“驱动程序”页面上提供的对应版本。

6.2.3 启动 Hive 服务

在集群中，对所有 hive 原数据和分区的访问都要通过 Hive Metastore，启动远程 metastore 后，hive 客户端连接 metastore 服务，从而可以从数据库查询到原数据信息，metastore 服务端和客户端通信是通过 thrift 协议。

在 Hadoop 群集的终端界面中键入以下命令：

```
hive --service metastore
```

上面的命令将在退出 Hadoop 终端会话时终止，因此可能需要以持续状态运行 Hive 服务，要将 Hive 服务移到后台，需要键入以下命令：

```
nohup hive --service metastore > metastore.log 2>&1 &
```

此外，在 Hadoop 集群中，可以通过启动 HiveServer2，客户端可以在不启动 Hive CLI 的情况下对 Hive 中的数据进行操作，它允许远程客户端使用编程语言如 Java、Python 或者第三方可视化工具向 Hive 提交数据提取请求，并返还结果。HiveServer2 支持多客户端的并发和认证，为开放 API 客户端如 JDBC、ODBC 提供了更好的支持。

Tableau 连接 Hadoop 集群需要启动 HiveServer2，在终端界面中键入以下命令：

```
hive --service hiveserver2 &
```

6.3 连接主要步骤

在 Tableau Desktop 中选择适当的服务器，如 Cloudera Hadoop、Hortonworks Hadoop Hive 或 MapR Hadoop Hive 等，然后输入连接所需的信息。

6.3.1 Cloudera Hadoop

在开始页面的“连接”下单击 Cloudera Hadoop，然后执行以下操作：

步骤 01 输入承载数据库服务器的名称和端口号，端口号 21050 是 2.5.x 驱动程序的默认端口。

步骤 02 在“类型”下拉列表中选择要连接的数据库类型 Hive Server、HiveServer2 或 Impala。

步骤 03 在“身份验证”下拉列表中选择要使用的身份验证方法。

步骤 04 单击“初始 SQL”以指定将在连接时运行一次的 SQL 命令。

步骤 05 单击“登录”按钮。

如果连接不成功，就要验证用户名和密码是否正确。如果连接仍然失败，就说明计算机在定位服务器时遇到问题，需要联系网络管理员或数据库管理员进行处理，如图 6-1 所示。

图 6-1 连接到 Cloudera Hadoop

6.3.2 Hortonworks Hadoop Hive

在开始页面的“连接”下单击 Hortonworks Hadoop Hive，然后执行以下操作：

步骤 01 输入承载数据库的服务器名称。

步骤 02 在“类型”下拉列表中选择要连接的数据库类型 Hive Server 或 HiveServer2。

步骤 03 在“身份验证”下拉列表中选择要使用的身份验证方法。

步骤 04 单击“初始 SQL”以指定将在连接时运行一次的 SQL 命令。

步骤 05 单击“登录”按钮。

如果连接不成功，就要验证用户名和密码是否正确。如果连接仍然失败，就说明计算机在定位服务器时遇到问题，需要联系网络管理员或数据库管理员进行处理，如图 6-2 所示。

图 6-2 连接到 Hortonworks Hadoop Hive

6.3.3 MapR Hadoop Hive

在开始页面的“连接”下单击 MapR Hadoop Hive，然后执行以下操作：

步骤 01 输入承载数据库的服务器名称。

步骤 02 在“类型”下拉列表中选择要连接的数据库类型，可以选择 Hive Server 或 HiveServer2。

步骤 03 在“身份验证”下拉列表中选择要使用的身份验证方法。

步骤 04 单击“初始 SQL”以指定将在连接时运行一次的 SQL 命令。

步骤 05 单击“确定”按钮。

如果连接不成功，就要验证用户名和密码是否正确。如果连接仍然失败，就说明计算机在定位服务器时遇到问题，需要联系网络管理员或数据库管理员进行处理，如图 6-3 所示。

图 6-3 连接到 MapR Hadoop Hive

6.4 连接注意事项

在连接 Hive 时，Tableau Desktop 需要注意日期/时间数据、Hive 和 Hadoop 的已知限制（与传统数据库相比）。

6.4.1 日期/时间数据

Tableau Desktop 9.0 及更高版本支持 Hive 中的时间戳，Tableau 可在本机使用时间戳。如果将日期/时间数据存储为 Hive 中的字符串，就要确保以 ISO 格式（YYYY-MM-DD）进行存储。

在 Tableau Desktop 9.0 及更早版本中，Tableau 没有对时间戳数据类型的内置支持，不过这些版本支持对存储在字符串内的日期/时间数据进行运算。

更改数据类型为日期/时间格式的步骤：创建一个数据提取，然后右击“数据”窗格中的字段，并选择“更改数据类型”→“日期”以使用存储在字符串中的纯日期或日期/时间数据，或者使用 DATEPARSE 函数将字符串转换为日期/时间格式的字段。

6.4.2 已知限制

1. 高延迟

Hive 是面向批处理的系统，还无法以快速的周转时间回答简单的查询。此限制使得探索新数据集或体验计算字段变得非常困难，但是一些更新的 SQL-on-Hadoop 技术可用于解决此限制。

2. 日期/时间处理

Hive 提供对可能表示日期/时间的字符串数据进行运算的重要功能，并且增加了将日期/时间存储为本机数据类型（时间戳）的支持。

3. 查询进度和取消操作

在 Hadoop Hive 中取消操作并不简单，尤其是在不属于群集部分的计算机上工作时，Hive 无法提供取消查询机制，因此 Tableau 发布的查询只能是“已放弃”，放弃查询后继续在 Tableau 中工作，不过查询仍将在群集上运行并占用资源。

4. 身份验证

对于传统的 Hive Server 的连接，Hive ODBC 驱动程序不会显示身份验证操作，并且 Hive 身份验证模型和数据安全模型不完整，Tableau Server 针对此类情况提供了一个数据安全模型，可以在 Tableau 工作簿中创建“用户筛选器”，以表示如何限制每个可视化项中的数据，而 Tableau Server 将确保对访问浏览器中交互式可视化项的用户相应地实施这些筛选器。

6.5 检验测试连接

借助 Cloudera、Hortonworks 和 MapR 的最新 ODBC 驱动程序，可以使用驱动程序配置实用工具测试与 Hadoop Hive 群集的连接。

6.6 上机操作题

练习 1：根据自己可以连接的 Hadoop 集群及其软件版本，下载对应版本的 Hive ODBC 驱动程序。

练习 2：启动 Hadoop 集群和 Hive 服务，配置 ODBC 数据源下的 Hive 驱动，并测试是否正常连接集群。

第7章

Tableau 大数据引擎优化

通过技术可以改进可视化、依据 Hadoop 群集中存储的数据构建的仪表板的性能。尽管 Hadoop 是面向批处理的系统，不过目前我们可以通过工作负载调整，Tableau 数据引擎的优化提示减少延迟。本章主要介绍大数据引擎的优化方法。

7.1 提高连接性能

自定义 SQL 允许使用复杂的 SQL 表达式作为 Tableau 中连接的基础。通过在自定义 SQL 中使用 LIMIT 子句，可以减小数据集以加快浏览新数据集和建立视图的速度。稍后可以移除此 LIMIT 子句以支持对整个数据集进行实时查询。

可以轻松使用自定义 SQL 限制数据集大小。如果连接的是单表或多表，就可以将其切换到自定义 SQL 连接，并让连接对话框自动填充自定义 SQL 表达式，在自定义 SQL 的最后一行中添加“LIMIT 1000”，以便仅使用前 1000 条记录。

在处理大量数据时，Tableau 数据引擎是功能强大的加速器，支持以低延迟进行临时分析。尽管 Tableau 数据引擎不是针对 Hadoop 所具有的相同标度构建的，不过它能够处理多个字段和数亿行广泛数据集，如图 7-1 所示。

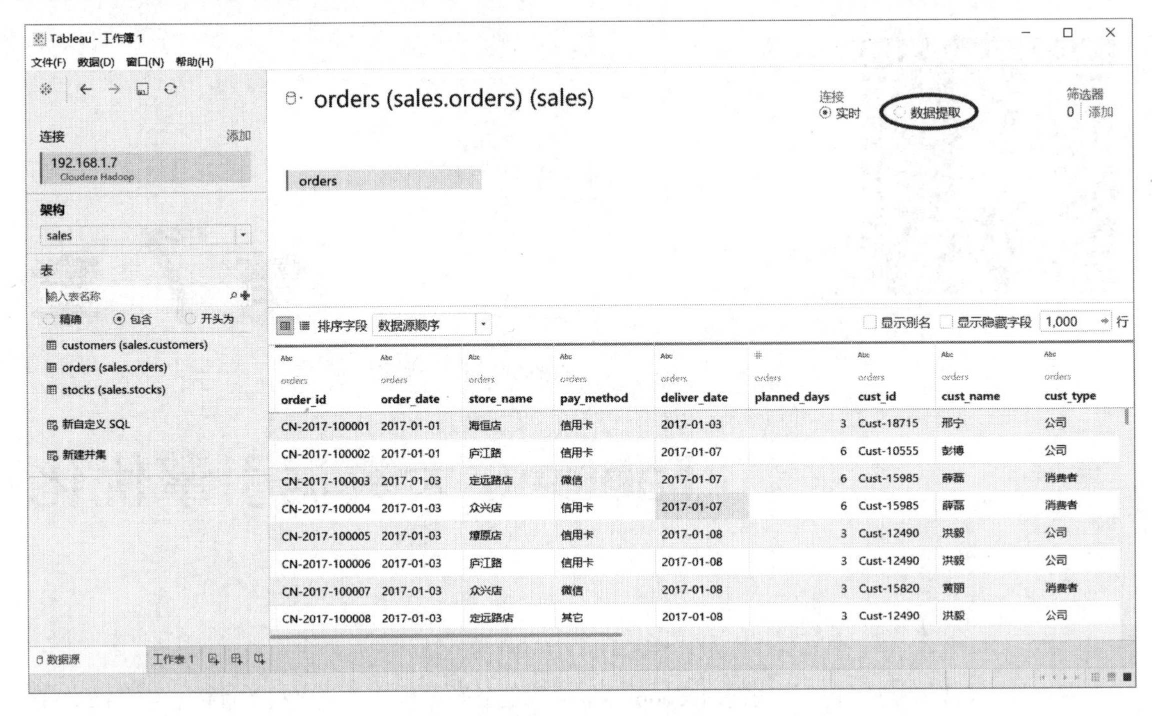

图 7-1　Tableau 的数据提取

通过在 Tableau 中创建数据提取，能够通过将海量数据压缩为小很多的数据集加快数据分析速度。在创建数据提取时，我们需要在“数据提取”对话框中聚合可视维度的数据、添加筛选器、隐藏所有未使用的字段，如图 7-2 所示。

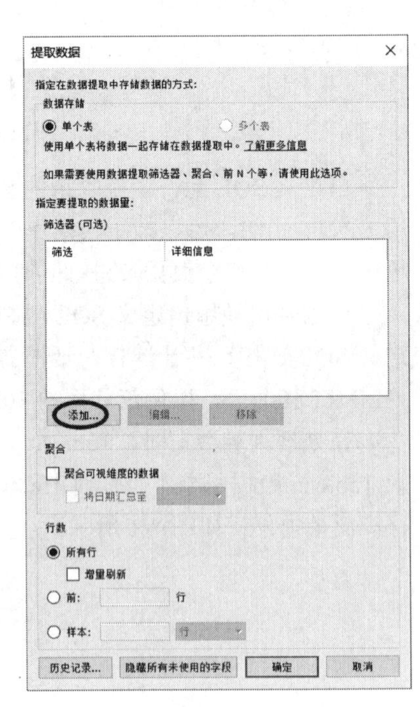

图 7-2　提取数据的设置

- 聚合可视维度的数据：创建将数据预先聚合到粗粒度视图的数据提取。尽管 Hadoop 非常适合存储各个细粒度数据目标点，不过更广泛的数据视图可实现大致相同的深入分析，计算开销却小得多。
  例如，使用“将日期汇总至”功能。Hadoop 日期/时间数据是细粒度数据的特定示例，如果将其汇总到粗粒度的时间表，这些数据将能更好地发挥作用，如跟踪每小时的事件。
- 添加筛选器：单击“添加”按钮，创建一个“筛选器”以保留感兴趣的数据，如处理存档数据，不过只对最近的记录感兴趣，如图 7-3 所示。
- 隐藏所有未使用的字段：忽略 Tableau“数据”窗口中已隐藏的字段，以使数据提取紧凑、简洁。

图 7-3　添加筛选器的设置

7.2　高级性能技术

在对传统数据库技术提供一定程度支持的同时，Hive 还提供了一些独有的方法提高查询性能。

7.2.1　“筛选器”形式的分区字段

Hive 中的表可定义分区字段，分区字段基于字段的值将磁盘上的记录分为分区。如果查询包含针对该分区的筛选器，Hive 就可以快速隔离满足查询所需的数据块的子集。通过在 Tableau 中创建针对一个或多个分区字段的筛选器可以大幅缩短查询执行时间。

这种 Hive 查询优化的一个已知限制是分区“筛选器”必须与分区字段中的数据完全匹配。例如，某个字符串字段包含日期，就无法依据 YEAR([date_field])=2011 进行筛选；相反，可以考虑从原始数据值的角度表达筛选器，如 date_field>='2011-01-01'。

7.2.2　分组字段形式的群集字段

分组字段可决定磁盘表数据的分隔方式，一个或多个字段定义为表的群集字段，并且要确保这些字段合并的指纹具有相同群集字段内容的所有行在数据块内紧密相邻。

这种指纹称为哈希，通过两种方式提高查询性能。一种方式是跨群集字段的计算聚合可以利用合并器“地图/减少”管道中的早期阶段，从而可通过为每个“减少”发送较少的数据减少网络流量。当在 GROUPBY 子句中使用群集字段时此方式最有效，可以发现这些字段与 Tableau 中的离散字段（通常为维度）相关联。

群集字段哈希可提高性能的另一种方式是使用连接。哈希连接的连接优化允许 Hadoop 基于预先计算出的哈希值将两个数据集快速合并，条件是连接键是群集字段。由于群集字段确保数据块是基于哈希值进行组织的，可以针对位于相同位置的大型数据块进行操作，因此哈希连接的磁盘 I/O

和网络带宽更加高效。

7.2.3 初始化 SQL

初始化 SQL 为建立连接时设置配置参数和执行工作提供了可能性。下面介绍如何使用初始化 SQL 进行高级性能优化，内容不可能面面俱到，可能会因为群集大小、数据的类型和大小而不同。

1. 提高并行度

使用初始化 SQL 强制提高 Tableau 分析生成作业的并发度。默认情况下，并发度由数据集的大小和 64MB 默认块的大小决定。包含 128MB 数据的数据集只会在针对该数据的查询开始时并发执行两个映射任务，对于需要计算密集型分析任务的数据集，可以通过降低单一工作单元所需的数据集大小阈值强制提高并行度。以下设置使用 1MB 的拆分大小，有可能将并发吞吐量提高 64 倍：

```
Set mapred.max.split.size=1000000;
```

2. 优化连接性能

前面对有关使用分组字段形式的群集字段提高连接性能的论述进行了扩展。对于 Hive 的许多版本，该优化默认情况下是关闭的，使用以下设置启用优化。

```
Set hive.optimize.bucketmapjoin=true;
Set hive.optimize.bucketmapjoin.sortedmerge=true;
```

3. 为不均匀分布调整配置

配置设置有时会对数据的形状产生影响。在处理分布高度不均匀的数据时，“地图/减少”特性可能导致巨大的数据偏斜，其中少量计算节点必须处理大量计算。以下设置告知 Hive 数据可能已偏斜，并且 Hive 应采用不同方法规划“地图/减少”作业，对于没有严重偏斜的数据，这样设置可能会降低性能。

```
Set hive.groupby.skewindata=true;
```

7.3 提升数据提取效率

提升数据提取效率的方法主要有存储文件格式、数据分区、数据分组等。

7.3.1 存储文件格式

Hive 中的外部表可以引用位于 Hive 环境外部的分布式文件系统数据。该外部表可指明数据的压缩方式以及应对所采用的分析方法，每个 Hive 查询随后可对数据进行动态解压缩和分析，这是灵活性和效率之间的一个权衡。

Hive 表还可以对频繁进行或复杂的分析任务以更高效的存储格式捕获数据集，默认存储格式为序列文件，也存在许多其他格式。为了与 Tableau 等分析工具配合使用，可能使用记录分列文件格式（RCFile）。此格式是一种混合行分列格式，如果只需要数据的子集，记录分列文件格式支持进行有效的分析。

7.3.2　数据分区

可以在分布式文件系统中将 Hive 的表组织为单独文件，其中每个文件都包含多个数据块，以便控制数据接近性，从而实现高效访问，通过将一个或多个字段定义为分区字段达到此目的。然后，字段值的每个唯一组合将在 HDFS 中生成一个单独文件。

通常，使用日期字段进行分区以确保日期相同的记录保存在一起。当 Hive 查询使用 WHERE 子句筛选分区字段中的数据时，“筛选器”将有效描述相关的数据文件，通过文件系统加载这些文件，查询执行速度可能比按非分区字段筛选的普通查询速度快很多。

7.3.3　数据分组

与分区类似，在分布式文件系统中，分组字段（群集字段）将表数据组织为单独的文件，数据分组使用一个或多个分组字段中的数据值计算哈希，然后依据数据所属的哈希桶（盛放不同关键链表的哈希表）在 Hive 表中的定义固定范围。

在“地图/减少”操作中，“地图”阶段将基于哈希值组织数据。由于哈希是预先计算的，并且数据按哈希值组织，因此分组可以大幅加快“地图”阶段的速度并减少“地图/减少”阶段之间的数据散布。数据散布会加重网络 I/O 的负担，就 SQL 而言，最终结果是加快 GROUPBY 和连接运算的速度。

7.4　上机操作题

练习 1：连接 Hadoop 集群中的 orders 表，各地区商品销售额的分析，在 Tableau 中创建针对年份（dt）的分区字段筛选器。

练习 2：参试对自己搭建的 Hadoop 集群进行初始化 SQL 的配置，包括提高并行度和优化连接性能等。

第 8 章

创建图表

与其他软件相比，Tableau 通过简单的拖放就可以生成各种类型的图形，为我们的工作节约大量人力成本和时间，尤其是定期重复的工作。

本章将通过实例详细介绍如何使用 Tableau 生成一些简单的图形，如条形图、饼图、直方图、折线图、散点图、甘特图等，使用的数据源是“2020 年 1~6 月某超市销售数据”。

8.1 单变量图形

单变量图形是指只对一个变量作图，是多变量分析的基础。本节将介绍一些简单的单变量图形，如条形图、饼图、直方图、折线图等。

8.1.1 条形图

条形图是一种把连续数据画成数据条的表现形式，通过比较不同组的条形长度，从而对比不同组的数据量大小。描绘条形图的要素有 3 个：组数、组宽度、组限。绘画条形图时，不同组之间是有空隙的。条形图可分为垂直条和水平条。

使用条形图可在各类别之间比较数据。创建条形图时会将维度放在行功能区上，并将度量放在列功能区上，反之亦然。

条形图使用条标记类型。当数据视图与如下所示的两种字段排列方式之一匹配时，Tableau 会选择此标记类型，可以向这些功能区中添加其他字段。

步骤 01 连接“2020 年 1~6 月某超市销售数据.xls”数据源，单击“打开”按钮，如图 8-1 所示。

步骤 02 单击 Tableau 左下方的“工作表 1”按钮，进入 Tableau 的工作表界面，如图 8-2 所示。

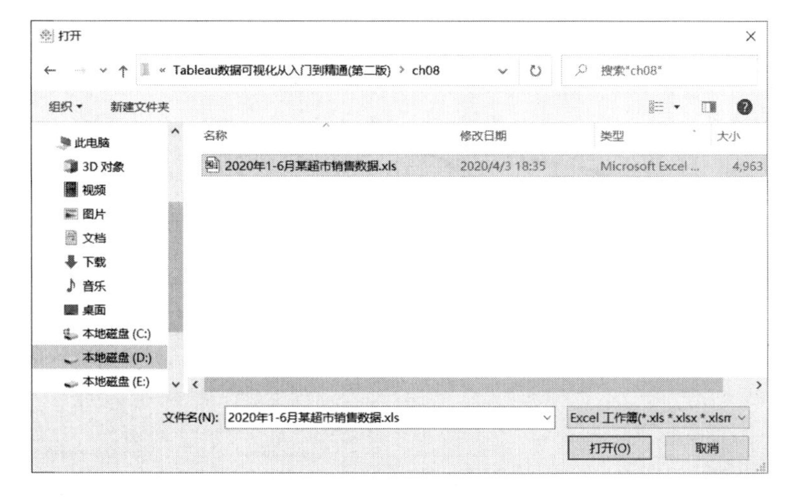

图 8-1　连接数据源

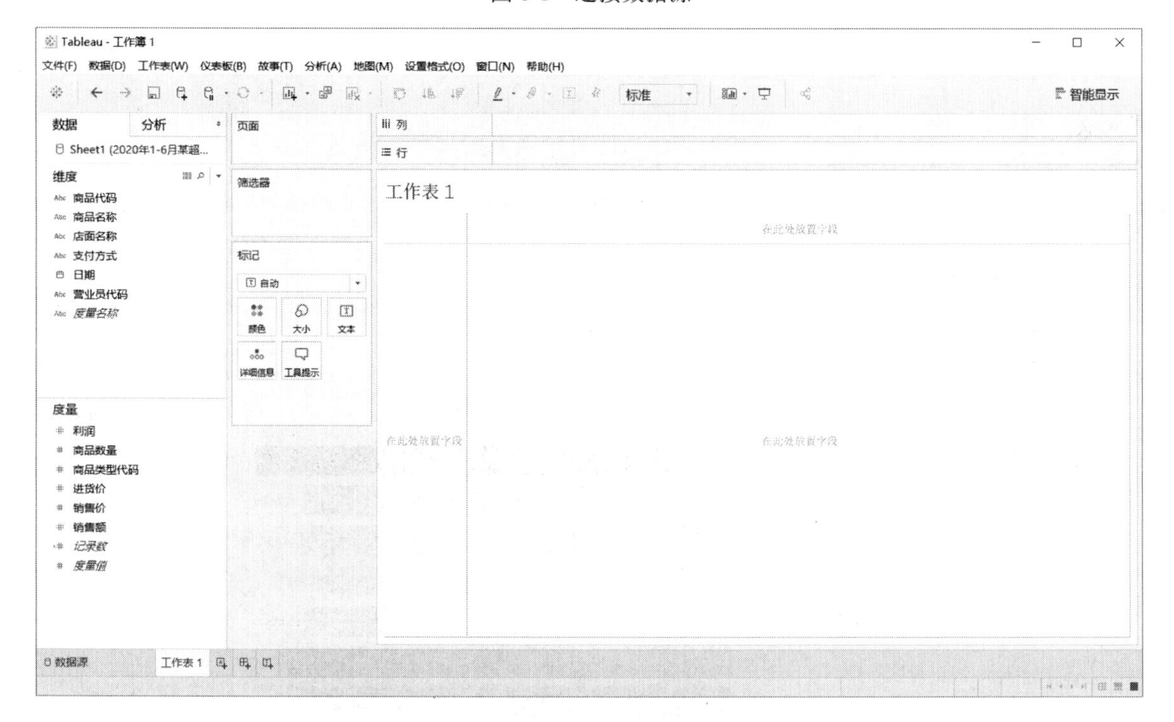

图 8-2　Tableau 的工作簿界面

步骤 03 选择“维度”下的“店面名称”变量，将其拖放到行功能区，同时将度量下的“利润”拖放到列功能区，如图 8-3 所示。

步骤 04 当“店面名称”和“利润”拖放完成后，Tableau 会自动生成条形图，显示该超市在 2020 年上半年各个店面的销售利润情况。如果需要其他图形，可以通过右上方的“智能显示”按钮调整显示样式。

还可以对图形进行美化，将“利润”拖放到“标记”功能区中的“颜色”和“标签”控件中，视图的显示方式设置为“整个视图”，标题设置为“各门店的利润额条形图”，如图 8-4 所示。

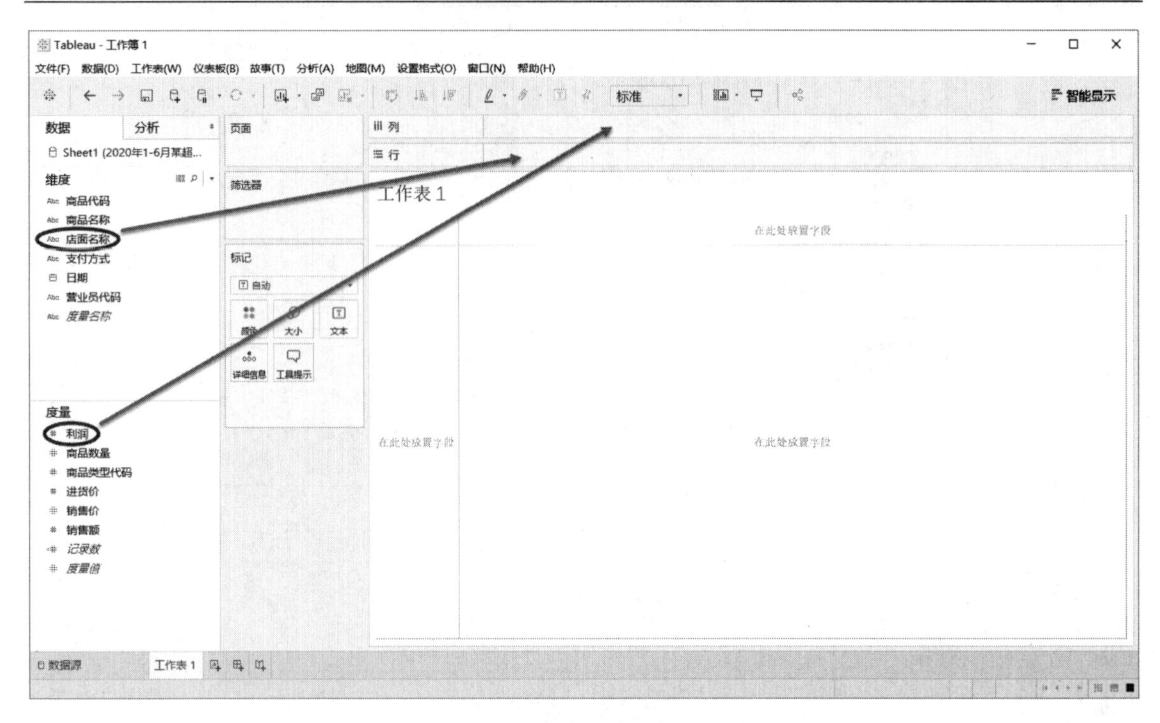

图 8-3　将变量拖放到行和列功能区

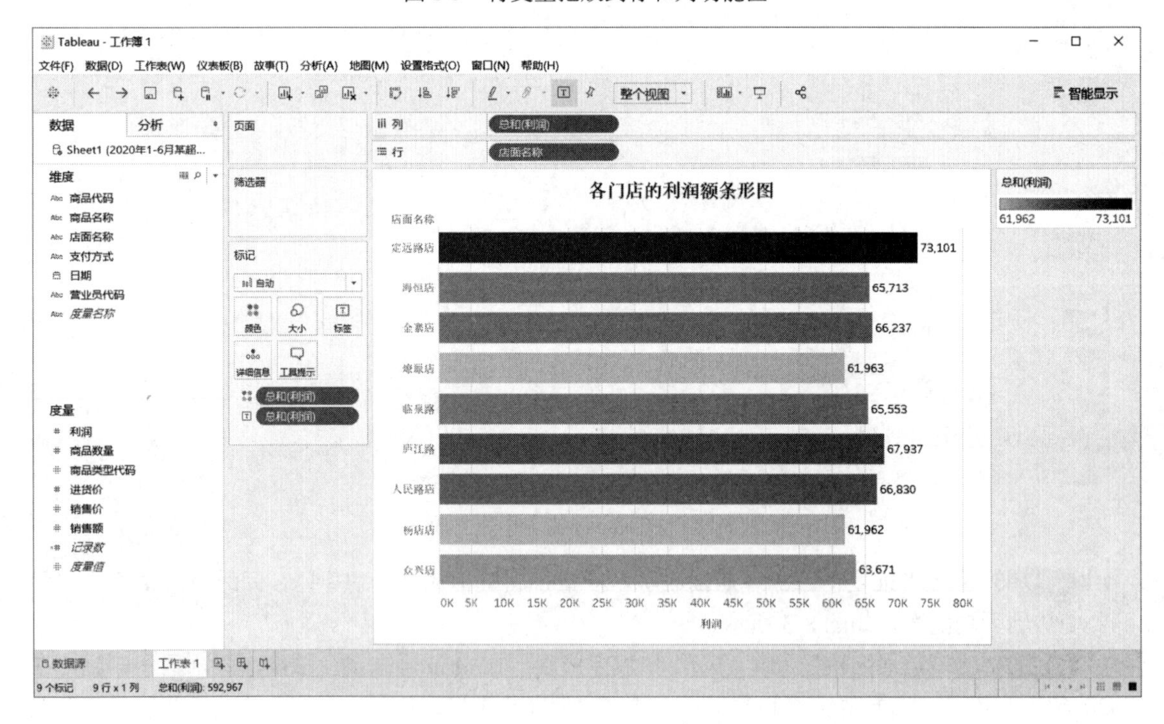

图 8-4　调整图形样式为条形图

8.1.2　饼图

饼图用于展示数据系列中各项与各项总和的比例。饼图中的数据点显示为整个图的百分比，图表中每个数据系列具有唯一的颜色或图案，并且在图表的图例中表示。

要创建一个显示不同支付方式的利润额饼图，请按以下步骤进行操作：

步骤 01 选择“支付方式”，将其拖放到行功能区，同时将度量下的“利润”拖放到列功能区，如图 8-5 所示。

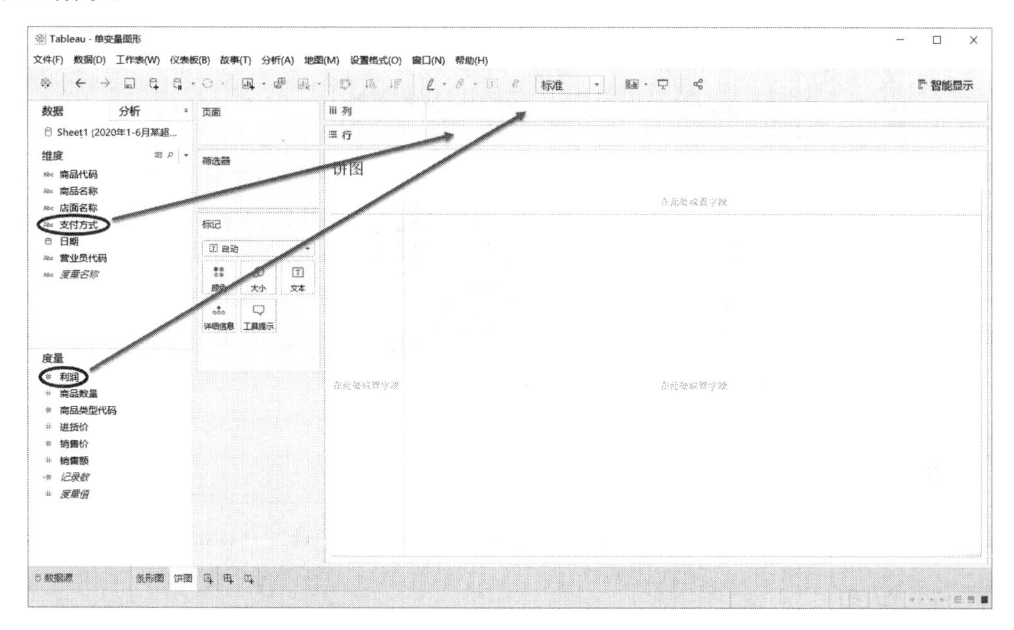

图 8-5　将变量拖放到行和列功能区

步骤 02 单击“智能显示”中的饼图，并在“快速表计算”中选择“合计百分比”，出现图 8-6 所示的饼图，它显示每种支付方式在总利润额中的占比。为了使图形更加直观，我们还需要进一步美化。

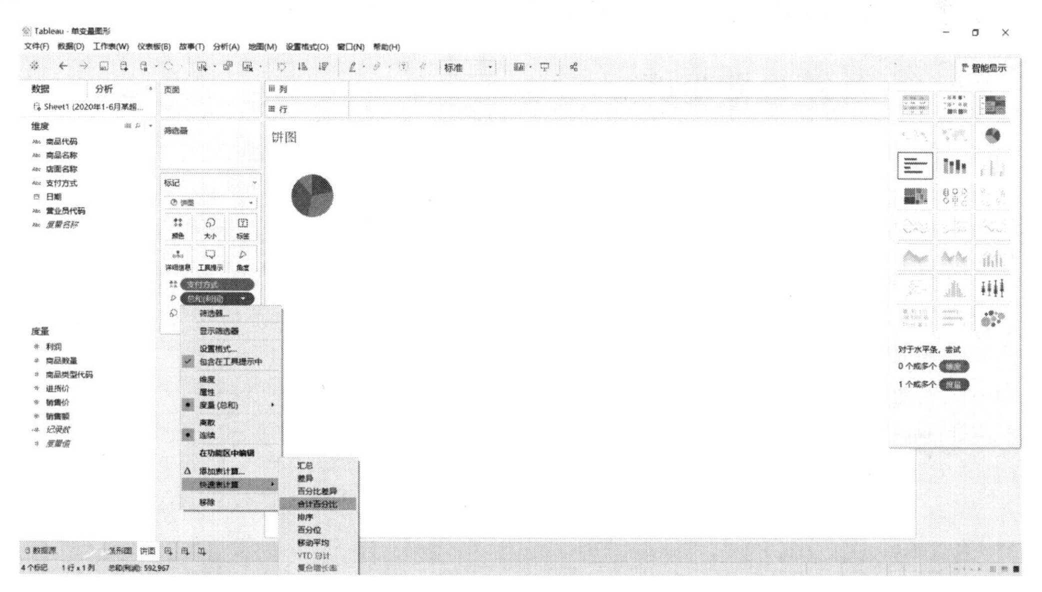

图 8-6　调整图形样式为饼图

步骤 03 我们可以单击颜色，对各个组的颜色进行编辑。为了使表格更大，单击“大小”框后，拖动滑块可以使图标放大或缩小，可以给图形加上标签。视图的显示方式设置为“整个视图”，标题设置为“各种支付方式的利润额饼图”，如图 8-7 所示。

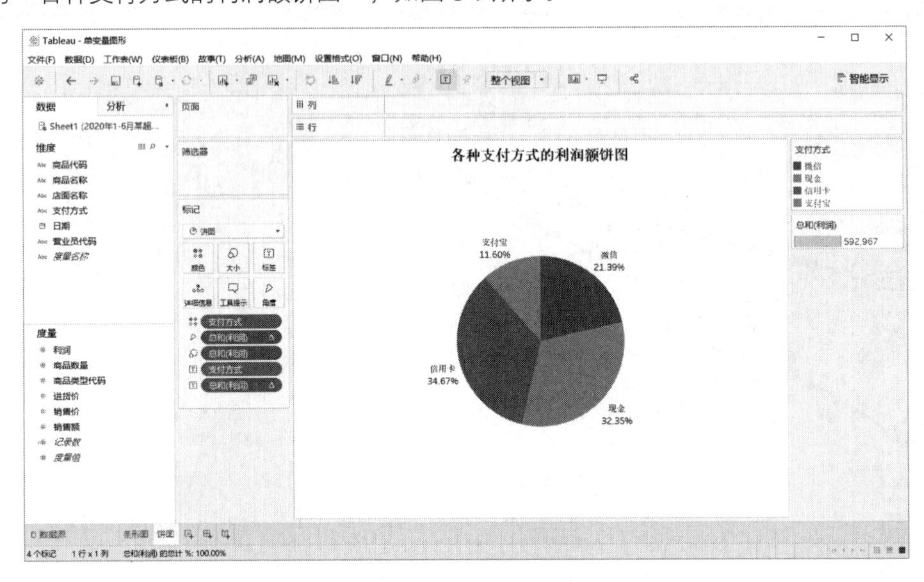

图 8-7 调整图形样式

8.1.3 直方图

直方图是一种统计报告图，由一系列高度不等的纵向条纹或线段表示数据分布的情况，一般用横轴表示数据类型，纵轴表示分布情况。

要创建一个显示不同利润区间的订单次数直方图，请按以下步骤进行操作：

步骤 01 在度量中选择“利润”，将其拖放到行功能区，如图 8-8 所示。

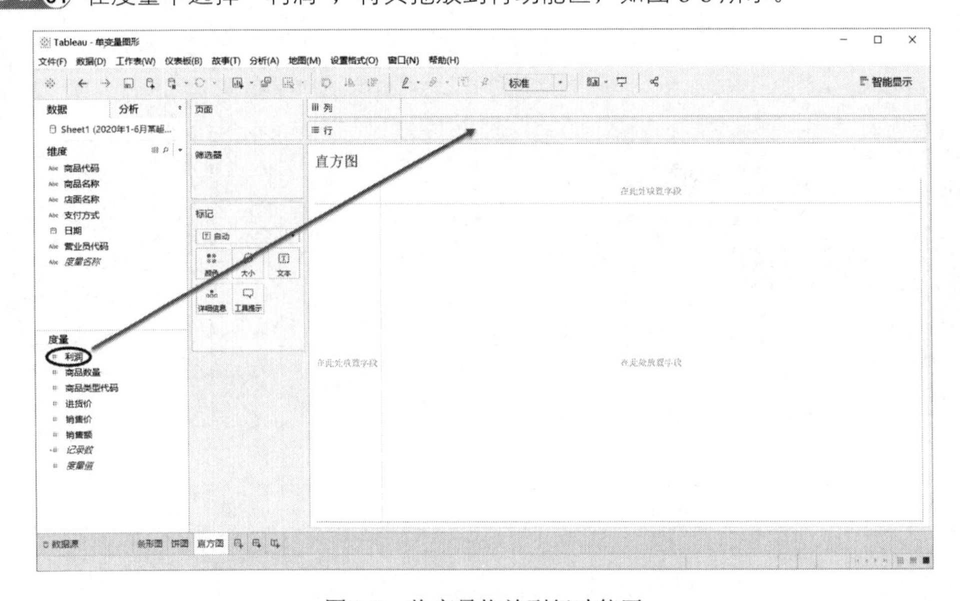

图 8-8 将变量拖放到行功能区

步骤02 变量拖放好后，需要单击“智能显示”中的直方图按钮，用于创建直方图，标题设置为“各门店每日商品利润额的直方图”，显示该公司在各个销售利润区间的计数，如图 8-9 所示。

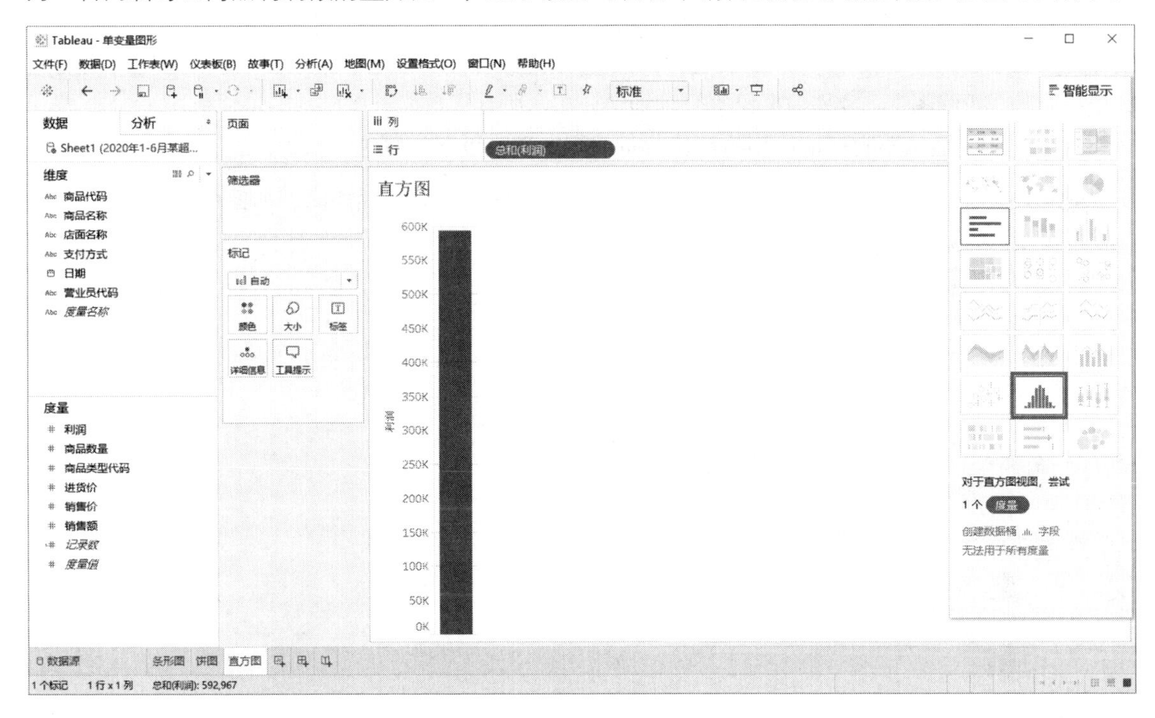

调整图形样式 1

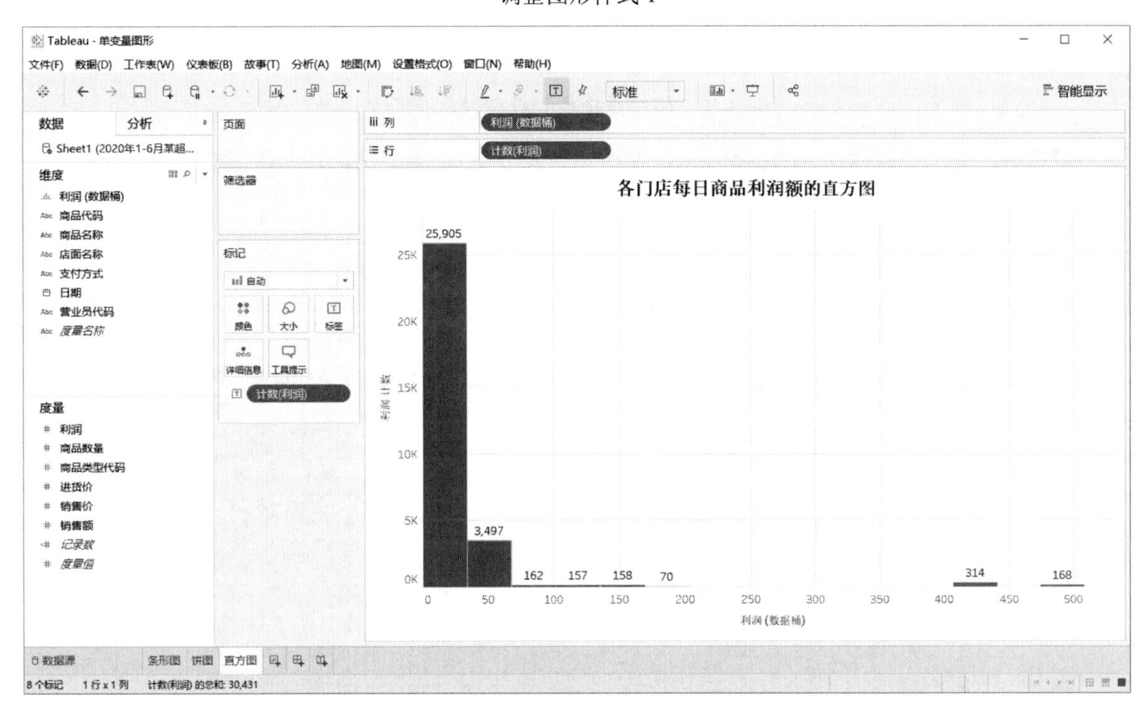

调整图形样式 2

图 8-9

8.1.4 折线图

折线图是用直线段将各个数据点连接起来而组成的图形，以折线方式显示数据的变化趋势。折线图可以显示随时间（根据常用比例设置）而变化的连续数据，因此非常适合显示相等时间间隔的数据趋势。在折线图中，类别数据沿水平轴均匀分布，所有值数据沿垂直轴均匀分布。

要创建一个显示不同订单日期的销售额折线图，请按以下步骤进行操作：

步骤 01 将“日期”拖放到列功能区，将“销售额”拖放到行功能区，如图 8-10 所示。

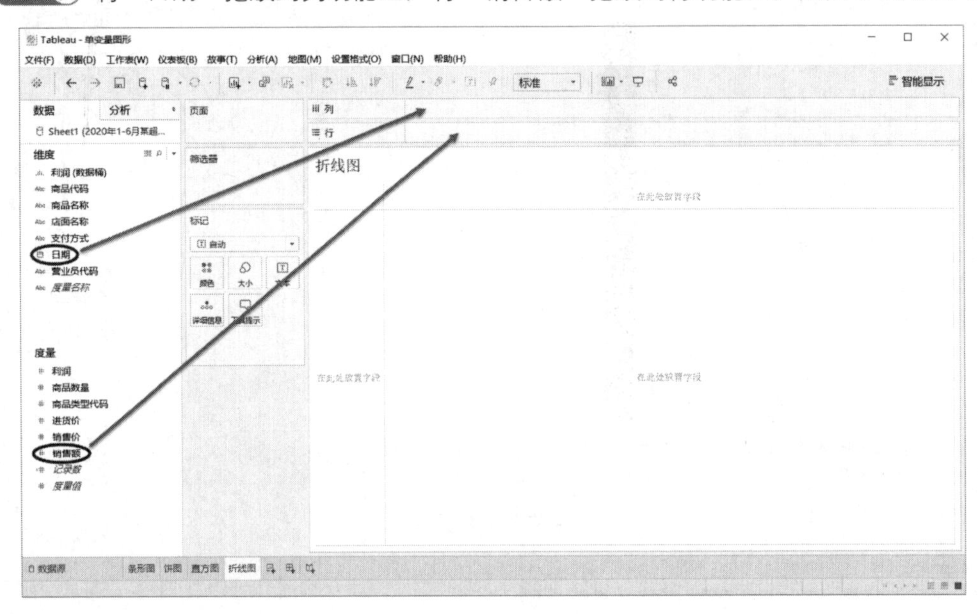

图 8-10　将变量拖放到行和列功能区

步骤 02 为了观察订单按月份的趋势，可以点击列功能区中的“年(日期)”，然后单击“月 2015 年 5 月”，如图 8-11 所示。

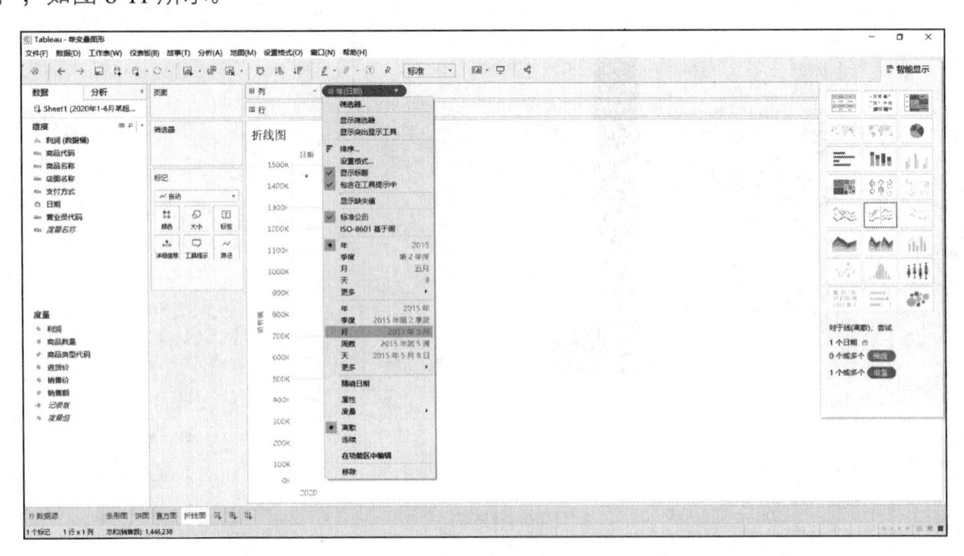

图 8-11　调整日期的频率

步骤 03 我们还可以通过“标记”下的“颜色”“大小”和“标签”等对图形进行进一步优化,，标题设置为“企业每月商品销售额的折线图”，此外，还可以通过编辑坐标轴，设置起始数值，效果如图 8-12 所示。

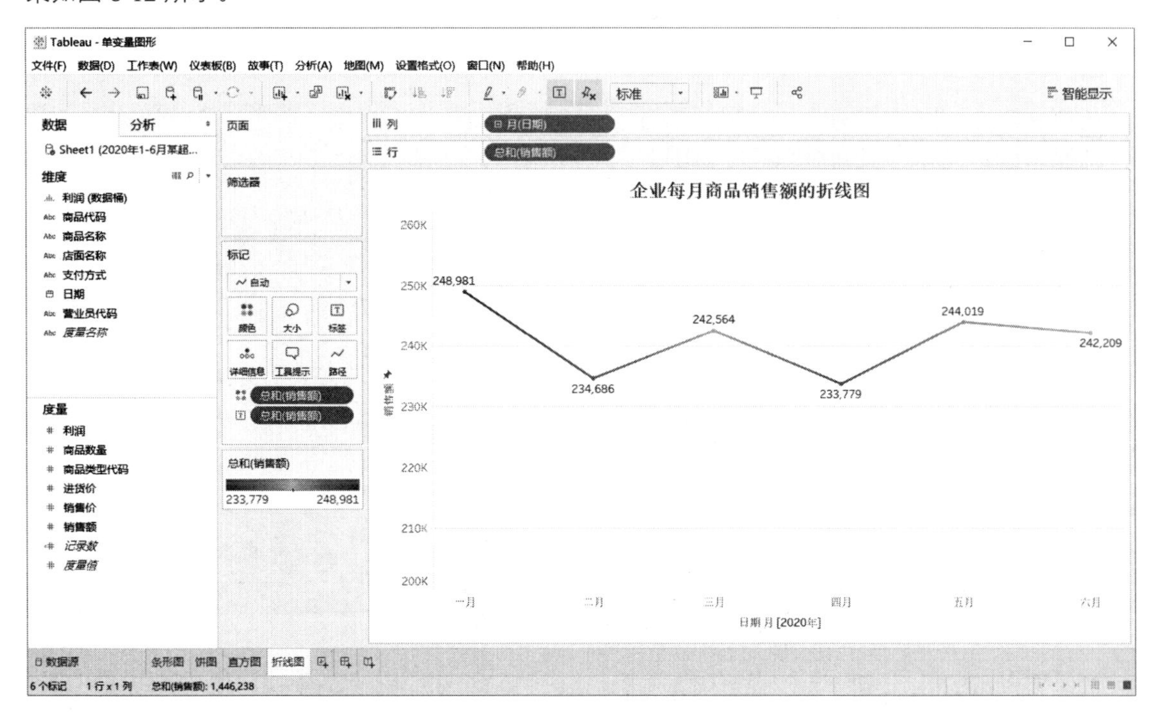

图 8-12　对图形进一步优化

8.2　多变量图形

多变量图形是指对两个及两个以上的变量进行作图。本节将介绍一些简单的多变量图形，如散点图、树形图等。

8.2.1　散点图

散点图表示因变量随自变量变化的大致趋势，据此可以选择合适的函数对数据点进行拟合。例如，用两组数据构成多个坐标点，考察坐标点的分布，判断两变量之间是否存在某种关联或总结坐标点的分布模式等。

要创建一个显示销售额和利润的散点图，请按以下步骤进行操作：

步骤 01 将“利润”拖放到行功能区，将“销售额”拖放到列功能区，同时取消菜单栏“分析”下的“聚合度量”选项，如图 8-13 所示。

步骤 02 我们还可以通过“标记”下的“颜色”“标签”和“形状”等对图形进行进一步优化，得到如图 8-14 所示的散点图。

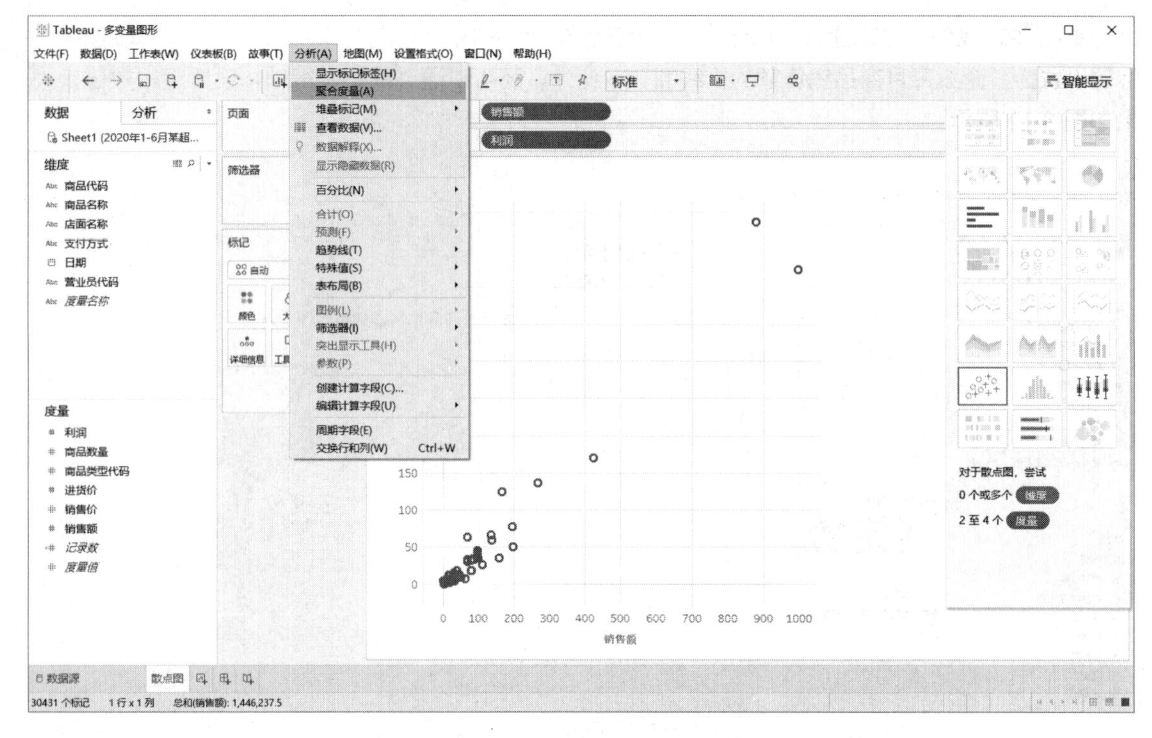

图 8-13 将变量拖放到行和列功能区

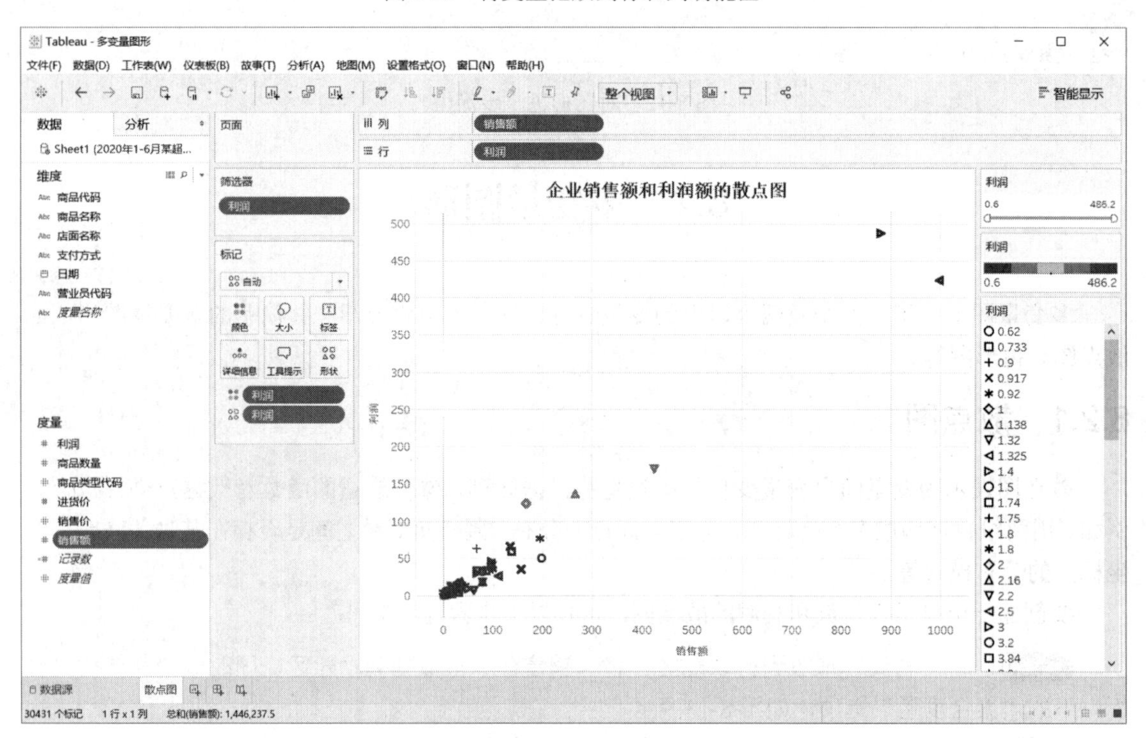

图 8-14 散点图

8.2.2　树状图

树状图是一种相对简单的可视化视图，通过具有视觉吸引力的格式展示信息。在嵌套的矩形中显示数据，使用维度定义树形图的结构，使用度量定义各个矩形的大小或颜色。

对于树状图，“大小”和“颜色”是重要元素。可以将度量放在“大小”和“颜色”标记上，但将度量放在任何其他地方则没有效果。树状图可容纳任意数量的维度，在“颜色”上可以包括一个或者两个维度，添加维度只会将地图分为更多数量的较小矩形。

要创建一个显示“店面名称”的利润额树形图，请按以下步骤进行操作：

步骤 01 将“店面名称”拖放到列功能区，将“销售额”拖放到行功能区，默认显示垂直条形图，如图 8-15 所示。

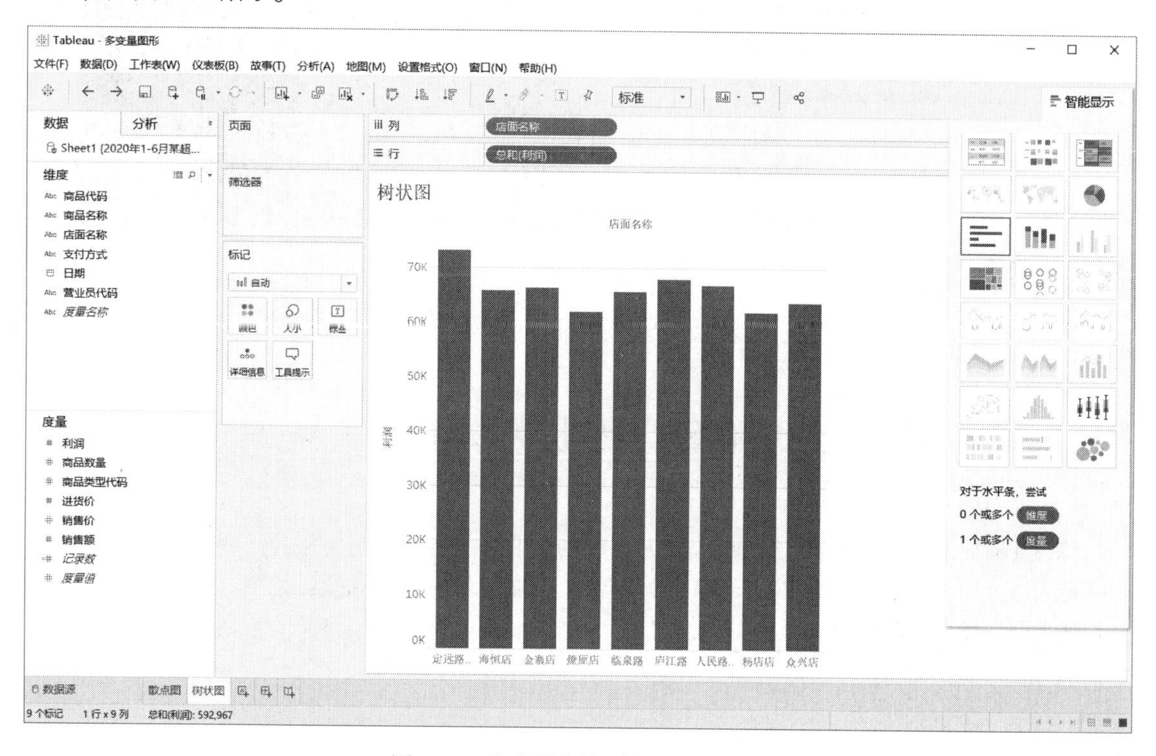

图 8-15　将变量拖放到行和列功能区

步骤 02 单击“智能显示”中的“树形图”按钮，还可以通过“标记”下的“颜色”“标签”和“形状”等对图形进行进一步优化，如图 8-16 所示。

在树状图中，矩形的大小及其颜色均由“利润额”的值大小决定，每个门店的总销售额越大，它的框就越大，颜色也越深。

步骤 03 Tableau 还可以创建其他高级视图，如甘特图、帕累托图、盒须图、瀑布图、倾斜图、网络图和雷达图等，读者可以参考相关学习资料进行学习。

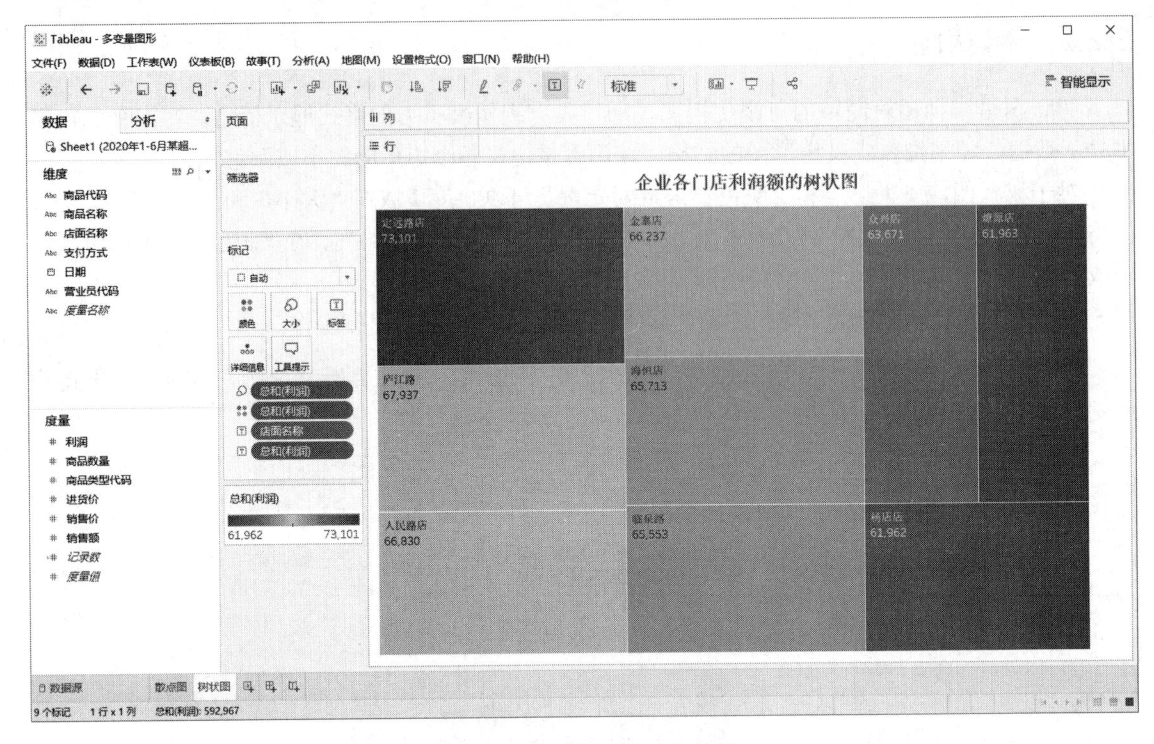

图 8-16　进一步优化后的效果

8.3　上机操作题

练习 1：导入商品订单表（orders.xlsx），绘制企业各门店商品销售额的饼图。

练习 2：导入商品订单表（orders.xlsx），绘制企业各月份销售额的折线图。

练习 3：导入商品订单表（orders.xlsx），绘制企业各类型商品销售额的箱型图。

第 9 章

Tableau 函数

Tableau 包含丰富的函数，包括数学函数、字符串函数、日期函数、类型函数、逻辑函数、聚合函数、直通函数、用户函数、表计算函数等。本章将介绍每类函数的用法及范例。

9.1 数学函数

1. ABS(number)

返回给定数字的绝对值。例如，ABS(-7)=7，ABS([Budget Variance])返回 Budget Variance 字段中包含的所有数字的绝对值。

2. ACOS(number)

返回给定数字的反余弦，结果以弧度表示。例如，ACOS(-1)=3.14159265358979。

3. ASIN(number)

返回给定数字的反正弦，结果以弧度表示。例如，ASIN(1)=1.5707963267949。

4. ATAN(number)

返回给定数字的反正切，结果以弧度表示。例如，ATAN(180)=1.5652408283942。

5. ATAN2(ynumber, xnumber)

返回两个给定数字（x 和 y）的反正切，结果以弧度表示。例如，ATAN2(2,1)=1.10714871779409。

6. CEILING(数字)

将数字舍入为值相等或更大的最近整数。例如，CEILING(3.1415)=4。

7. COS(number)

返回角度的余弦，以弧度为单位指定角度。例如，COS(PI()/4)=0.707106781186548。

8. COT(number)

返回角度的余切，以弧度为单位指定角度。例如，COT(PI()/4)=1。

9. DEGREES(number)

将以弧度表示的给定数字转换为度数。例如，DEGREES(PI()/4)=45.0。

10. DIV(整数 1,整数 2)

返回整数 1 除以整数 2 的除法运算的整数部分。例如，DIV(11,2)=5。

11. EXP(number)

返回 e 的给定数字次幂。例如，EXP(2)=7.389。

12. FLOOR(数字)

将数字舍入为值相等或更小的最近整数。例如，FLOOR(3.1415)=3。

13. HEXBINX(number,number)

将 x、y 坐标映射到最接近六边形数据桶的 x 坐标。数据桶的边长为 1，因此可能需要相应地缩放输入。HEXBINX 和 HEXBINY 用于六边形数据桶的分桶和标绘函数。六边形数据桶是对 x/y 平面（例如地图）中的数据进行可视化的有效而简洁的选项。由于数据桶是六边形的，因此每个数据桶都非常近似于一个圆，最大程度地减少从数据点到数据桶中心的距离变化。这使得聚类分析更加准确并且能提供有用的信息。例如，HEXBINX([Longitude],[Latitude])。

14. HEXBINY(number,number)

将 x、y 坐标映射到最接近的六边形数据桶的 y 坐标。数据桶的边长为 1，因此可能需要相应地缩放输入。例如，HEXBINY([Longitude],[Latitude])。

15. LN(number)

返回数字的自然对数。如果数字小于或等于 0，就返回 Null。LOG(number[,base])返回数字以给定底数为底的对数。如果省略底数值，就使用底数 10。

16. MAX(number,number)

返回两个参数（必须为相同类型）中的较大值。如果有一个参数为 Null，就返回 Null。MAX 也可用于聚合计算中的单个字段。例如，MAX(4,7)、MAX(Sales,Profit)、MAX([FirstName],[LastName])。

17. MIN(number,number)

返回两个参数（必须为相同类型）中的较小值。如果有一个参数为 Null，就返回 Null。MIN

也可用于聚合计算中的单个字段。例如，MIN(4,7)、MIN(Sales, Profit)。

18. PI()

返回数字常量 pi()=3.14159。

19. POWER(number,power)

计算数字的指定次幂。例如，POWER(5,2)=25，也可以使用^符号，如 5^2=POWER(5,2)=25。

20. Radians(number)

将给定数字从度数转换为弧度。例如，RADIANS(180)=3.14159。

21. ROUND(number,[decimals])

将数字舍入为指定位数。decimals 参数指定最终结果中包含的小数位数精度。如果省略 decimals，number 就舍入为最接近的整数。例如，将每个 Sales 值舍入为整数。

22. ROUND(Sales)

某些数据库（如 SQLServer）允许指定负 length。其中，-1 将 number 舍入为 10 的倍数，-2 舍入为 100 的倍数，以此类推。此功能并不适用于所有数据库，如 Excel 和 Access 就不具备此功能。

23. SIGN(number)

返回数字的符号。可能的返回值为：在数字为负时为-1，在数字为零时为 0，在数字为正时为 1。

例如，若 profit 字段的平均值为负值，则 SIGN(AVG(Profit))=-1。

24. SIN(number)

返回角度的正弦值。以弧度为单位指定角度。例如，SIN(0)=1.0、SIN(PI()/4)=0.707106781186548。

25. SQRT(number)

返回数字的平方根。例如，SQRT(25)=5。

26. SQUARE(number)

返回数字的平方。例如，SQUARE(5)=25。

27. TAN(number)

返回角度的正切，以弧度为单位指定角度。例如，TAN(PI()/4)=1.0。

28. ZN(expression)

如果表达式不为 Null，就返回该表达式，否则返回零。使用此函数可使用零值而不是 Null。例如，ZN([Profit])=[Profit]。

9.2 字符串函数

1. ASCII(string)

返回 string 的第一个字符的 ASCII 代码。例如，ASCII('A')=65。

2. CHAR(number)

返回通过 ASCII 代码 number 编码的字符。例如，CHAR(65)='A'。

3. Contains(string, substring)

如果给定字符串包含指定子字符串，就返回 true。例如，CONTAINS("Calculation","alcu")=true。

4. ENDSWITH(string,substring)

如果给定字符串以指定子字符串结尾，就返回 true。此时会忽略尾随空格。例如，ENDSWITH("Tableau","leau")=true。

5. FIND(string,substring,[start])

返回 substring 在 string 中的索引位置，如果未找到 substring，就返回 0。如果添加可选参数 start，函数就会忽略在索引位置 start 之前出现的所有 substring 实例。字符串中第一个字符的位置为 1。例如，FIND("Calculation","alcu")=2、FIND("Calculation","Computer")=0、FIND ("Calculation","a",3)=7、FIND("Calculation","a",2)=2、FIND("Calculation","a",8)=0。

6. FINDNTH(string,substring,occurrence)

返回指定字符串内第 n 个子字符串的位置，其中 n 由 occurrence 参数定义。例如，FINDNTH("Calculation","a",2)=7。

7. LEFT(string,number)

返回字符串最左侧一定数量的字符。例如，LEFT("Matador",4)="Mata"。

8. LEN(string)

返回字符串的长度。例如，LEN("Matador")=7。

9. LOWER(string)

返回 strin，其所有字符为小写。例如，LOWER("ProductVersion")="productversion"。

10. LTRIM(string)

返回移除所有前导空格的字符串。例如，LTRIM("Matador")="Matador"。

11. MAX(a,b)

返回 a 和 b（必须为相同类型）中的较大值。此函数常用于比较数字，不过也对字符串有效。

对于字符串，MAX 查找数据库为该列定义的排序序列中的最高值。如果有一个参数为 Null，就返回 Null。例如，MAX("Apple","Banana")="Banana"。

12. MID(string,start,[length])

返回从索引位置 start 开始的字符串。字符串中第一个字符的位置为 1。如果添加可选参数 length，返回的字符串就仅包含该数量的字符。例如，MID("Calculation",2)="alculation", MID("Calculation",2,5)="alcul"。

13. MIN(a,b)

返回 a 和 b（必须为相同类型）中的较小值。此函数常用于比较数字，不过也对字符串有效。对于字符串，MIN 查找排序序列中的最低值。如果有一个参数为 Null，就返回 Null。例如，MIN("Apple","Banana")="Apple"。

14. REPLACE(string,substring,replacement)

在 string 中搜索 substring，并将其替换为 replacement。如果未找到 substring，字符串就保持不变。例如，REPLACE("Version8.5","8.5","9.0")="Version9.0"。

15. RIGHT(string,number)

返回 string 中最右侧一定数量的字符。例如，RIGHT("Calculation",4)="tion"。

16. RTRIM(string)

返回移除所有尾随空格的 string。例如，RTRIM("Calculation")="Calculation"。

17. SPACE(number)

返回由指定 number 个重复空格组成的字符串。例如，SPACE(1)=" "。

18. SPLIT(string,delimiter,tokennumber)

返回字符串中一个子字符串，并使用分隔符字符将字符串分为一系列标记。字符串将被解释为分隔符和标记的交替序列。例如，字符串 abc-defgh-i-jkl 的分隔符字符为“-”，标记为 abc、defgh、i 和 jkl。将这些标记想象为标记 1 到 4。SPLIT 将返回与标记编号对应的标记。如果标记编号为正，就从字符串左侧开始计算标记；如果标记编号为负，就从右侧开始计算标记。例如，SPLIT('a-b-c-d', '-',2)= 'b',SPLIT('a|b|c|d', '|',-2)= 'c'。

19. STARTSWITH(string,substring)

如果 string 以 substring 开头，就返回 true。此时会忽略前导空格。例如，STARTSWITH ("Joker","Jo")=true。

20. TRIM(string)

返回移除前导和尾随空格的字符串。例如，TRIM("Calculation")="Calculation"。

21. UPPER(string)

返回字符串，其所有字符为大写。例如，UPPER("Calculation")="CALCULATION"。

9.3 日期函数

Tableau 提供多种日期函数。许多日期函数使用 date_part，这是一个常量字符串参数。日期函数中可以使用的有效 date_part 值如表 9-1 所示。

表9-1 Date_part参数值

date_part	参数值
'year'	4 位数年份
'quarter'	1～4
'month'	1～12 或 January、February 等
'dayofyear'	一年中的第几天；1 月 1 日为 1、2 月 1 日为 32，以此类推
'day'	1～31
'weekday'	1～7 或 Sunday、Monday 等
'week'	1～52
'hour'	0～23
'minute'	0～59
'second'	0～60

1. DATEADD(date_part,increment,date)

返回 increment 与 date 相加的结果。增量的类型在 date_part 中指定。例如，DATEADD('month', 3,#2004-04-15#)=2004-07-1512:00:00AM，该表达式会向日期#2004-04-15#添加 3 个月。

2. DATEDIFF(date_part,date1,date2,[start_of_week])

返回 date1 与 date2 的差（以 date_part 的单位表示）。start_of_week 参数是可选参数，如果省略，一周的开始就由数据源确定。可参考数据源的日期属性。例如，DATEDIFF('week', #2013-09-22#,#2013-09-24#,'monday')=1、DATEDIFF('week',#2013-09-22#,#2013-09-24#,'sunday')=0。第一个表达式返回 1，因为当 start_of_week 为'monday'时，9 月 22（星期日）和 9 月 24（星期二）不属于同一周；第二个表达式返回 0，因为当 start_of_week 为'sunday'时，9 月 22（星期日）和 9 月 24（星期二）属于同一周。

3. DATENAME(date_part,date,[start_of_week])

以字符串的形式返回 date 的 date_part。start_of_week 参数是可选参数。例如，DATENAME('year',#2004-04-15#)="2004"、DATENAME('month',#2004-04-15#)="April"。

4. DATEPARSE(format,string)

将字符串转换为指定格式的日期时间。是否支持某些区域设置的特定格式由计算机系统设置确定。数据中出现的不需要解析的字母应该用单引号('')引起来。对于值之间没有分隔符的格式（如 MMddyy），需要验证它们是否按期解析。该格式必须是常量字符串，而非字段值。如果数据与格式不匹配，就返回 Null。此函数适用于非旧版 Microsoft Excel 和文本文件连接、MySQL、Oracle、PostgreSQL 和 Tableau 数据提取数据源。有些格式可能并非适用于所有数据源。例如，DATEPARSE("dd.MMMM.yyyy","15.April.2004")=#April15,2004# 、 DATEPARSE ("h'h'm'm's's'", "10h5m3s")=#10:05:03#。

5. DATEPART(date_part,date,[start_of_week])

以整数的形式返回 date 的 date_part。start_of_week 参数是可选参数。如果省略，一周的开始由数据源确定。当 date_part 为工作日时，会忽略 start_of_week 参数。这是因为 Tableau 依赖固定工作日顺序应用偏移。例如，DATEPART('year',#2004-04-15#)=2004 、 DATEPART ('month',#2004-04-15#)=4。

6. DATETRUNC(date_part,date,[start_of_week])

按 date_part 指定的准确度截断指定日期。此函数返回新日期。例如，以月份级别截断处于月份中间的日期时，此函数返回当月的第一天。start_of_week 参数是可选参数。如果省略，一周的开始由数据源确定。例如，DATETRUNC('quarter',#2004-08-15#)=2004-07-01 12:00:00AM 、 DATETRUNC('month', #2004-04-15#)=2004-04-0112:00:00AM。

7. DAY(date)

以整数形式返回给定日期的天。例如，DAY(#2004-04-12#)=12。

8. ISDATE(string)

如果给定字符串为有效日期，就返回 true。例如，ISDATE("April15,2004")=true。

9. MAKEDATE(year,month,day)

返回一个依据指定年份、月份和日期构造的日期值，可用于 Tableau 数据提取，检查在其他数据源中的可用性。例如，MAKEDATE(2004,4,15)=#April15,2004#。

10. MAKEDATETIME(date,time)

返回合并了 date 和 time 的 datetime。日期可以是 date、datetime 或 string 类型，时间必须是 datetime。此函数仅适用于 MySQL 连接。例如，MAKEDATETIME("1899-12-30",#07:59:00#) =#12/30/18997:59:00AM#、MAKEDATETIME([Date],[Time])=#1/1/20016:00:00AM#。

11. MAKETIME(hour,minute,second)

返回一个依据指定小时、分钟和秒构造的日期值，可用于 Tableau 数据提取，检查在其他数据源中的可用性。例如，MAKETIME(14,52,40)=#14:52:40#。

12. MAX(expression)或 MAX(expr1,expr2)

通常应用于数字，不过也适用于日期。返回 a 和 b 中的较大值（a 和 b 必须为相同类型）。如果有一个参数为 Null，就返回 Null。例如，MAX(#2004-01-01#,#2004-03-01#)=2004-03-01 12:00:00AM。

13. MIN(expression)orMIN(expr1,expr2)

通常应用于数字，不过也适用于日期。返回 a 和 b 中的较小值（a 和 b 必须为相同类型）。如果有一个参数为 Null，就返回 Null，例如，MIN(#2004-01-01#,#2004-03-01#)=2004-01-01 12:00:00AM。

14. MONTH(date)

以整数形式返回给定日期的月份。例如，MONTH(#2004-04-15#)=4。

15. NOW()

返回当前日期和时间。返回值因连接的特性而异：对于实时、未发布的连接，NOW 返回数据源服务器时间；对于实时、已发布的连接，NOW 返回数据源服务器时间；对于未发布的数据提取，NOW 返回本地系统时间；对于发布的数据提取，NOW 返回 Tableau Server 数据引擎的本地时间。如果在不同时区中有多台工作计算机，就可能产生不一致的结果。例如，NOW()=2004-04-151: 08:21PM。

16. TODAY()

返回当前日期。例如，TODAY()=2004-04-15。

17. YEAR(date)

以整数形式返回给定日期的年份。例如，YEAR(#2004-15#)=2004。

9.4 类型转换函数

计算中任何表达式的结果都可以转换为特定数据类型。转换函数为 STR()、DATE()、DATETIME()、INT()和 FLOAT()。例如，要将浮点数（如 3.14）转换为整数，可以编写 INT(3.14)，结果为 3（这是整数）。可以将布尔值转换为整数、浮点数或字符串，但不能将其转换为日期。True 为 1、1.0 或字符“1”，而 False 为 0、0.0 或字符“0”。Unknown 映射到 Null。

1. DATE(expression)

在给定数字、字符串或日期表达式的情况下返回日期。例如，DATE([EmployeeStartDate])、DATE("April15,2004")=#April15,2004#、DATE("4/15/2004")、DATE(#2006-06-1514:52#)= #2006-06-15#，DATE("April15,2004")=#April15,2004#和 DATE("4/15/2004")中的引号不可省略。

2. DATETIME(expression)

在给定数字、字符串或日期表达式的情况下返回日期时间。例如，DATETIME("April15, 200507:59:00")=April15,200507:59:00。

3. FLOAT(expression)

将参数转换为浮点数。例如，FLOAT(3)=3.000，FLOAT([Age])已将 Age 字段中的每个值转换为浮点数。

4. INT(expression)

将参数转换为整数。对于表达式，此函数将结果截断为最接近于 0 的整数。例如，INT(8.0/3.0)=2、INT(4.0/1.5)=2、INT(0.50/1.0)=0、INT(-9.7)=-9。字符串转换为整数时会先转换为浮点数，然后舍入。

5. STR(expression)

将参数转换为字符串。例如，STR([Age])会提取名为 Age 的度量中的所有值，并将这些值转换为字符串。

9.5 逻辑函数

1. CASE expression WHEN value1 THEN return1 WHEN value2 THEN return2 ... ELSE default return END

使用 CASE 函数执行逻辑测试并返回合适的值。CASE 比 IIF 或 IFTHENELSE 更易于使用。CASE 函数可评估 expression，并将其与一系列值（value1、value2 等）比较，然后返回结果。遇到一个与 expression 匹配的值时，CASE 返回相应的返回值。如果未找到匹配值，就使用默认返回表达式。如果不存在默认返回表达式并且没有任何值匹配，就会返回 Null。

通常，使用一个 IF 函数执行一系列任意测试，并使用 CASE 函数搜索与表达式的匹配值。不过 CASE 函数都可以重写为 IF 函数，CASE 函数一般更加简明。很多时候可以使用组获得与复杂 case 函数相同的结果。

例如：

```
CASE[Region]WHEN"West"THEN1WHEN"East"THEN2ELSE3END
CASELEFT(DATENAME('weekday',[OrderDate]),3)WHEN"Sun"THEN0WHEN"Mon"THEN1WHEN"Tue"THEN2WHEN"Wed"THEN3WHEN"Thu"THEN4WHEN"Fri"THEN5WHEN"Sat"THEN6END
```

2. IIF(test,then,else,[unknown])

使用 IIF 函数执行逻辑测试并返回合适的值。第一个参数 test 必须是布尔值，也就是数据源中的布尔字段或使用运算符的逻辑表达式的结果（或 AND、OR、NOT 的逻辑比较）。如果 test 计算为 TRUE，IIF 就返回 then 值；如果 test 计算为 FALSE，IIF 就返回 else 值。

布尔比较还可以生成值 UNKNOWN（既不是 TRUE 也不是 FALSE），通常因为测试中存在 Null 值。在比较结果为 UNKNOWN 时，会返回 IIF 的最后一个参数。如果省略此参数，就会返回 Null。

例如：

```
IIF(7>5,"Sevenisgreaterthanfive","Sevenislessthanfive")
IIF([Cost]>[BudgetCost],"OverBudget","UnderBudget")
IIF([BudgetSales]!=0,[Sales]/[BudgetSales],0)
IIF(Sales>=[BudgetSales],"OverCostBudgetandOverSalesBudget","OverCostBudgetandUnderSalesBudget","UnderCostBudget")
```

3. IFtestTHENvalueEND/IFtestTHENvalueELSEelseEND

使用 IFTHENELSE 函数执行逻辑测试并返回合适的值。IFTHENELSE 函数计算一系列测试条件并返回第一个 TRUE 条件的值。如果没有条件为 TRUE，就返回 ELSE 值。每个测试都必须为布尔值（可以为数据源中的布尔字段或逻辑表达式的结果）。最后一个 ELSE 可选，但是如果未提供且没有任何 TRUE 测试表达式，函数就返回 Null。所有值表达式值都必须为相同类型。

例如：

```
IF[Cost]>[BudgetCost]THEN"OverBudget"ELSE"UnderBudget"END
IF[BudgetSales]!=0THEN[Sales]/[BudgetSales]END
```

4. IFtest1THENvalue1ELSEIFtest2THENvalue2ELSEelseEND

使用此版本的 IF 函数递归执行逻辑测试。IF 函数中的 ELSEIF 值的数量没有固有限制，但是各个数据库可能会对 IF 函数的复杂度有所限制。尽管 IF 函数可以重写为一系列嵌套 IIF 语句，不过在表达式计算方式方面有所差异。具体而言，IIF 语句会区分 TRUE、FALSE 和 UNKNOWN，而 IF 语句仅关注 TRUE 和非 true（包括 FALSE 和 UNKNOWN）。

例如：

```
IF[Region]="West"THEN1ELSEIF[Region]="East"THEN2ELSE3END
```

5. IFNULL(expression1, expression2)

如果结果不为 null，IFNULL 函数就返回第一个表达式，否则返回第二个表达式。

例如：

```
IFNULL([Proft],0)=[Profit]
```

6. ISDATE(string)

如果字符串参数可以转换为日期，ISDATE 函数就返回 TRUE，否则返回 FALSE。

例如：

```
ISDATE("January1,2003")=TRUE
ISDATE("Jan12003")=TRUE
ISDATE("1/1/03")=TRUE
ISDATE("Janxx12003")=FALSE
```

7. ISNULL(expression)

如果表达式为 Null，ISNULL 函数就返回 TRUE，否则返回 FALSE。

8. MIN(expression)或 MIN(expression1,expression2)

MIN 函数返回一个表达式在所有记录间的最小值，或两个表达式每个记录的最小值。

9.6　聚合函数

就聚合和浮点算法来看，有些聚合的结果可能并非总是完全符合预期。例如，Sum 函数返回值-1.42e-14 作为列数，而求和结果正好为 0。出现这种情况的原因是电气电子工程师学会（IEEE）要求数字以二进制格式存储，这意味着数字有时会以极高的精度级别舍入，可以使用 ROUND 函数或通过将数字格式设置为显示较少小数位消除这种潜在误差。

1. ATTR(expression)

如果所有行都有一个值，就返回该表达式的值；否则返回星号。此时会忽略 Null 值。

2. AVG(expression)

返回表达式中所有值的平均值。AVG 只能用于数字字段。此时会忽略 Null 值。

3. COUNT(expression)

返回组中的项目数，不对 Null 值计数。

4. COUNTD(expression)

返回组中不同项目的数量，不对 Null 值计数。此函数不可用的情况有：在 Tableau Desktop 8.2 之前使用 Microsoft Excel 或文本文件数据源的工作簿、使用旧版连接的工作簿和使用 Microsoft Access 数据源的工作簿。将数据提取到数据提取文件以使用此函数。

5. MAX(expression)

返回表达式在所有记录中的最大值。如果表达式为字符串值，此函数就返回按字母顺序定义的最后一个值。

6. MEDIAN(expression)

返回表达式在所有记录中的中位数。中位数只能用于数字字段。此时将忽略空值。此函数不可用的情况有：在 Tableau Desktop 8.2 之前使用 Microsoft Excel 或文本文件数据源的工作簿、使用旧版连接的工作簿和使用 Microsoft Access、Microsoft SQLServer 数据源的工作簿。将数据提取到数据提取文件以使用此函数。

7. MIN(expression)

返回表达式在所有记录中的最小值。如果表达式为字符串值，此函数就返回按字母顺序定义的第一个值。

8. PERCENTILE(expression,number)

从给定表达式返回与指定数字对应的百分位处的值。数字必须介于 0 到 1 之间（含 0 和 1，如 0.66），并且必须是数值常量。

9. STDEV(expression)

基于群体样本返回给定表达式中所有值的统计标准差。

10. STDEVP(expression)

基于有偏差群体返回给定表达式中所有值的统计标准差。

11. SUM(expression)

返回表达式中所有值的总计。SUM 只能用于数字字段，此时会忽略 Null 值。

12. VAR(expression)

基于群体样本返回给定表达式中所有值的统计方差。

13. VARP(expression)

对整个群体返回给定表达式中所有值的统计方差。

9.7 直通函数

直通函数（RAWSQL）可用于将 SQL 表达式直接发送到数据库，而不由 Tableau 进行解析。如果有 Tableau 不能识别的自定义数据库函数，就可以使用直通函数调用这些自定义函数。

由于 Tableau 不会解释包含在直通函数中的 SQL 表达式，因此在表达式中使用 Tableau 字段名称可能会导致错误。可以使用替换语法将用于 Tableau 计算的正确字段名称或表达式插入直通 SQL。例如，假设有一个计算一组中值的函数，可以对 Tableau 列 [Sales] 调用该函数，如 RAWSQLAGG_REAL("MEDIAN(%1)",[Sales])。

Tableau 提供了以下 12 种 RAWSQL 函数：

1. RAWSQL_BOOL("sql_expr",[arg1],…[argN])

从给定 SQL 表达式返回布尔结果。SQL 表达式直接传递给基础数据库。在 SQL 表达式中，将%n 用作数据库值的替换语法。在下例中，%1 等于[Sales]，%2 等于[Profit]。

```
RAWSQL_BOOL("IIF(%1>%2, True,False)",[Sales],[Profit])
```

2. RAWSQL_DATE("sql_expr",[arg1],…[argN])

从给定 SQL 表达式返回日期结果。SQL 表达式直接传递给基础数据库。在 SQL 表达式中，将%n 用作数据库值的替换语法。在下例中，%1 等于[OrderDate]。

```
RAWSQL_DATE("%1",[OrderDate])
```

3. RAWSQL_DATETIME("sql_expr",[arg1],…[argN])

从给定 SQL 表达式返回日期和时间结果。SQL 表达式直接传递给基础数据库。在 SQL 表达式中，将%n 用作数据库值的替换语法。在下例中，%1 等于[DeliveryDate]。

```
RAWSQL_DATETIME("MIN(%1)",[DeliveryDate])
```

4. RAWSQL_INT("sql_expr",[arg1],…[argN])

从给定 SQL 表达式返回整数结果。SQL 表达式直接传递给基础数据库。在 SQL 表达式中，将%n 用作数据库值的替换语法。在下例中，%1 等于[Sales]。

```
RAWSQL_INT("500+%1",[Sales])
```

5. RAWSQL_REAL("sql_expr",[arg1],…[argN])

从直接传递给基础数据库的给定 SQL 表达式返回数字结果。在 SQL 表达式中，将%n 用作数据库值的替换语法。在下例中，%1 等于[Sales]。

```
RAWSQL_REAL("-123.98*%1",[Sales])
```

6. RAWSQL_STR("sql_expr",[arg1],…[argN])

从直接传递给基础数据库的给定 SQL 表达式返回字符串。在 SQL 表达式中，将%n 用作数据库值的替换语法。在下例中，%1 等于[CustomerName]。

```
RAWSQL_STR("%1",[CustomerName])
```

7. RAWSQLAGG_BOOL("sql_expr",[arg1],…[argN])

从给定聚合 SQL 表达式返回布尔结果。SQL 表达式直接传递给基础数据库。在 SQL 表达式中，将%n 用作数据库值的替换语法。在下例中，%1 等于[Sales]，%2 等于[Profit]。

```
RAWSQLAGG_BOOL("SUM(%1)>SUM(%2)",[Sales],[Profit])
```

8. RAWSQLAGG_DATE("sql_expr",[arg1],…[argN])

从给定聚合 SQL 表达式返回日期结果。SQL 表达式直接传递给基础数据库。在 SQL 表达式中，将%n 用作数据库值的替换语法。在下例中，%1 等于[OrderDate]。

```
RAWSQLAGG_DATE("MAX(%1)",[OrderDate])
```

9. RAWSQLAGG_DATETIME("sql_expr",[arg1],…,[argN])

从给定聚合 SQL 表达式返回日期和时间结果。SQL 表达式直接传递给基础数据库。在 SQL 表达式中，将%n 用作数据库值的替换语法。在下例中，%1 等于[DeliveryDate]。

```
RAWSQLAGG_DATETIME("MIN(%1)",[DeliveryDate])
```

10. RAWSQLAGG_INT("sql_expr",[arg1,]…[argN])

从给定聚合 SQL 表达式返回整数结果。SQL 表达式直接传递给基础数据库。在 SQL 表达式中，将%n 用作数据库值的替换语法。在下例中，%1 等于[Sales]。

```
RAWSQLAGG_INT("500+SUM(%1) ",[Sales])
```

11. RAWSQLAGG_REAL("sql_expr",[arg1,]…[argN])

从直接传递给基础数据库的给定聚合 SQL 表达式返回数字结果。在 SQL 表达式中，将%n 用作数据库值的替换语法。在下例中，%1 等于[Sales]。

```
RAWSQLAGG_REAL("SUM(%1)",[Sales])
```

12. RAWSQLAGG_STR("sql_expr",[arg1,]…[argN])

从直接传递给基础数据库的给定聚合 SQL 表达式返回字符串。在 SQL 表达式中，将%n 用作数据库值的替换语法。在下例中，%1 等于[CustomerName]。

```
RAWSQLAGG_STR("AVG(%1)",[Discount])
```

9.8 用户函数

使用用户函数创建基于数据源的用户列表的用户筛选器。例如，创建一个视图，用于显示每个员工的销售业绩。发布该视图时仅允许员工查看自己的销售额数据。这时可以使用函数 CURRENTUSER 创建一个字段，该字段会在登录到服务器的人员用户名与视图中的员工姓名相同时返回 True。在使用此计算字段筛选视图时，只会显示当前已登录用户的数据。

1. FULLNAME()

返回当前用户的全名。当用户已登录时，该函数使用 TableauServer 或 TableauOnline 全名；否则为 Tableau Desktop 用户的本地或网络全名。例如，[Manager]=FULLNAME()。

如果经理 DaveHallsten 已登录，就仅当视图中的 Manager 字段包含 DaveHallsten 时才会返回 True。用作筛选器时，此计算字段可用于创建用户筛选器，该筛选器仅显示与登录到服务器的人员相关的数据。

2. ISFULLNAME(string)

如果当前用户的全名与指定的全名匹配，就返回 true；如果不匹配，就返回 false。当用户已登录时，此函数使用 Tableau Server 或 Online 全名；否则使用 Tableau Desktop 用户的本地或网络全名。例如，ISFULLNAME("Dave Hallsten")，如果 Dave Hallsten 为当前用户，就返回 true，否则返回 false。

3. ISMEMBEROF(string)

如果当前使用 Tableau 的人员是与给定字符串匹配的组的成员，就返回 true。如果当前使用 Tableau 的人员已登录，组成员身份就由 Tableau Server 或 Tableau Online 中的组确定。如果该人员未登录，此函数就返回 false。例如，IFISMEMBEROF("Sales") THEN "Sales" ELSE "Other" END。

4. ISUSERNAME(string)

如果当前用户的用户名与指定的用户名匹配，就返回 true；如果不匹配，就返回 false。当用户已登录时，此函数使用 Tableau Server 或 Online 用户名；否则使用 Tableau Desktop 用户的本地或网络用户名。例如，ISUSERNAME("dhallsten")，如果 dhallsten 为当前用户，就返回 true，否则返回 false。

5. USERDOMAIN()

当前用户已登录 Tableau Server 时，返回该用户的域。如果 Tableau Desktop 用户在域中，就返回 Windows 域；否则返回一个空字符串。例如，[Manager]=USERNAME() AND [Domain]= USERDOMAIN()。

6. USERNAME()

返回当前用户的用户名。当用户已登录时，该函数使用 Tableau Server 或 Tableau Online 用户名；否则为 Tableau Desktop 用户的本地或网络用户名。例如，[Manager]=USERNAME()。

如果经理 dhallsten 已登录，就仅当视图中的 Manager 字段为 dhallsten 时，此函数才返回 True。用作筛选器时，此计算字段可用于创建用户筛选器，该筛选器仅显示与登录到服务器的人员相关的数据。

9.9　表计算函数

使用表计算函数可自定义表计算。表计算应用于整个表中值的计算，通常依赖于表结构本身。

1. FIRST()

返回从当前行到分区中第一行的行数。例如，计算每季度销售额。在 Date 分区中计算 FIRST() 时，第一行与第二行之间的偏移为-1。

例如，当前行索引为 3 时，FIRST()=-2。

2. INDEX()

返回分区中当前行的索引，不包含与值有关的任何排序。例如，计算每季度销售额。当在 Date 分区中计算 INDEX()时，各行的索引分别为 1、2、3、4 等。

例如，对于分区中的第三行，INDEX()=3。

3. LAST()

返回从当前行到分区中最后一行的行数。例如，计算每季度销售额。在 Date 分区中计算 LAST() 时，最后一行与第二行之间的偏移为 5。

例如，当前行索引为 3（共 7 行）时，LAST()=4。

4. LOOKUP(expression,[offset])

返回目标行（指定为与当前行的相对偏移）中表达式的值。使用 FIRST()+n 和 LAST()-n 作为相对于分区第一行/最后一行的目标偏移量定义的一部分。如果省略 offset，就可以在字段菜单中设置要比较的行。如果无法确定目标行，此函数就返回 NULL。

例如，计算每季度销售额。当在 Date 分区中计算 LOOKUP(SUM(Sales),2)时，每行都会显示接下来两个季度的销售额。

例如，LOOKUP(SUM([Profit]),FIRST()+2)计算分区第 3 行中的 SUM(Profit)。

5. PREVIOUS_VALUE(expression)

返回此计算在上一行中的值。如果当前行是分区的第一行，就返回给定表达式。

例如，SUM([Profit])*PREVIOUS_VALUE(1)计算 SUM(Profit)的运行产品。

6. RANK(expression,['asc'|'desc'])

返回分区中当前行的标准竞争排名，为相同的值分配相同的排名。使用可选的'asc'|'desc'参数指定升序或降序顺序，默认为降序。利用此函数对值集(6,9,9,14)进行排名(4,2,2,1)，在排名函数中会忽略 Null。

7. RANK_DENSE(expression,['asc'|'desc'])

返回分区中当前行的密集排名。为相同的值分配相同的排名，但不会向数字序列中插入间距。使用可选的'asc'|'desc'参数指定升序或降序顺序，默认为降序。利用此函数对值集(6,9,9,14)进行排名(3,2,2,1)，在排名函数中会忽略 Null。

8. RANK_MODIFIED(expression,['asc'|'desc'])

返回分区中当前行调整后的竞争排名，为相同的值分配相同的排名。使用可选的'asc'|'desc'参数指定升序或降序顺序，默认为降序。利用此函数对值集(6,9,9,14)进行排名(4,3,3,1)，在排名函数中会忽略 Null。

9. RANK_PERCENTILE(expression,['asc'|'desc'])

返回分区中当前行的百分位排名。使用可选的'asc'|'desc'参数指定升序或降序顺序，默认为升序。利用此函数对值集(6,9,9,14)进行排名(0.25,0.75,0.75,1.00)，在排名函数中会忽略 Null。

10. RANK_UNIQUE(expression,['asc'|'desc'])

返回分区中当前行的唯一排名，为相同的值分配相同的排名。使用可选的'asc'|'desc'参数指定升序或降序顺序，默认为降序。利用此函数对值集(6,9,9,14)进行排名(4,2,3,1)，在排名函数中会忽略 Null。

11. RUNNING_AVG(expression)

返回给定表达式从分区中第一行到当前行的运行平均值。例如，计算每季度销售额。当在 Date 分区中计算 RUNNING_AVG(SUM([Sales])时，结果为每个季度的销售额值的运行平均值。

例如，RUNNING_AVG(SUM([Profit]))计算 SUM(Profit)的运行平均值。

12. RUNNING_COUNT(expression)

返回给定表达式从分区中第一行到当前行的运行计数。

例如，RUNNING_COUNT(SUM([Profit]))计算 SUM(Profit)的运行计数。

13. RUNNING_MAX(expression)

返回给定表达式从分区中第一行到当前行的运行最大值。

例如，RUNNING_MAX(SUM([Profit]))计算 SUM(Profit)的运行最大值。

14. RUNNING_MIN(expression)

返回给定表达式从分区中第一行到当前行的运行最小值。

例如，RUNNING_MIN(SUM([Profit]))计算 SUM(Profit)的运行最小值。

15. RUNNING_SUM(expression)

返回给定表达式从分区中第一行到当前行的运行总计。

例如，RUNNING_SUM(SUM([Profit]))计算 SUM(Profit)的运行总计。

16. SIZE()

返回分区中的行数。例如，计算每季度销售额。在 Date 分区中有 7 行，因此 Date 分区的 Size()为 7。

例如，当前分区包含 5 行时 SIZE()=5。

17. SCRIPT_BOOL

返回指定 R 表达式的布尔结果。R 表达式直接传递给运行的 Rserve 实例。可在 R 表达式中使用.argn 引用参数（.arg1、.arg2 等）。

18. SCRIPT_BOOL("is.finite(.arg1)",SUM([Profit]))

对于华盛顿州的商店 ID，函数返回 True 或 False。

SCRIPT_BOOL('grepl(".*_WA",.arg1,perl=TRUE)',ATTR([StoreID]))

19. SCRIPT_INT

返回指定表达式的整数结果。表达式直接传递给运行的外部服务实例。在 R 表达式中，使用.argn（带前导句点）引用参数（.arg1、.arg2 等）。

例如，在 R 中，.arg1 等于 SUM([Profit])：SCRIPT_INT("is.finite(.arg1)",SUM([Profit]))。

20. SCRIPT_REAL

返回指定表达式的实数结果。表达式直接传递给运行的外部服务实例。在 R 表达式中，使用.argn（带前导句点）引用参数（.arg1、.arg2 等）。

例如，在 R 中，.arg1 等于 SUM([Profit])：SCRIPT_REAL("is.finite(.arg1)",SUM([Profit]))。

21. SCRIPT_STR

返回指定表达式的字符串结果。表达式直接传递给运行的外部服务实例。在 R 表达式中，使用.argn（带前导句点）引用参数（.arg1、.arg2 等）。

例如，在 R 中，.arg1 等于 SUM([Profit])：SCRIPT_STR("is.finite(.arg1)",SUM([Profit]))。

22. TOTAL(expression)

返回表计算分区内表达式的总计。

23. WINDOW_AVG(expression,[start,end])

返回窗口中表达式的平均值，窗口用与当前行的偏移定义。使用 FIRST()+n 和 LAST()-n 表示与分区中第一行或最后一行的偏移。如果省略开头和结尾，就使用整个分区。

例如，WINDOW_AVG(SUM([Profit]),FIRST()+1,0)计算从第二行到当前行的 SUM(Profit)平均值。

24. WINDOW_COUNT(expression,[start,end])

返回窗口中表达式的计数，窗口用与当前行的偏移定义。使用 FIRST()+n 和 LAST()-n 表示与分区中第一行或最后一行的偏移。如果省略开头和结尾，就使用整个分区。

例如，WINDOW_COUNT(SUM([Profit]),FIRST()+1,0)计算从第二行到当前行的 SUM(Profit)计数。

25. WINDOW_MEDIAN(expression,[start,end])

返回窗口中表达式的中值，窗口用与当前行的偏移定义。使用 FIRST()+n 和 LAST()-n 表示与分区中第一行或最后一行的偏移。如果省略开头和结尾，就使用整个分区。

例如，WINDOW_MEDIAN(SUM([Profit]),FIRST()+1,0)计算从第二行到当前行的 SUM(Profit)中值。

26. WINDOW_MAX(expression,[start,end])

返回窗口中表达式的最大值，窗口用与当前行的偏移定义。使用 FIRST()+n 和 LAST()-n 表示与分区中第一行或最后一行的偏移。如果省略开头和结尾，就使用整个分区。

例如，WINDOW_MAX(SUM([Profit]),FIRST()+1,0)计算从第二行到当前行的 SUM(Profit)最大值。

27. WINDOW_MIN(expression,[start,end])

返回窗口中表达式的最小值，窗口用与当前行的偏移定义。使用 FIRST()+n 和 LAST()-n 表示与分区中第一行或最后一行的偏移。如果省略开头和结尾，就使用整个分区。

例如，WINDOW_MIN(SUM([Profit]),FIRST()+1,0)计算从第二行到当前行的 SUM(Profit)最小值。

28. WINDOW_PERCENTILE(expression,number,[start,end])

返回与窗口中指定百分位相对应的值，窗口用与当前行的偏移定义。使用 FIRST()+n 和 LAST()-n 表示与分区中第一行或最后一行的偏移。如果省略开头和结尾，就使用整个分区。

例如，WINDOW_PERCENTILE(SUM([Profit]),0.75,-2,0)返回 SUM(Profit)的前面两行到当前行的第 75 个百分位。

29. WINDOW_STDEV(expression,[start,end])

返回窗口中表达式的样本标准差，窗口用与当前行的偏移定义。使用 FIRST()+n 和 LAST()-n 表示与分区中第一行或最后一行的偏移。如果省略开头和结尾，就使用整个分区。

例如，WINDOW_STDEV(SUM([Profit]),FIRST()+1,0)计算从第二行到当前行的 SUM(Profit)标准差。

30. WINDOW_STDEVP(expression,[start,end])

返回窗口中表达式的有偏差标准差，窗口用与当前行的偏移定义。使用 FIRST()+n 和 LAST()-n 表示与分区中第一行或最后一行的偏移。如果省略开头和结尾，就使用整个分区。

例如，WINDOW_STDEVP(SUM([Profit]),FIRST()+1,0)计算从第二行到当前行的 SUM(Profit)标准差。

31. WINDOW_SUM(expression,[start,end])

返回窗口中表达式的总计，窗口用与当前行的偏移定义。使用 FIRST()+n 和 LAST()-n 表示与分区中第一行或最后一行的偏移。如果省略开头和结尾，就使用整个分区。

例如，WINDOW_SUM(SUM([Profit]),FIRST()+1,0)计算从第二行到当前行的 SUM(Profit)总和。

32. WINDOW_VAR(expression,[start,end])

返回窗口中表达式的样本方差，窗口用与当前行的偏移定义。使用 FIRST()+n 和 LAST()-n 表示与分区中第一行或最后一行的偏移。如果省略开头和结尾，就使用整个分区。

例如，WINDOW_VAR((SUM([Profit])),FIRST()+1,0)计算从第二行到当前行的 SUM(Profit)方差。

33. WINDOW_VARP(expression,[start,end])

返回窗口中表达式的有偏差方差，窗口用与当前行的偏移定义。使用 FIRST()+n 和 LAST()-n 表示与分区中第一行或最后一行的偏移。如果省略开头和结尾，就使用整个分区。

例如，WINDOW_VARP(SUM([Profit]),FIRST()+1,0)计算从第二行到当前行的 SUM(Profit)方差。

9.10　其他函数

9.10.1　模式匹配的特定函数

1. REGEXP_REPLACE(字符串,模式,替换字符串)

返回给定字符串的副本，其中正则表达式模式被替换字符串取代。此函数可用于文本文件、Hadoop Hive、Google BigQuery、PostgreSQL、Tableau 数据提取、Microsoft Excel、Salesforce、HP Vertica、Pivotal Greenplum、Teradata（版本 14.1 及更高版本）和 Oracle 数据源。

Tableau 数据提取的模式必须为常量。正则表达式语法遵守 ICU（Unicode 国际化组件）标准，ICU 用于 Unicode 支持、软件国际化和软件全球化的成熟 C/C++和 Java 库开源项目。可参见在线 ICU 用户指南中正则表达式的相关介绍。

例如，REGEXP_REPLACE('abc123','\s','-')='abc-123'。

2. REGEXP_MATCH(字符串,模式)

如果指定字符串的子字符串匹配正则表达式模式，就返回 true。此函数可用于文本文件、Google BigQuery、PostgreSQL、Tableau 数据提取、Microsoft Excel、Salesforce、HP Vertica、Pivotal Greenplum、Teradata（版本 14.1 及更高版本）、Impala2.3.0（通过 Cloudera Hadoop 数据源）和 Oracle 数据源。

例如，REGEXP_MATCH('-([1234].[The.Market])-','\[\s*(\w*\.)(\w*\s*\])')=true。

3. REGEXP_EXTRACT(string,pattern)

返回与正则表达式模式匹配的字符串部分。此函数可用于文本文件、Hadoop Hive、Google BigQuery、PostgreSQL、Tableau 数据提取、Microsoft Excel、Salesforce、HP Vertica、Pivotal Greenplum、Teradata（版本 14.1 及更高版本）和 Oracle 数据源。

例如，REGEXP_EXTRACT('abc123','[a-z]+\s+(\d+)')='123'。

4. REGEXP_EXTRACT_NTH(string,pattern,index)

返回与正则表达式模式匹配的字符串部分。子字符串匹配到第 n 个捕获组，其中 n 是给定的索引。如果索引为 0，就返回整个字符串。此函数可用于文本文件、Google BigQuery、PostgreSQL、Tableau 数据提取、Microsoft Excel、Salesforce、HP Vertica、Pivotal Greenplum、Teradata（版本 14.1 及更高版本）和 Oracle 数据源。

例如，REGEXP_EXTRACT_NTH('abc123','([a-z]+)\s+(\d+)',2)='123'。

9.10.2 Hadoop Hive 的特定函数

1. GET_JSON_OBJECT(JSON 字符串,JSON 路径)

根据 JSON 路径返回 JSON 字符串中的 JSON 对象。

2. PARSE_URL(字符串,url_part)

返回给定 URL 字符串的组成部分（由 url_part 定义）。有效的 url_part 值包括'HOST' 'PATH' 'QUERY' 'REF' 'PROTOCOL' 'AUTHORITY' 'FILE'和'USERINFO'。

例如，PARSE_URL('http://www.tableau.com','HOST')='www.tableau.com'。

3. PARSE_URL_QUERY(字符串,密钥)

返回给定 URL 字符串中指定查询参数的值。查询参数由密钥定义。

例如，PARSE_URL_QUERY ('http://www.tableau.com?page=1&cat=4','page')='1'。

4. XPATH_BOOLEAN(XML 字符串,XPath 表达式字符串)

如果 XPath 表达式匹配节点或计算为 true，就返回 true。

例如，XPATH_BOOLEAN('<values><valueid="0">1</value><valueid="1">5</value>','values/value[@id="1"]=5')=true。

5. XPATH_DOUBLE(XML 字符串,XPath 表达式字符串)

返回 Xpath 表达式的浮点值。

例如，XPATH_DOUBLE('<values><value>1.0</value><value>5.5</value></values>','sum(value/*)') =6.5。

6. XPATH_FLOAT(XML 字符串,XPath 表达式字符串)

返回 XPath 表达式的浮点值。

例如，XPATH_FLOAT('<values><value>1.0</value><value>5.5</value></values>','sum(value/*)') =6.5。

7. XPATH_INT(XML 字符串,XPath 表达式字符串)

返回 Xpath 表达式的数值。如果 Xpath 表达式无法计算为数字，就返回零。

例如，XPATH_INT('<values><value>1</value><value>5</value></values>','sum(value/*)')=6。

8. XPATH_LONG(XML 字符串,XPath 表达式字符串)

返回 Xpath 表达式的数值。如果 Xpath 表达式无法计算为数字，就返回零。

例如，XPATH_LONG('<values><value>1</value><value>5</value></values>','sum(value/*)')=6。

9. XPATH_SHORT(XML 字符串,XPath 表达式字符串)

返回 Xpath 表达式的数值。如果 Xpath 表达式无法计算为数字，就返回零。

例如，XPATH_SHORT('<values><value>1</value><value>5</value></values>','sum(value/*)')=6。

10. XPATH_STRING(XML 字符串,XPath 表达式字符串)

返回第一个匹配节点的文本。

例如，XPATH_STRING('<sites><urldomain="org">http://www.w3.org</url><urldomain="com"> http://www.tableau.com</url></sites>','sites/url[@domain="com"]')='http://www.tableau.com'。

9.10.3 GoogleBigQuery 的特定函数

1. DOMAIN(string_url)

在给定 URL 字符串的情况下返回作为字符串的域。

例如，DOMAIN('http://www.google.com:80 /index.html')='google.com'。

2. GROUP_CONCAT(表达式)

将来自每个记录的值连接为一个由逗号分隔的字符串。此函数在处理字符串时的作用类似于 SUM()。

例如，GROUP_CONCAT(Region)="Central,East,West"。

3. HOST(string_url)

在给定 URL 字符串的情况下返回作为字符串的主机名。

例如，HOST('http://www.google.com:80 /index.html')='www.google.com:80'。

4. LOG2(数字)

返回数字的对数底 2。

例如，LOG2(16)='4.00'。

5. LTRIM_THIS(字符串,字符串)

返回第一个字符串（移除在前导位置出现的第二个字符串）。
例如，LTRIM_THIS('[-Sales-]','[-')='Sales-]'。

6. RTRIM_THIS(字符串,字符串)

返回第一个字符串（移除在尾随位置出现的第二个字符串）。
例如，RTRIM_THIS('[-Market-]','-]')='[-Market'。

7. TIMESTAMP_TO_USEC(表达式)

将 TIMESTAMP 数据类型转换为 UNIX 时间戳（以微秒为单位）。
例如，TIMESTAMP_TO_USEC(#2012-10-0101:02:03#)=1349053323000000。

8. USEC_TO_TIMESTAMP(表达式)

将 UNIX 时间戳（以微秒为单位）转换为 TIMESTAMP 数据类型。
例如，USEC_TO_TIMESTAMP(1349053323000000)=#2012-10-0101:02:03#。

9. TLD(string_url)

在给定 URL 字符串的情况下返回顶层域和 URL 中的所有国家/地区域。
例如，TLD('http://www.google.com:80/index.html')='.com'，TLD('http://www.google.co.uk:80/index.html')='.co.uk'。

9.11 上机操作题

练习 1：使用“超市运营分析.xls”数据文件，利用 Contains 函数，提取商品名称（product）中含有“复印机”的所有订单，并统计其销售情况。

练习 2：利用 CASE WHEN 函数，对客户进行价值分类，其中 2019 年全年购买金额大于等于 1000 元的为高价值客户，300 元至 1000 元之间（含 300 元）的为一般价值客户，300 元以下的为低价值客户。

第 10 章

Tableau 的高级操作

前面我们学习了 Tableau 视图生成的基本知识，包括连接各类数据源、工作表的基础操作、数据的导出、Tableau 函数以及创建各类图形等。

本章将介绍一些 Tableau 常用的高级操作，如表计算、创建字段、创建参数、聚合计算、缺失值处理等，使用的数据源是“2020 年 1~6 月某超市销售数据”。

10.1 表计算

表计算是应用于整个表中值的计算，通常依赖于表结构本身，这些计算的独特之处在于使用数据库中多行数据计算一个值。要创建表计算，需要定义计算目标值和计算对象值，可在“表计算”对话框中使用“计算类型”和“计算对象”下拉菜单定义这些值。

例如，在企业销售数据分析中，可以使用表计算计算指定日期范围内的销售额汇总，或者计算一个季度中每种产品对销售总额的贡献。

1. 打开“表计算”对话框

在功能区中，右击需要添加表计算的某个度量字段，这里是列功能区上的“总和(销售额)”，然后选择“添加表计算”选项，如图 10-1 所示。

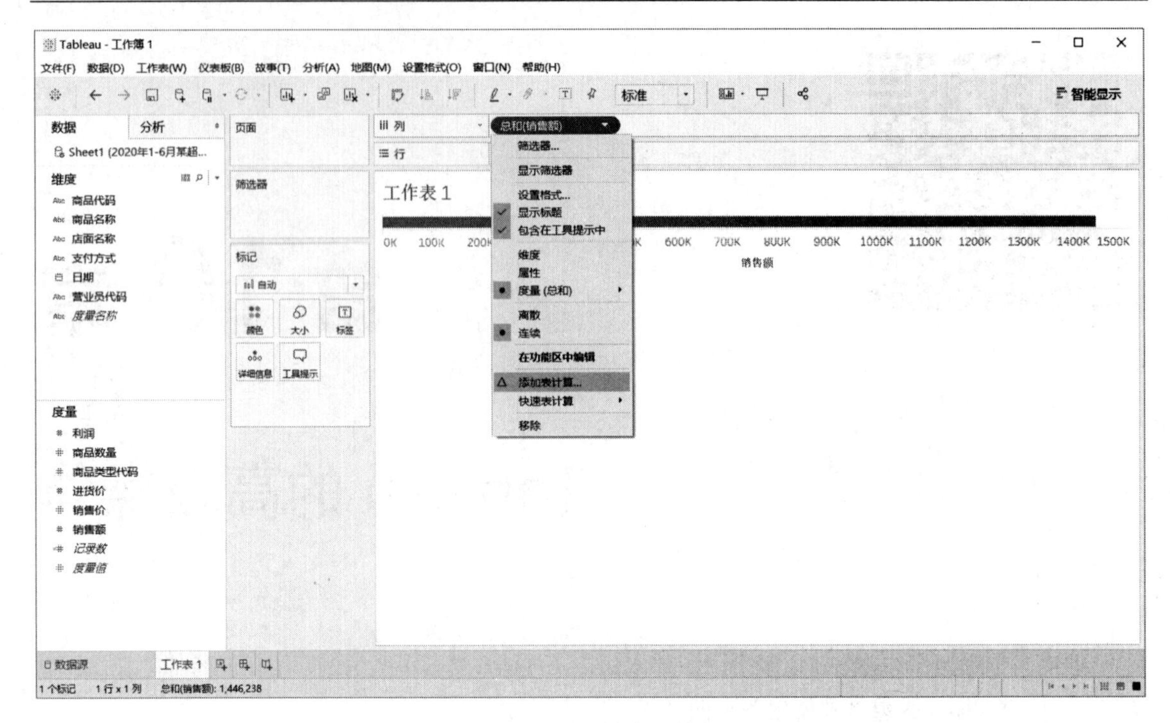

图 10-1 添加表计算

2. 选择计算类型

在“表计算”对话框中选择要应用的计算类型，这里选择“合计百分比”，如图 10-2 所示。

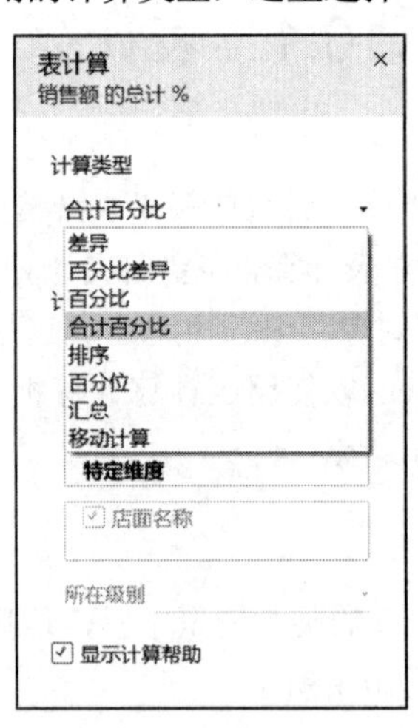

图 10-2 选择计算类型

表计算的计算类型主要有以下 8 种。

- 差异：显示绝对变化。
- 百分比差异：显示变化率。
- 百分比：显示为其他指定值的百分比。
- 合计百分比：以总额百分比的形式显示值。

- 排序：以数字形式对值进行排名。
- 百分位：计算百分位值。
- 汇总：显示累积总额。
- 移动计算：消除短期波动以确定长期趋势。

3. 定义计算

在“表计算”对话框的下半部分定义计算依据，这里选择“表”，如图 10-3 所示。

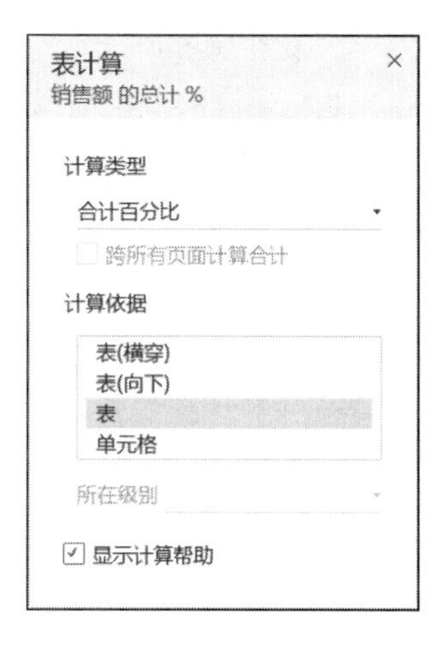

图 10-3　值汇总范围

4. 查看表计算

完成定义计算的操作后单击“确定”按钮。原始度量现在标记为表计算，如图 10-4 所示。还可以对其进行适当调整，添加标签和标题等，修改为我们工作中比较常用的图形。

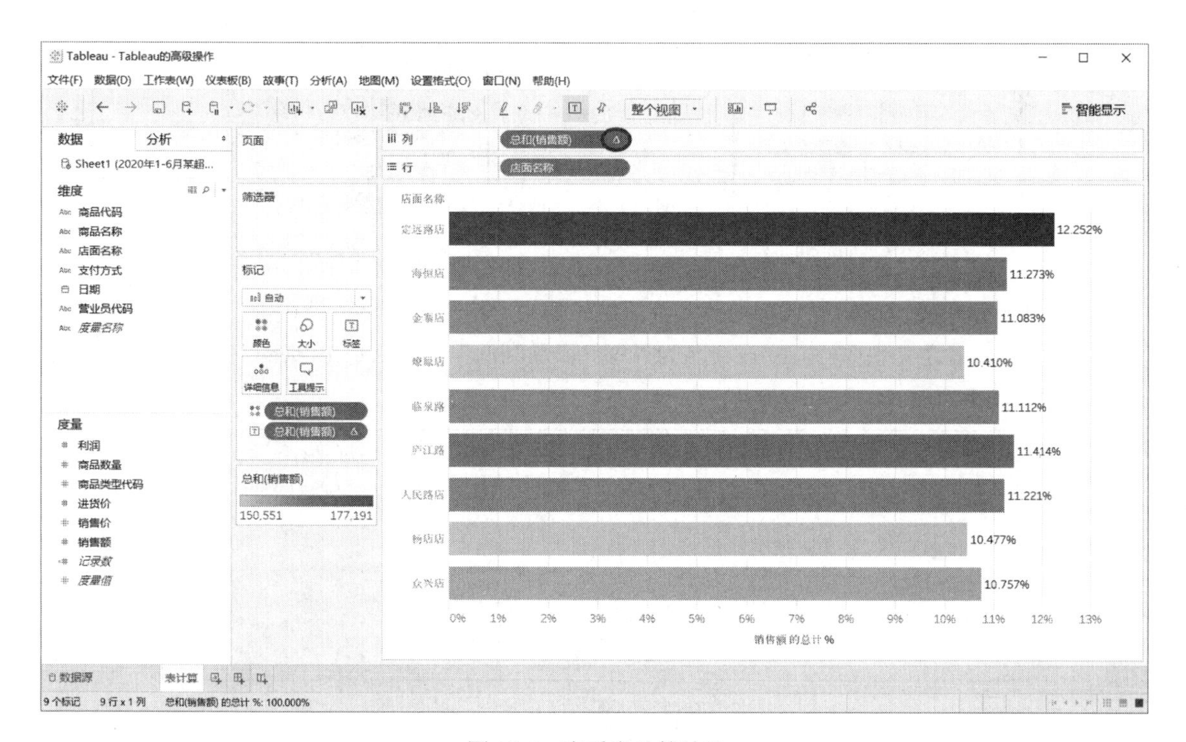

图 10-4　查看表计算结果

10.2　创建字段

Tableau Desktop 中的计算编辑器经过重新设计，可提供交互式编辑、智能公式完成，以及拖放支持。此外，在 Tableau Server 或 Tableau Online 中编辑视图时也可以使用编辑器。

若要打开计算编辑器，则单击“数据”窗格“维度”右侧的下拉菜单，并选择“创建计算字段”，如图 10-5 所示。

也可以在菜单栏选择“分析”→“创建计算字段”，或在“数据”窗格中右击并选择“创建计算字段”，如图 10-6 所示。

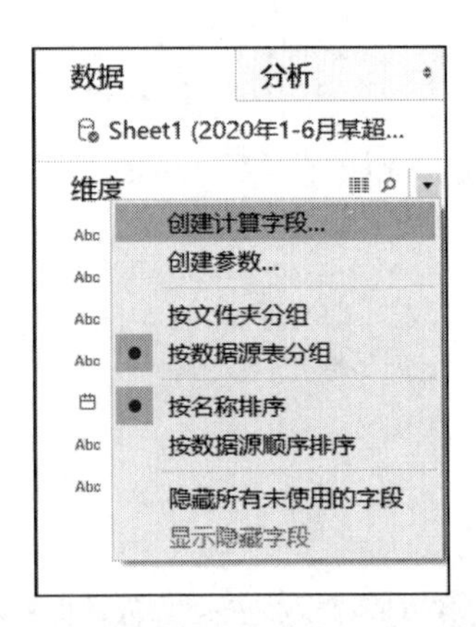

图 10-5 “数据”窗格创建计算字段

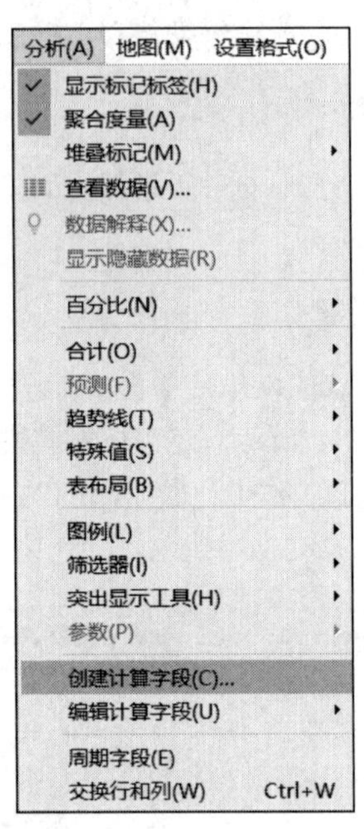

图 10-6 菜单栏创建计算字段

维度和度量字段度都可以直接拖放到计算编辑器中。这里需要将“销售价”和“进货价”拖到编辑器中，两者之差生成的新字段命名为“每件商品利润”，右侧是 Tableau 中可以使用的函数列表，如图 10-7 所示。

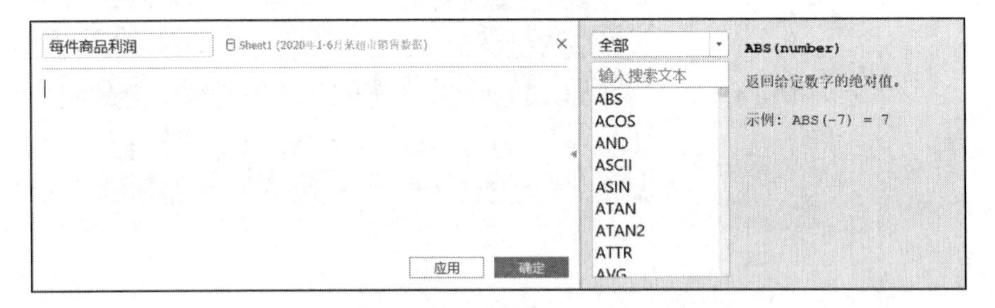

图 10-7 输入计算公式

在计算编辑器中，如果单击“应用”按钮将保存新创建的字段，并将其添加到“数据”窗格中，但不关闭编辑器；如果单击“确定”按钮，那么会将保存新创建的字段并关闭编辑器，将返回字符串或日期的字段保存为维度，将返回数字的字段保存为度量，如图 10-8 所示。

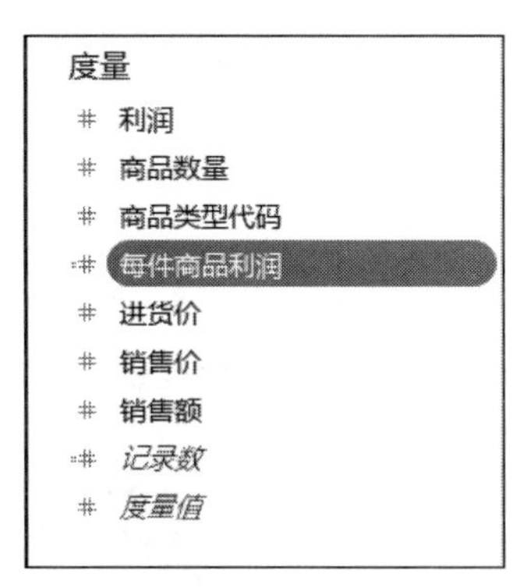

图 10-8　单击“确定”按钮关闭编辑器

此外，在处理比较复杂的公式时，计算编辑器可能会显示“计算包含错误”。Tableau 允许保存无效的新字段，不过在“数据”窗格中，该新字段的后边会出现一个红色感叹号，在更正无效的计算字段之前，该新字段将无法拖放到视图中，如图 10-9 所示。

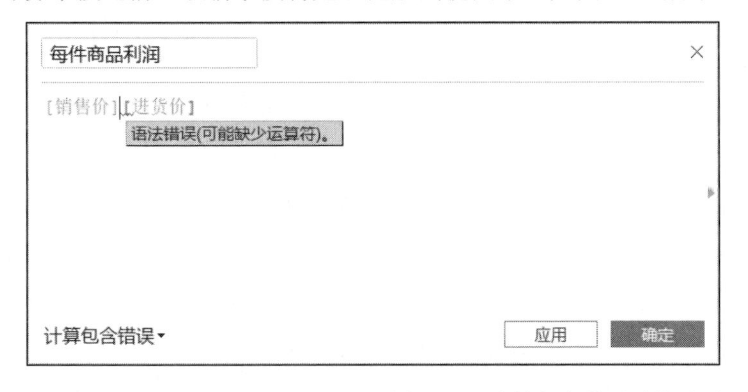

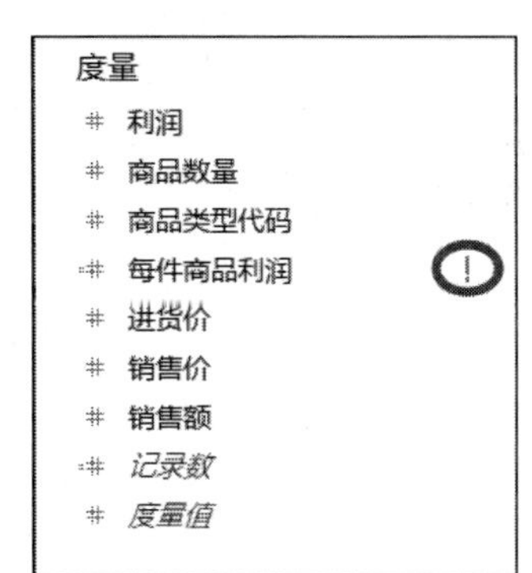

图 10-9　计算包含错误时的显示

10.3　创建参数

在分析过程中，我们往往需要从“计算字段”对话框创建新参数，或者基于所选字段创建新参数，操作步骤如下：

步骤 01 使用维度右上角的箭头打开创建菜单，选择“创建参数”，如图 10-10 所示。

步骤 02 还可以在“数据”窗格中，右击要作为参数基础的字段（如商品类型代码），并选择“创建”→“参数”，如图 10-11 所示。

步骤 03 在“创建参数”对话框中，为新参数输入名称“商品类型”，如图 10-12 所示。

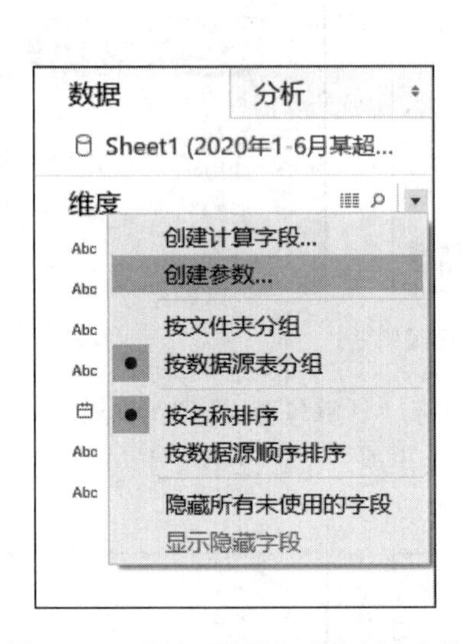

图 10-10　通过“数据”窗格创建参数

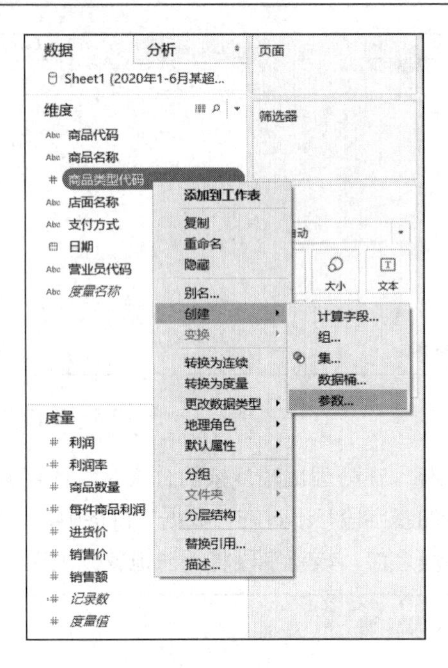

图 10-11　通过菜单栏创建参数

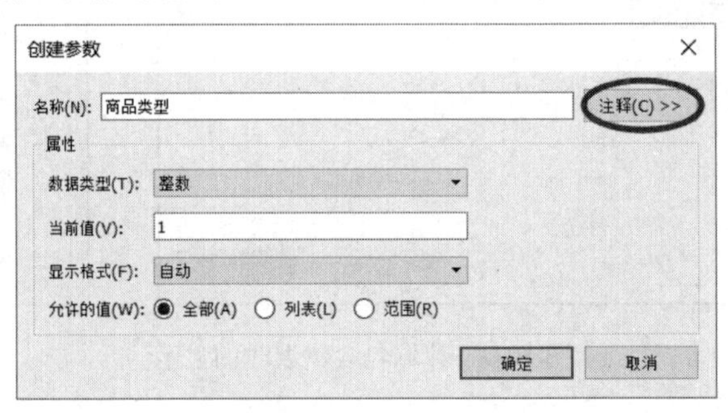

图 10-12　命名新参数

步骤 04 还可以单击右上方的“注释”按钮，编写注释以描述新创建的参数，如图 10-13 所示。

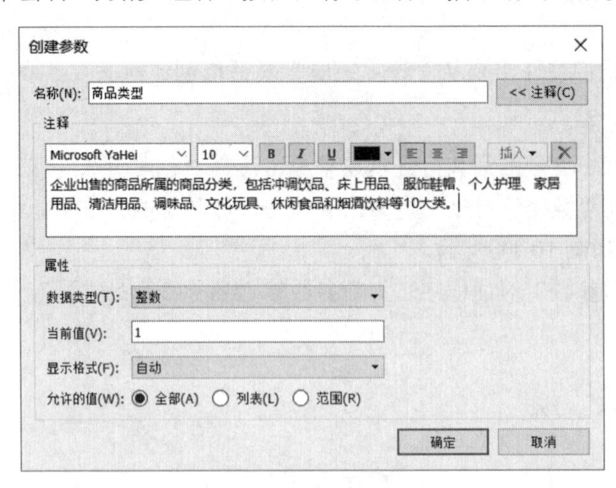

图 10-13　注释新参数

步骤05 指定参数将接收的值的数据类型，如图 10-14 所示。

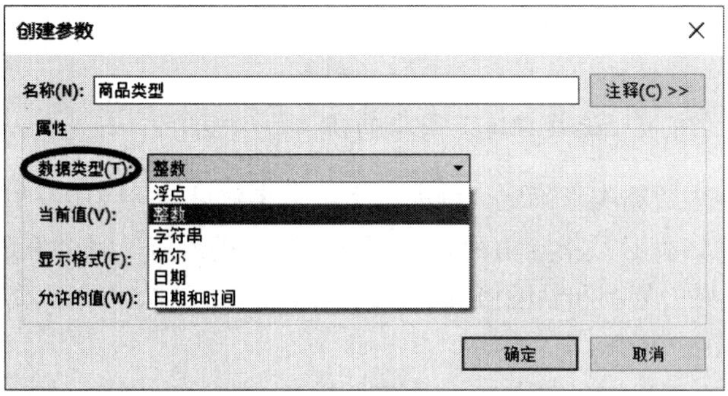

图 10-14　参数的数据类型

步骤06 指定参数当前的值，这是参数的默认值，如图 10-15 所示。

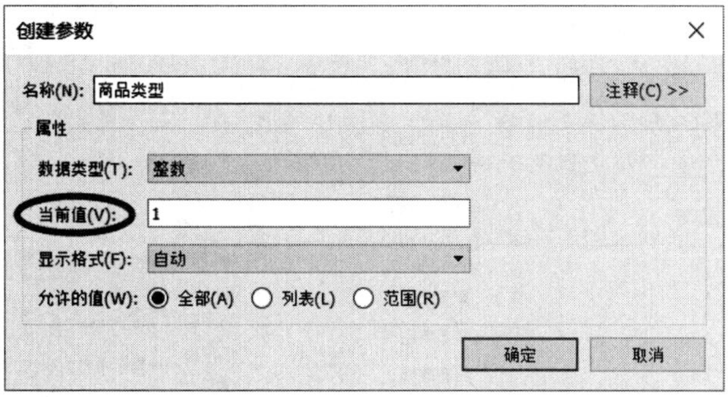

图 10-15　指定参数当前的值

步骤07 指定要在参数控件中使用的显示格式，如图 10-16 所示。

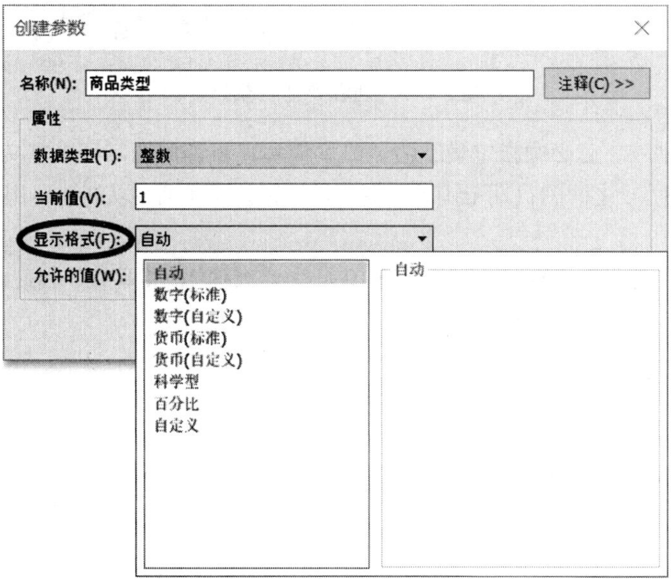

图 10-16　指定参数的显示格式

指定参数接收值的方式（即“允许的值”），有以下3种。

- 全部：参数控件是字段中的简单类型。
- 列表：参数控件提供可供选择的可能值的列表。
- 范围：参数控件可用于选择指定范围中的值。

这些选项的可用性由数据类型确定。例如，字符串参数只能接收所有值或列表，不支持范围。

如果选择“列表”，就必须指定值列表。单击左列可键入值。每个值还可拥有显示别名。可通过单击“从剪贴板粘贴”复制和粘贴值列表，或者通过选择“从字段中添加”，以值列表的形式添加字段成员，如图10-17所示。

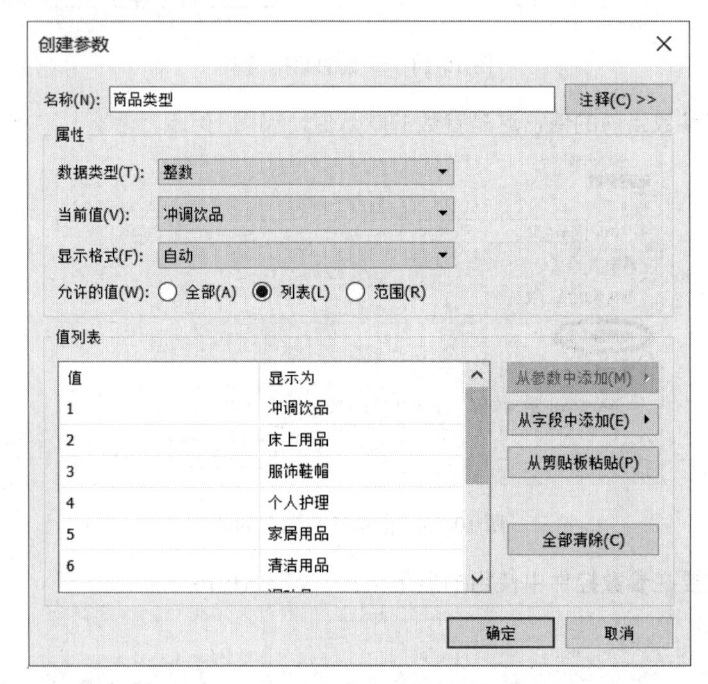

图10-17 列表类型的参数值

如果选择“范围”，就必须指定最小值、最大值和步长。例如，可以定义介于2020年1月1日和2020年12月31日之间的日期范围，并将步长设置为1个月，以创建可用来选择2020年每个月的参数控件。

这里由于商品类型只有10类，数字1到10分别代表这10类商品，因此最小值为1，最大值为10，步长设置为1，如图10-18所示。

步骤08 完成后单击“确定”按钮。

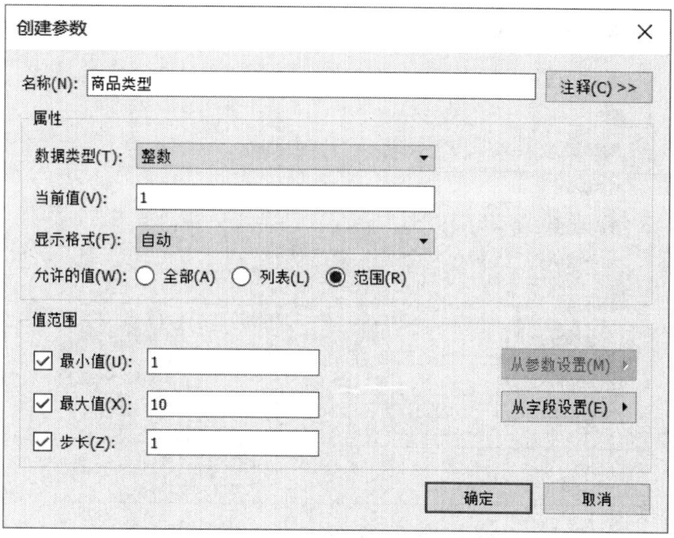

创建参数
名称(N): 商品类型　注释(C) >>
属性
数据类型(T): 整数
当前值(V): 1
显示格式(F): 自动
允许的值(W): 全部(A)　列表(L)　范围(R)
值范围
最小值(U): 1　从参数设置(M)
最大值(X): 10　从字段设置(E)
步长(Z): 1
确定　取消

图 10-18　范围类型的参数值

参数列在“数据”窗格底部的“参数”部分，如图 10-19 所示。

在“筛选器”的“前”选项卡和“参考线”对话框中也会显示参数。参数在工作簿中为全局参数，可在任何工作表中使用。可以通过“数据”窗格或参数控件编辑参数，步骤如下：

步骤 01 在“数据”窗格中右击参数，并选择“编辑”，如图 10-20 所示。

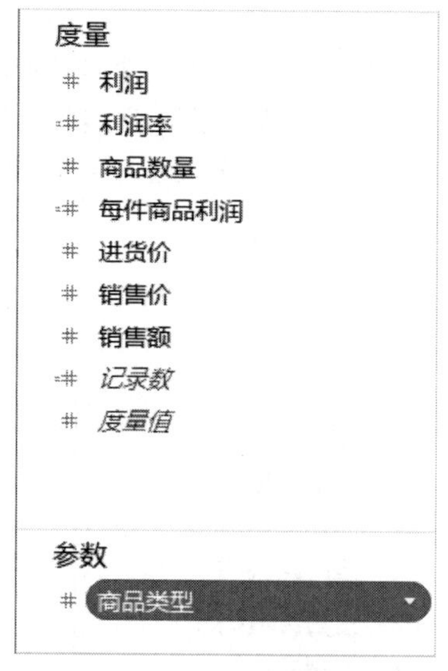

图 10-19　新参数的显示

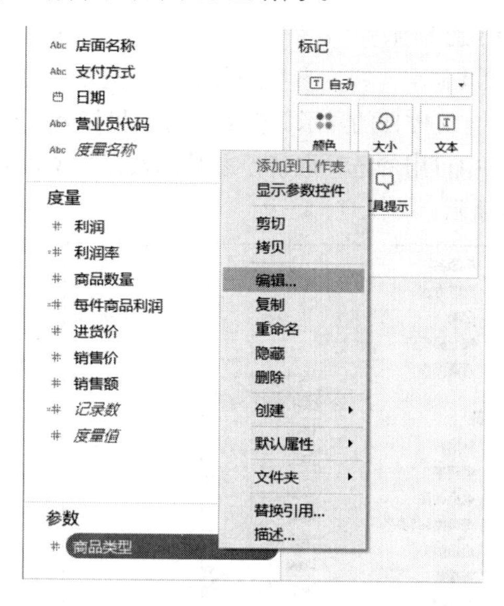

图 10-20　编辑新参数

步骤 02 在参数控件菜单中选择“编辑”，可以在“编辑参数”对话框中对参数进行必要的修改，如图 10-21 所示。

步骤 03 完成后单击“确定”按钮，参数会随使用它的计算一起更新。

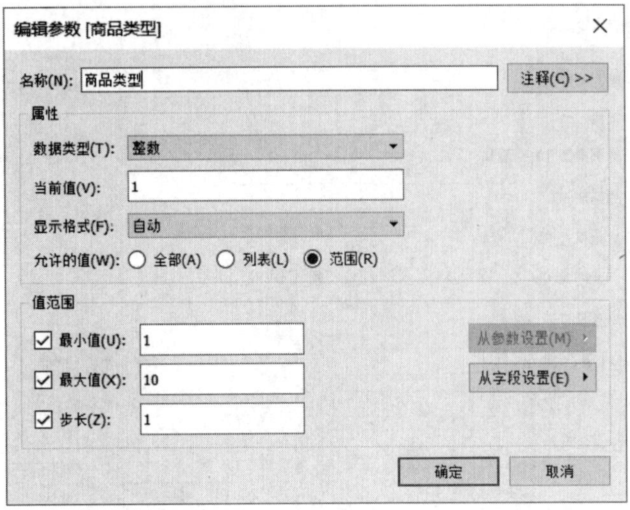

图 10-21 “编辑参数”对话框

若要删除参数，则在“数据”窗格中右击该参数并选择“删除”。使用已删除参数的任何计算字段都会变为无效。

参数控件是可用来修改参数值的工作表卡。参数控件与筛选器卡非常相似，两者都包含修改视图的控件。可以在工作表和仪表板上打开参数控件，在保存到 Web 或发布到 Tableau Server 时会涉及这些参数控件。若要打开参数控件，在“数据”窗格中右键单击参数并选择“显示参数控件”，如图 10-22 所示。

像其他卡一样，参数控件有一个菜单，可以使用卡右上角的下拉箭头打开此菜单。使用此菜单可自定义控件的显示。例如，可以将值列表显示为单选按钮、精简列表、滑块或字段中的类型。此菜单中可用的选项取决于参数的数据类型以及该参数是接收所有值、值列表还是值范围，如图 10-23 所示。

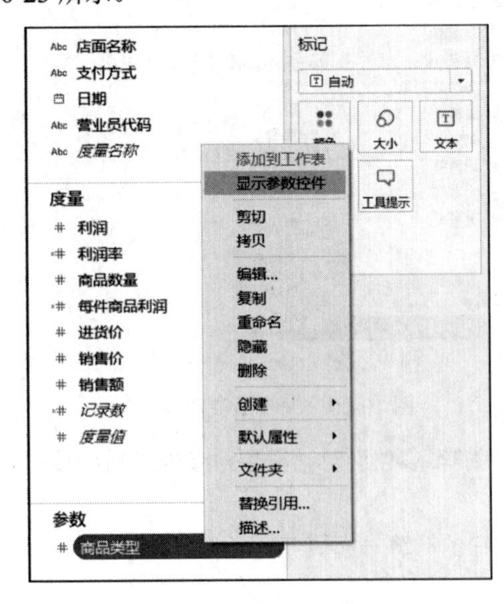

图 10-22 显示参数控件

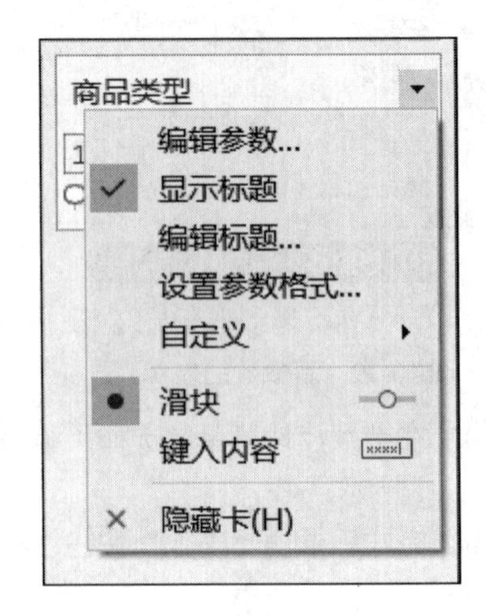

图 10-23 参数控件菜单

10.4　聚合计算

聚合函数允许对数据求和，Tableau 提供了很多预定义聚合，如求和和方差。除了这些预定义聚合外，聚合计算还允许用户自定义聚合。

假设需要分析数据源中 2020 年 6 月份每一种产品的利润率，步骤如下：

步骤 01 通过计算编辑器创建一个名为“利润率”的新计算字段。“利润率”等于利润除以销售额，公式为：利润率=SUM(利润)/SUM(销售额)，如图 10-24 所示。

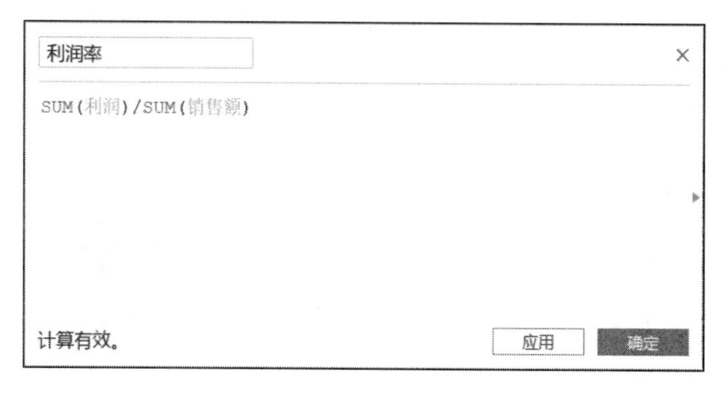

图 10-24　输入变量计算公式

步骤 02 将此度量放在功能区中，使用预定义求和聚合。

将“利润率”放在功能区时，它的名称自动更改为“聚合(利润率)”，表示聚合计算。将“日期”拖放到筛选器中，在日期范围选项下，选择“月”，如图 10-25 所示。

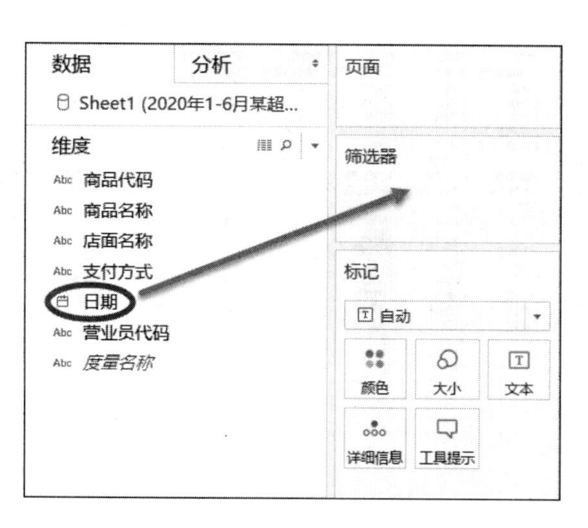

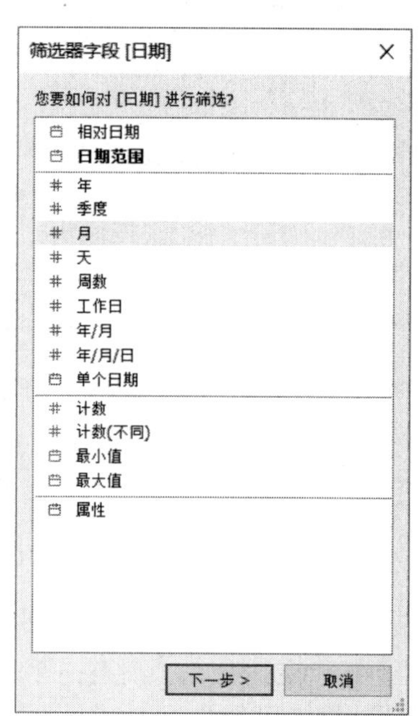

图 10-25　日期拖放到筛选器

单击“下一步”按钮，会出现“筛选器”的具体选项，包括“常规”“条件”“顶部”。其中，“常规”包括“从列表中选择”“自定义值列表”“使用全部”，如图 10-26 所示。

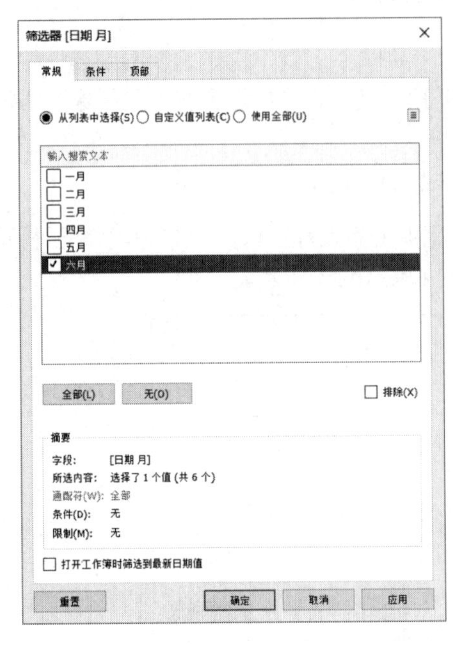

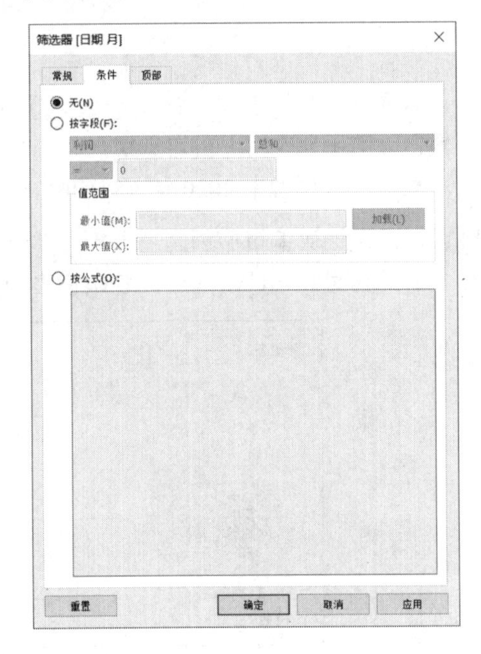

图 10-26　筛选器选项

将“店面名称”和“利润率”拖放到列功能区，“商品名称”拖放到行功能区，每种商品在各家店的利润率条形图，如图 10-27 所示。

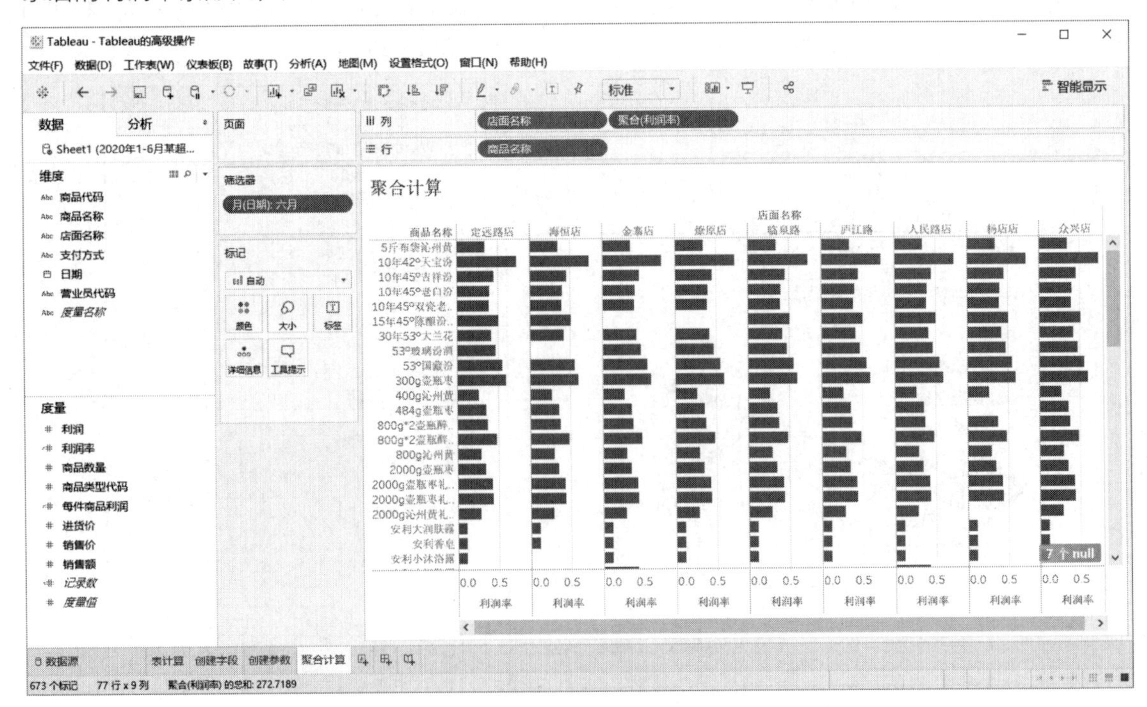

图 10-27　将字段拖放到行和列功能区

如果我们需要查看某个门店商品利润率的排名，可以选择其右侧的排序按钮(如“定远路店”)，将会按照商品的利润率对企业定远路店销售的商品进行降序排列，如图 10-28 所示。

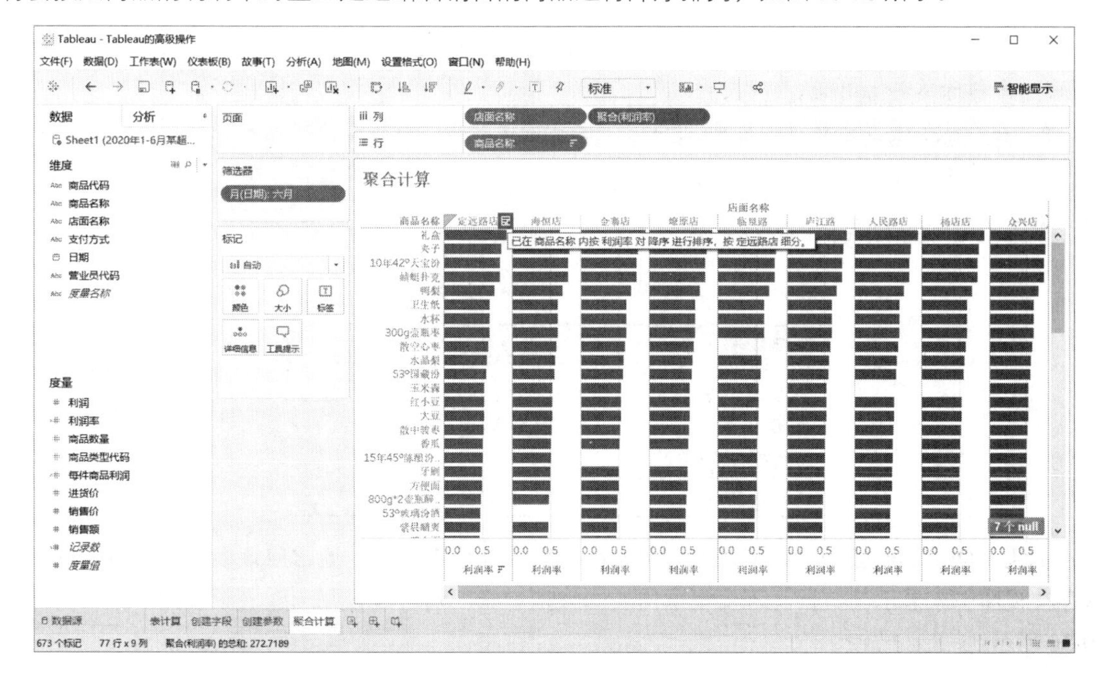

图 10-28　按利润率降序排列

10.5　缺失值处理

Tableau 中有些数据需要特殊处理，具体包括 null 空值、无法识别或不明确的地理位置、使用对数标度时的负值或零值以及使用树图时的负值或零值。数据中包含这些特殊值时，Tableau 无法在视图中绘制它们，而是在视图的右下角显示一个指示器，

例如图 10-28 右下角显示的“7 个 null”指示器，单击该指示器可查看有关处理这些值的更多选项，如图 10-29 所示。

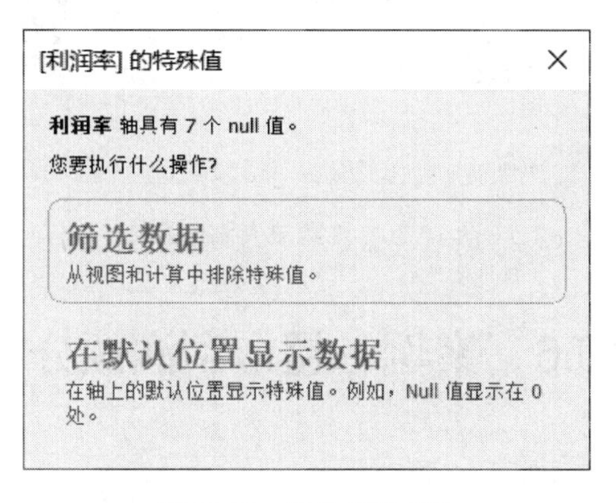

图 10-29　缺失值指示器

如果字段中包含 null 值或对数轴上包含零值或负值，Tableau 就无法绘制这些值，而是在视图右下角使用一个指示器显示这些值。单击该指示器并从以下两个选项进行选择。

- 筛选数据：使用筛选器从视图中排除 null 值。筛选数据时，也会从视图中使用的所有计算中排除这些 null 值。
- 在默认位置显示数据：在轴上的默认位置显示数据，null 值仍将包含在计算中，默认位置取决于数据类型。

表 10-1 定义了缺失值的默认设置。

表10-1 缺失值默认设置

数据类型	默认位置
数字	0
日期	1899/12/31
对数轴上的负值	1
未知地理位置	（0,0）

如果不知道如何处理这些值，就可以选择保留特殊值指示器。通常应该继续显示指示器，提示存在视图中未显示的数据。若要根据需要隐藏指示器，则右击它并选择“隐藏指示器”，如图 10-30 所示。

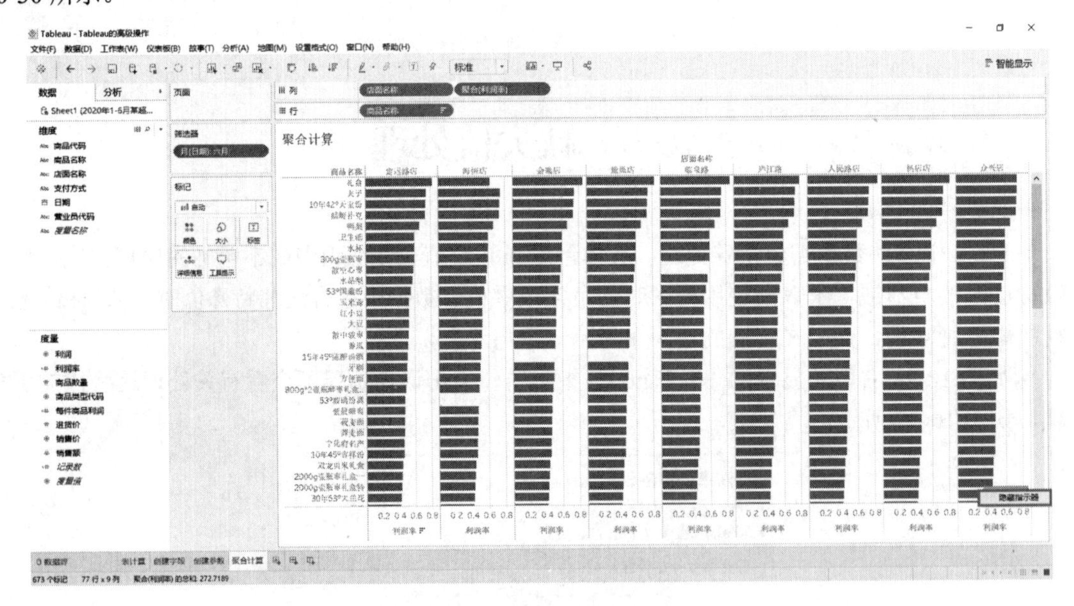

图 10-30 隐藏缺失值指示器

10.6 案例：超市利润额分析

本“差异”计算的例子使用“差异”计算可沿着特定维度计算表中两个指定数值之间的差异。

要定义差异计算，需要指定作为计算范围的维度或表结构、在计算中使用的维度级别以及要与当前值比较的值。

图 10-31 显示 2020 年某超市 1 月份至 6 月份的利润额。

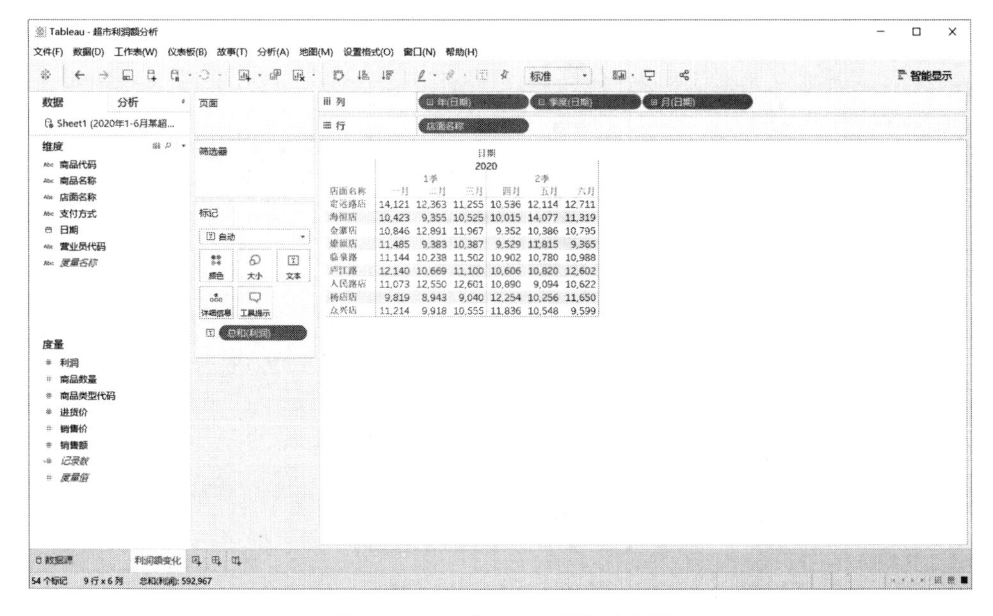

图 10-31　1 月份至 6 月份销售额

下面进行利润额合计。

将度量下的“利润”拖放到标记下的“文本”框中，下方会出现“总计(利润)”，右击“总计(利润)”，选择“添加表计算”，如图 10-32 所示。

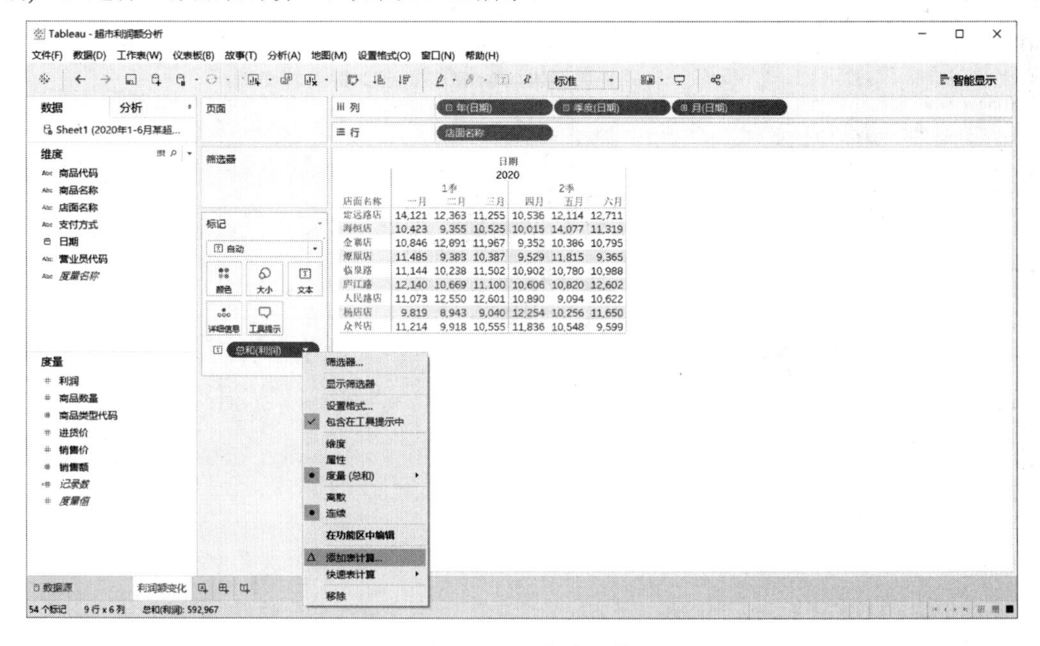

图 10-32　添加表计算

计算 2020 年诚信超市 1 月份至 6 月份利润之间的差异，可以使用“表计算”对话框中的值，如图 10-33 所示。

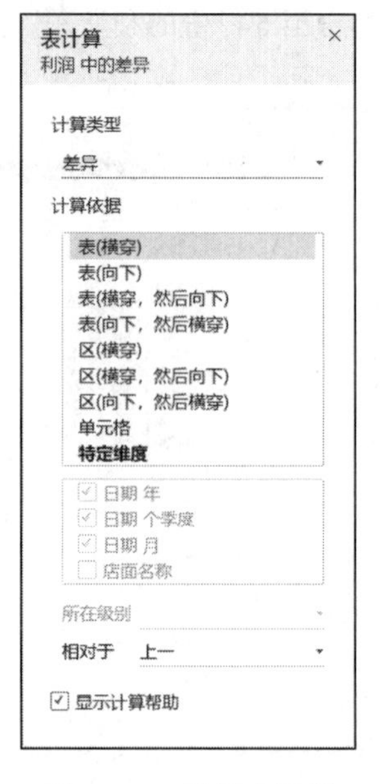

图 10-33　设置表计算

我们要对 2020 年诚信超市 1 月份至 6 月份的利润进行比较，沿着“日期”维度在月度级别计算差异。注意，没有 1 月份的值，原因是没有 2020 年 1 月份以前的数据可用于比较差异，可以隐藏该列，不影响计算，还可以进行适当的美化，如图 10-34 所示。

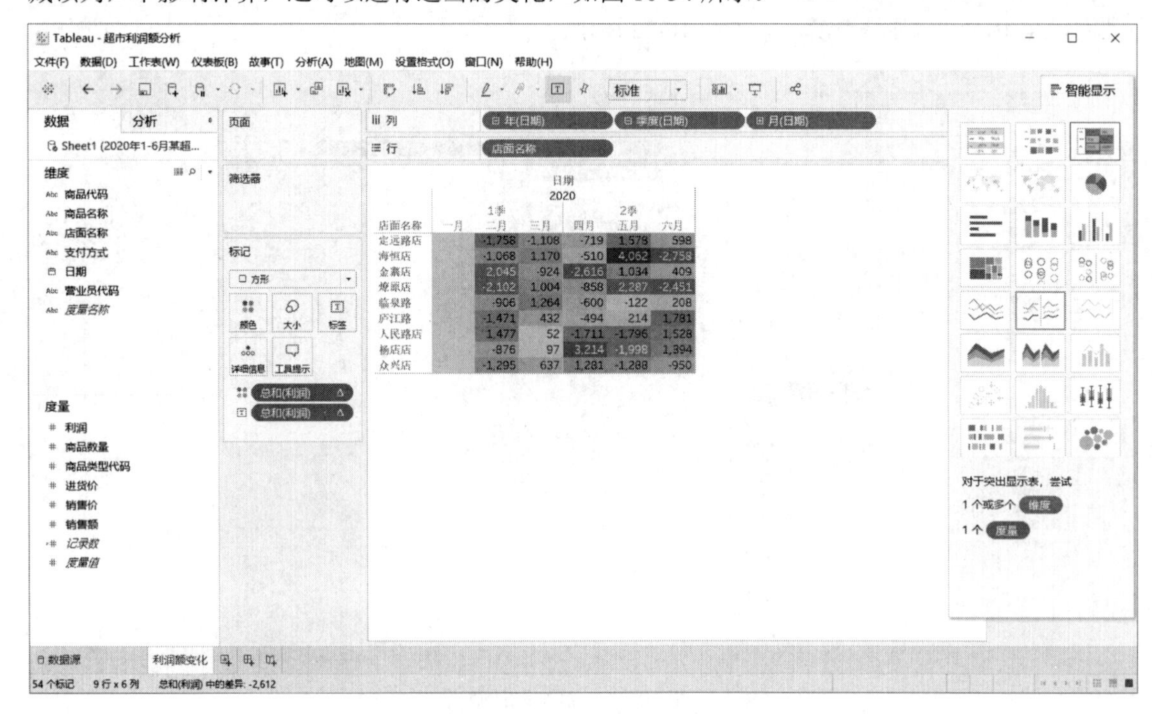

图 10-34　表计算结果显示

这里我们仅展示了差异计算的具体步骤，关于百分比、百分比差异、合计百分比、排名、百分位、汇总和移动计算的步骤基本类似，这里不再一一举例。

10.7 上机操作题

练习 1：导入商品订单表（orders.xlsx），创建“延迟到货天数”字段（即实际到货天数 landed_days 减去计划到货天数 planned_days）。

练习 2：导入商品订单表（orders.xlsx），统计 2019 年企业在每个省份商品销售额的中位数。

练习 3：导入商品订单表（orders.xlsx），统计 2019 年企业各个类型商品在每个月的利润率条形图。

第 11 章

创建地图

地图是指依据一定的数学法则，使用制图语言表达地球上各种事物的空间分布、联系及时间的发展变化状态而绘制的图形。

本章将介绍如何使用 Tableau 创建地图，包括设置角色、比较地图、添加字段信息、设置地图选项、创建分布图和自定义地图等，使用的数据源是“网站流量分析.xlsx”。

11.1 设置角色

构建地图的第一步是指定包含位置数据的字段。Tableau 会自动将地理角色分配给具有公用位置名称的字段。

分配地理角色时，右击“数据”窗格中包含地理数据的字段，如“城市”，选择“地理角色”，然后选择该字段包含的数据类型“城市”，如图 11-1 所示。

为某个字段分配地理角色后，Tableau 会自动对该字段中的信息进行地理编码，并将每个值与纬度、经度值进行关联，在“数据”窗格的“度量”下生成“纬度（生成）”和“经度（生成）”。每当使用 Tableau 对数据进行地理编码时，都可使用这两个字段，如图 11-2 所示。

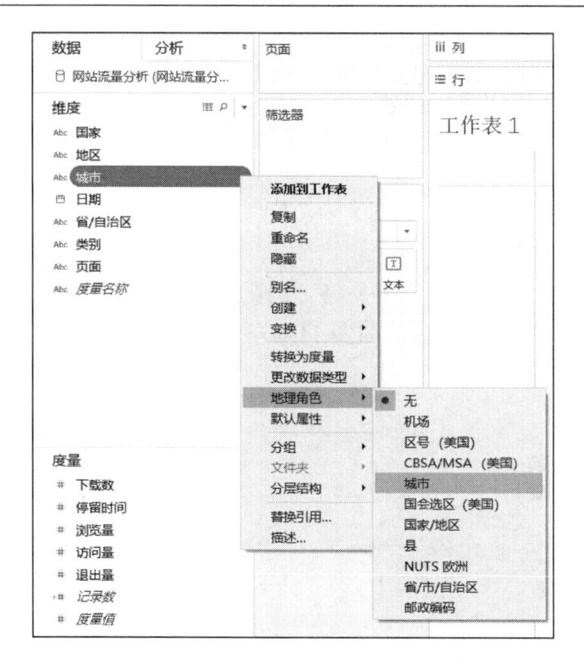

图 11-1　分配地理角色

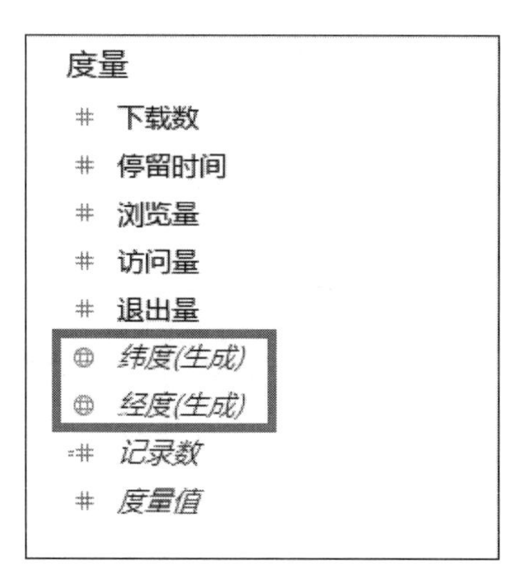

图 11-2　纬度（生成）和经度（生成）

11.2　标记地图

在创建地图时，需要将生成的纬度（生成）和经度（生成）分别拖放到行和列功能区，并将选定的地理区域字段（如“城市”）置于“标记”卡上的“详细信息”中，如图 11-3 所示。

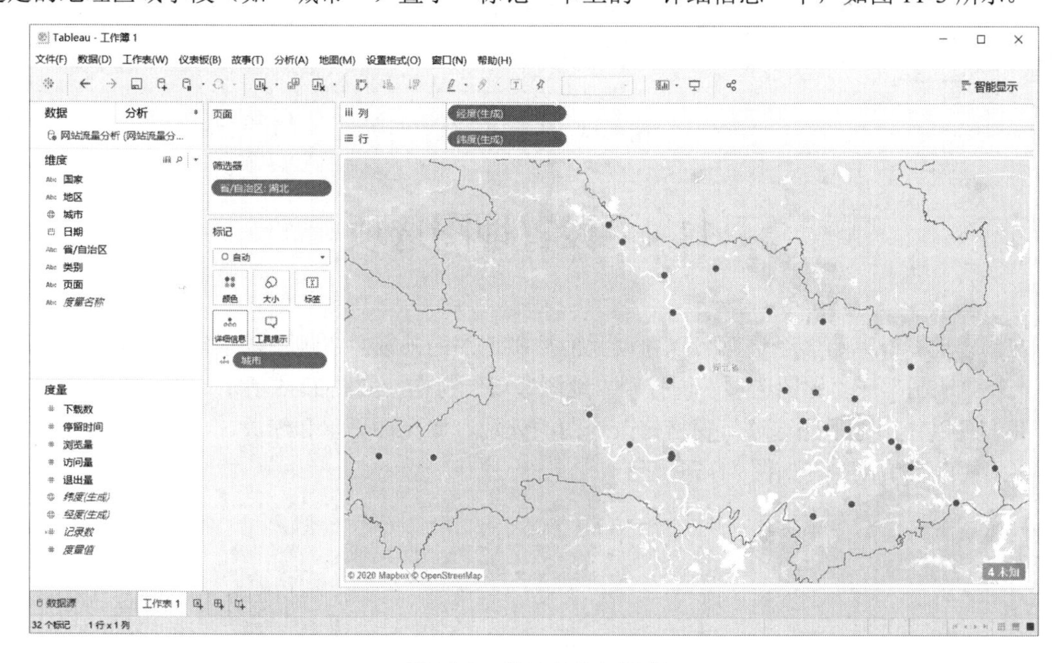

图 11-3　拖放维度和经度

11.3 添加字段信息

为了使地图更加美观，我们需要添加更多字段信息，可以通过从“数据”窗格中将度量或连续维度拖到“标记”卡实现。

例如，显示某网站在湖北省每个城市的浏览量分布。我们需要将“浏览量”字段拖放到“标记”卡的“颜色”上，将基于每个城市的浏览量对其进行着色，如图 11-4 所示。

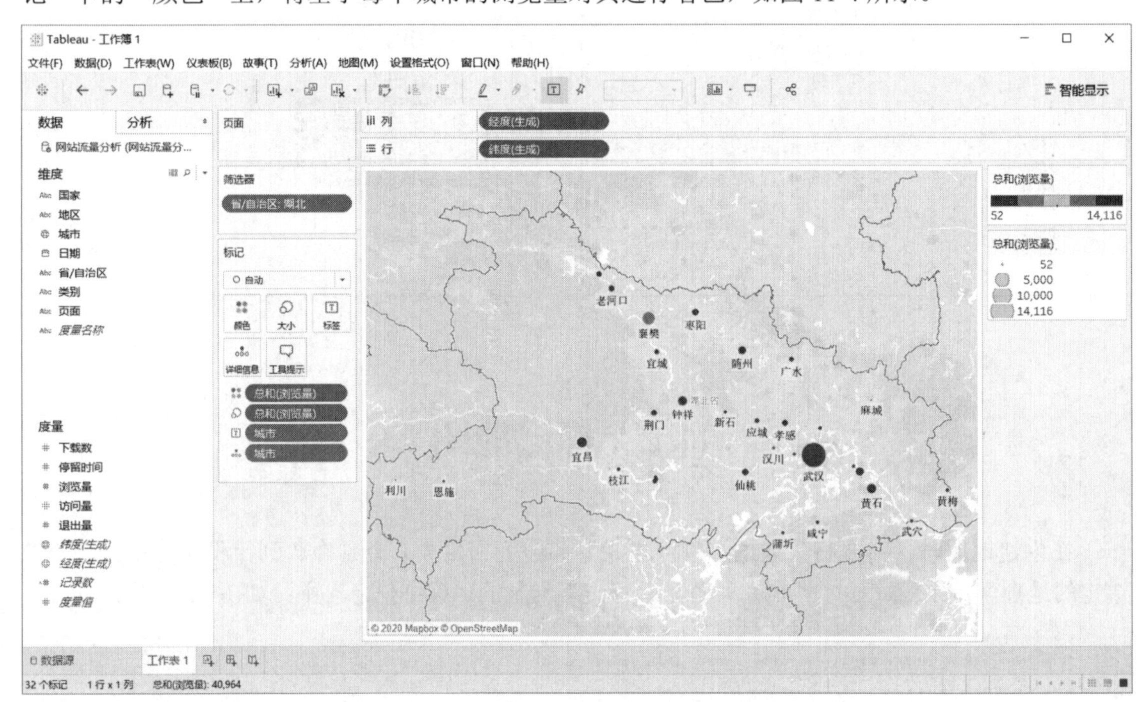

图 11-4 添加字段信息

11.4 设置地图选项

在创建地图时，有多个选项可以帮助我们控制地图的外观。“地图选项”窗格提供了这些选项，选择“地图”→“地图选项”，打开“地图选项”窗格，如图 11-5 所示。

我们可以使用“地图选项”窗格修改地图的外观，如允许平移和缩放、显示地图搜索、显示视图工具栏以及单位等，如图 11-6 所示。

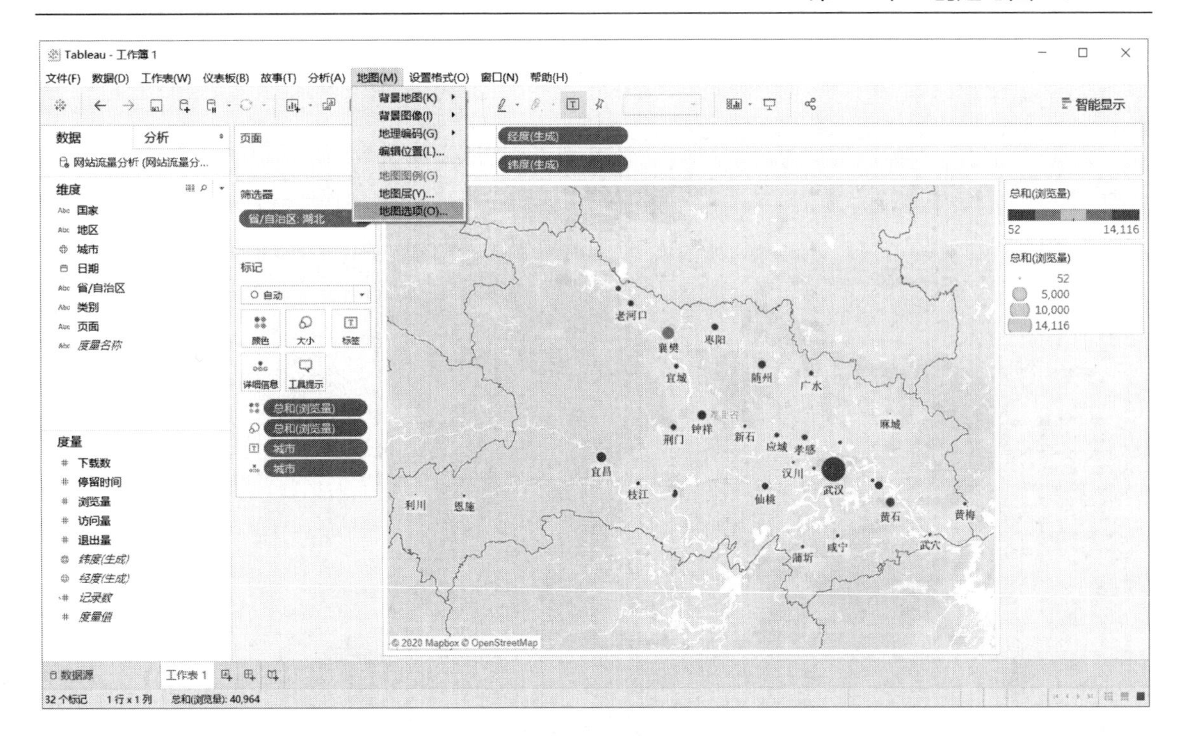

图 11-5　打开地图选项

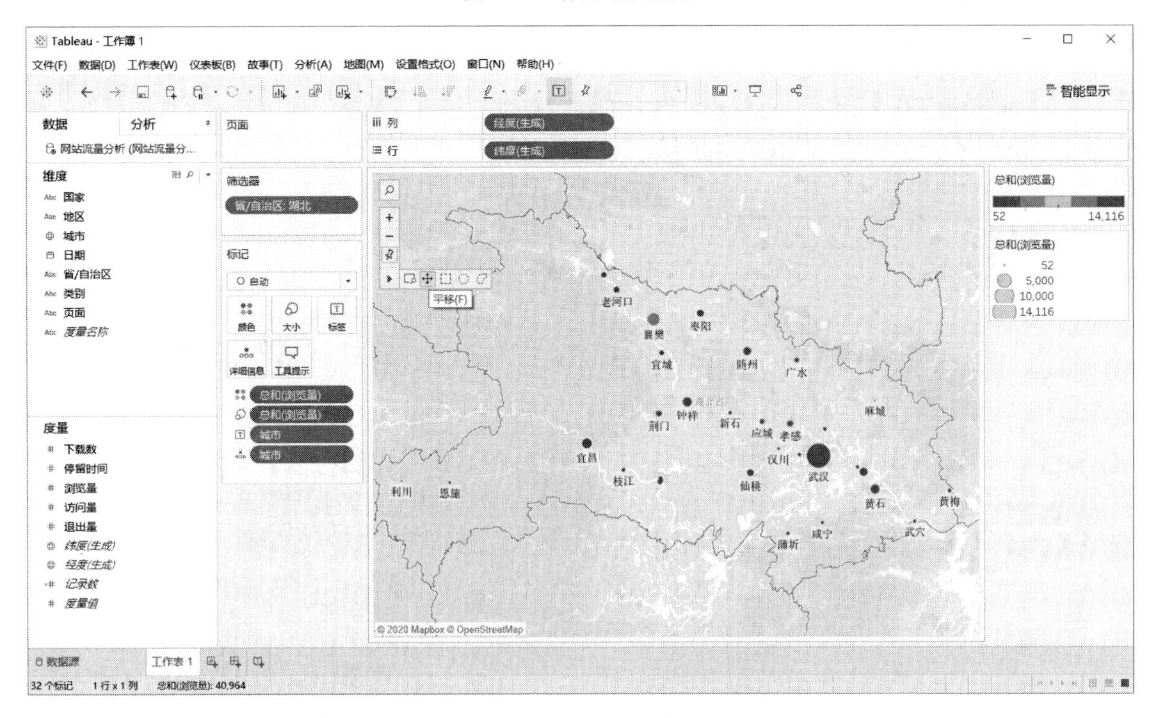

图 11-6　设置背景样式

此外，在“地图”→“地图层”可以设置地图背景、地图层和数据层等。其中，背景的样式主要有浅色、普通和黑色等 6 种。我们还可以使用“冲蚀”滑块控制背景地图的强度（或亮度），滑块向右移得越远，地图就越模糊，如图 11-7 所示。如果选择“重复背景”选项，背景地图就可能多次显示相同区域，具体取决于该地图以何处为中心。

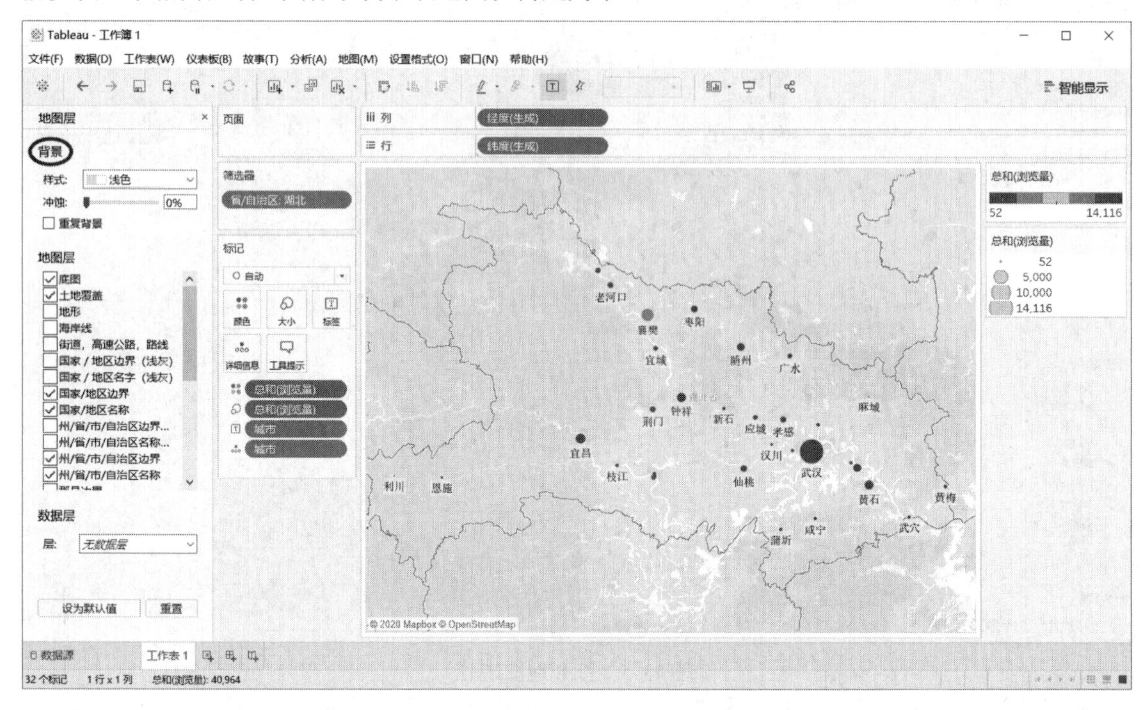

图 11-7　控制背景地图的强度或亮度

Tableau 提供了多层地图，可以对地图上的相关点进行标记。选择“地图”→“地图层”，然后单击一个或多个地图层，如图 11-8 所示。

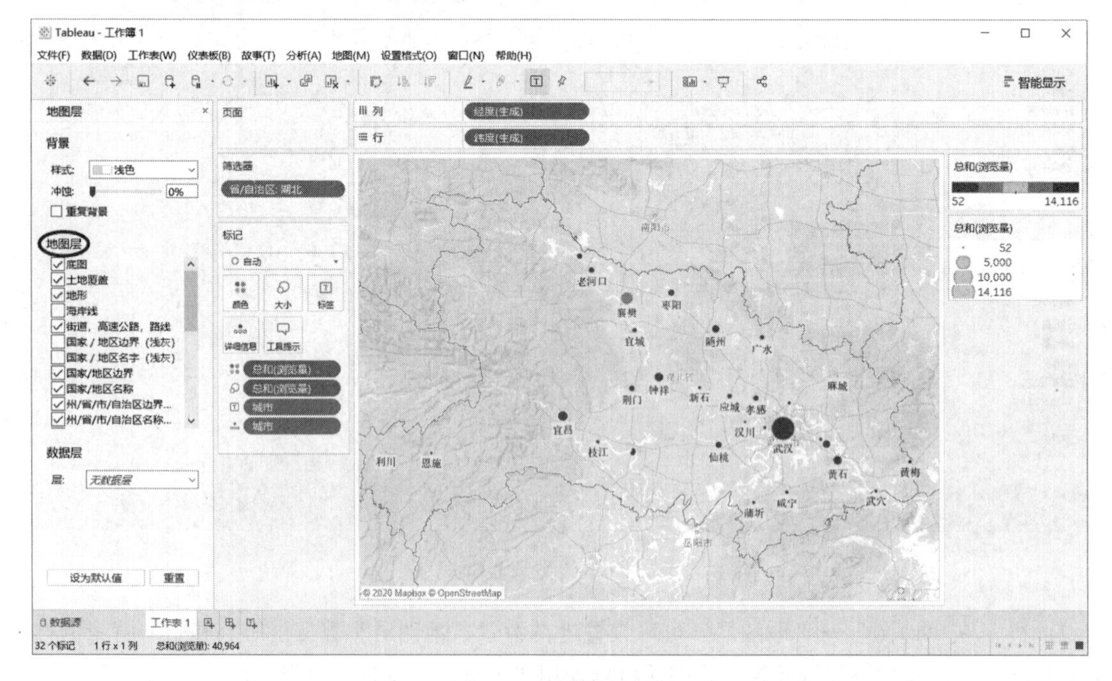

图 11-8　设置地图层

如果发现需要将地图选项重置为默认设置，可以清除任何选定的地图选项。在“地图选项”窗格的底部单击“重置”，重置地图选项会将选项恢复为配置的默认设置。

11.5　创建分布图

为了使创建的地图更加美观，我们可以向地图中添加标签，将“浏览量”拖放到“标记”卡的“标签”框中，如图 11-9 所示。还可以设置“标记”卡的大小等进一步美化地图。

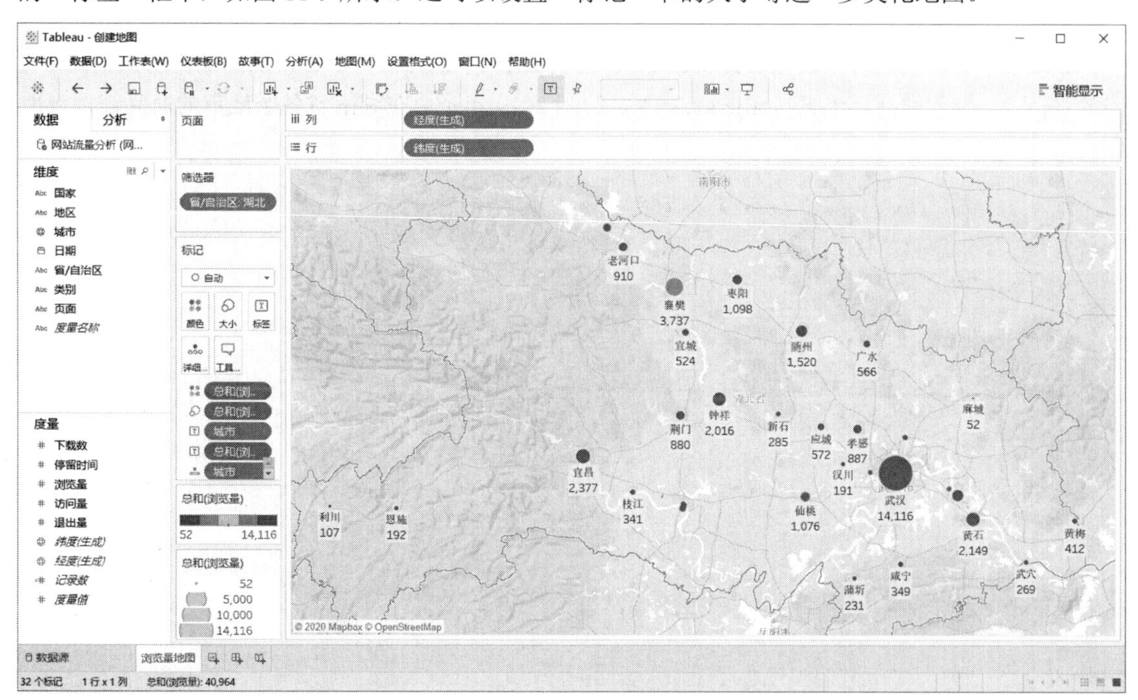

图 11-9　美化地图

11.6　自定义地图

创建地图时，可以使用不同方式浏览视图并与其交互。可以放大和缩小视图、进行平移、选择标记，甚至可以通过地图搜索全球各地。目前，Tableau 主要有以下 3 个自定义选项。

1. 隐藏地图搜索

可以隐藏地图搜索图标，使受众无法在地图中搜索位置。若要隐藏地图搜索图标，则选择“地图”，然后取消“显示地图搜索”。

2. 隐藏视图工具栏

可以在地图中隐藏视图工具栏，使受众无法将地图锁定到适当位置，或将地图自动缩放到所有数据。若要隐藏视图工具栏，则在视图中右击，并选择“隐藏视图工具栏”。

3. 关闭平移和缩放

我们可以在地图以及背景图像中关闭平移和缩放，以使受众无法平移或缩放视图。若要关闭平移和缩放，则选择“地图”，然后清除“允许平移和缩放”。

11.7 上机操作题

练习 1：导入商品订单表（orders.xlsx），绘制 2019 年企业在各个省市的商品销售额地图。

练习 2：导入商品订单表（orders.xlsx），绘制 2019 年企业在湖南省各个地市的商品销售额地图。

第12章

故　事

故事是按顺序排列的工作表集合，包含多个传达信息的工作表或仪表板。故事中各个单独的工作表称为“故事点”，创建故事的目的是为了揭示各种事实之间的关系、提供上下文、演示决策与结果的关系。

本章将介绍使用 Tableau 创建故事的详细步骤及注意事项，使用的数据源是“2020 年 1~6 月某超市销售数据”。

12.1　故事简介

Tableau 故事不是静态屏幕截图的集合，故事点仍与基础数据保持连接，并随着数据源数据的更改而更改，或随所用视图和仪表板的更改而更改。当我们需要分享故事时，可以通过将工作簿发布到 Tableau Server 或 Tableau Online 实现。

在数据分析工作中，使用故事的方式主要有以下两种。

- 协作分析：可以使用故事构建有序分析，供自己使用或与同事协作使用。显示数据随时间变化的效果，或执行假设分析。
- 演示工具：可以使用故事向客户叙述某个事实，就像仪表板提供相互协作视图的空间排列一样，故事可按顺序排列视图或仪表板，以便创建一种叙述流。

Tableau 的故事界面主要由工作表、导航器、新建故事点等组成，如图 12-1 所示。

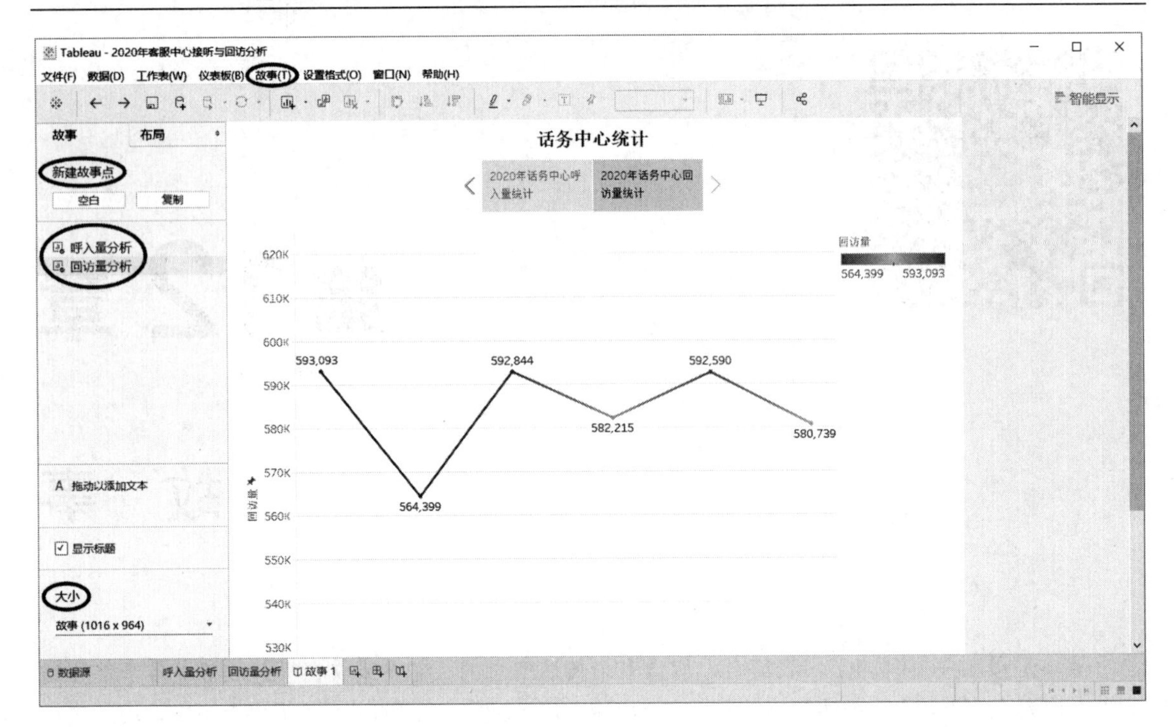

图 12-1 故事页面

1. 工作表

在“工作表”窗格中，可以将仪表板和工作表拖到故事中、向故事点中添加说明，选择显示或隐藏导航器按钮、配置故事大小、选择显示故事标题等。

2. 故事

打开“故事”菜单时，可以打开“设置故事格式”窗格、将当前故事点复制为图像、将当前故事点导出为图像、清除整个故事、显示或隐藏导航器按钮和故事标题。

3. 导航器

可以通过导航器编辑、组织和标注故事点，如单击导航器右侧或左侧的箭头，移到一个新的故事点；使用将鼠标悬停在导航器时出现的滑块在故事点之间快速滚动，然后对故事点进行查看或编辑。

4. 新建故事点

创建故事点之后，可以选择若干不同的选项添加另一个点。若要新建故事点，则可以单击添加新空白点，将当前故事点保存为新点，复制当前故事点。

12.2 创建故事

步骤 01 单击 Tableau 左下方的“新建故事”选项卡，新建一个故事点，如图 12-2 所示。

图 12-2　选择“新建故事”

右击新建故事点的名称“故事 1”，重命名为“话务中心统计”，如图 12-3 所示。

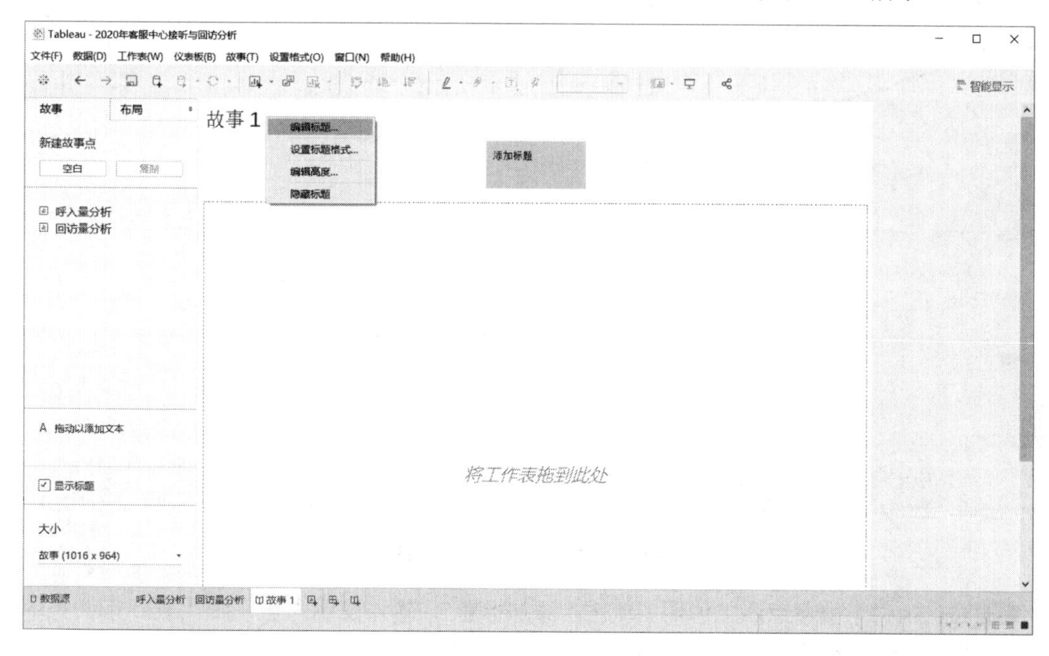

图 12-3　重命名故事

步骤 02 在屏幕左下角选择故事的大小，从预定义的大小中选择一个，如图 12-4 所示。

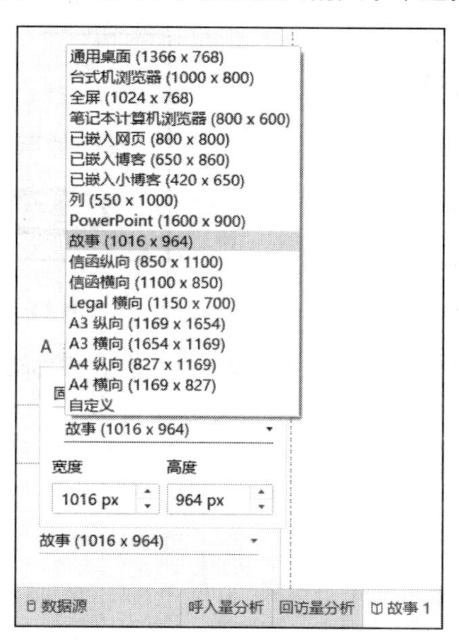

图 12-4　设置故事页面大小

步骤 03 将“工作表”区域的工作表拖到故事中，如“呼入量分析“报表，如图 12-5 所示。

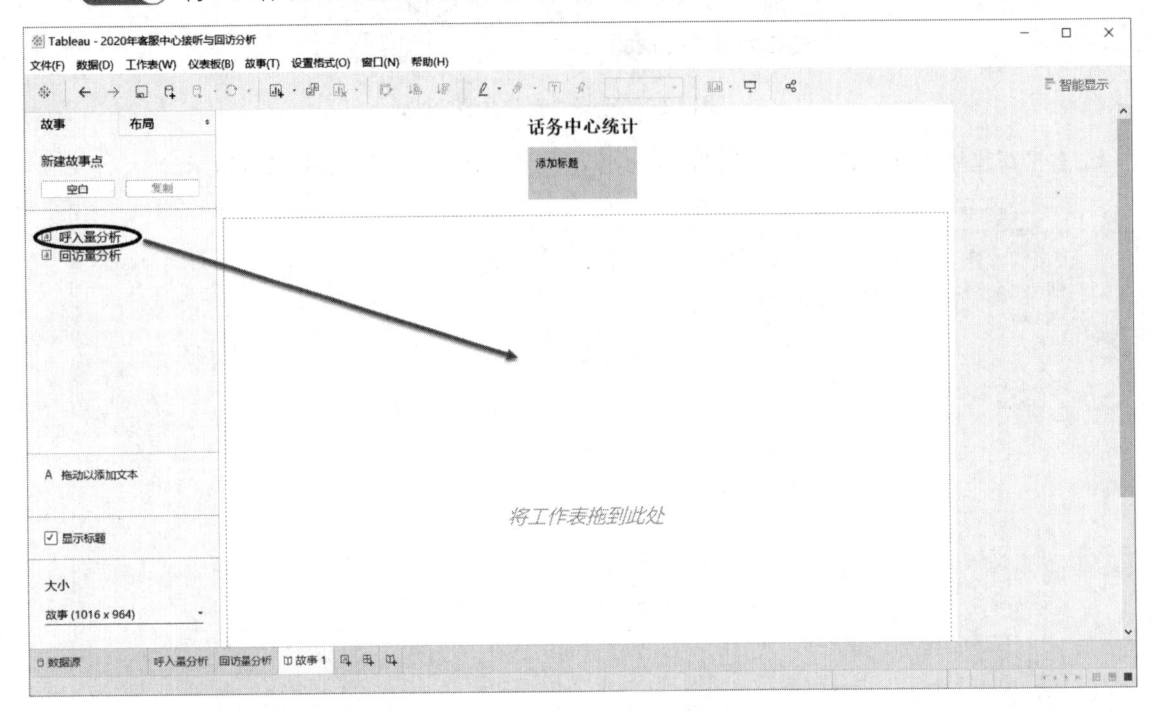

图 12-5 从“工作表”区域添加故事

步骤 04 为每个故事点添加说明。单击“添加标题”，输入说明内容，如“2020 年话务中心呼入量统计”，如图 12-6 所示。

步骤 05 如果想新建一个“回访量分析”的故事点，就单击“新空白点”，再拖入回访量统计表，并输入说明内容“2020 年话务中心回访量统计”，如图 12-7 所示。

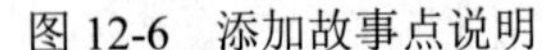

图 12-6 添加故事点说明

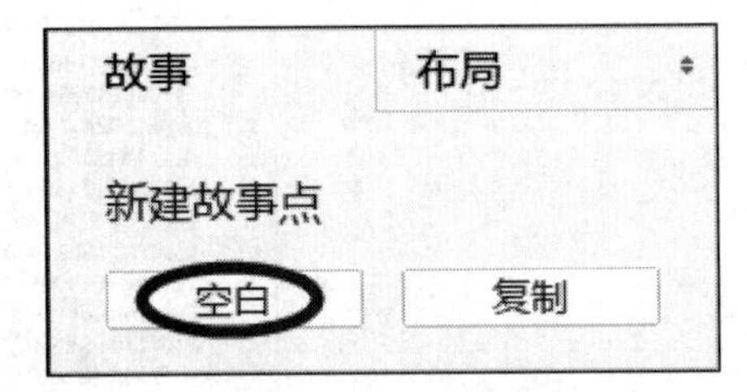

图 12-7 新建一个故事点

此外，我们还可以通过“复制”按钮复制故事点，报表和标题等内容都将被复制，如图 12-8 所示。

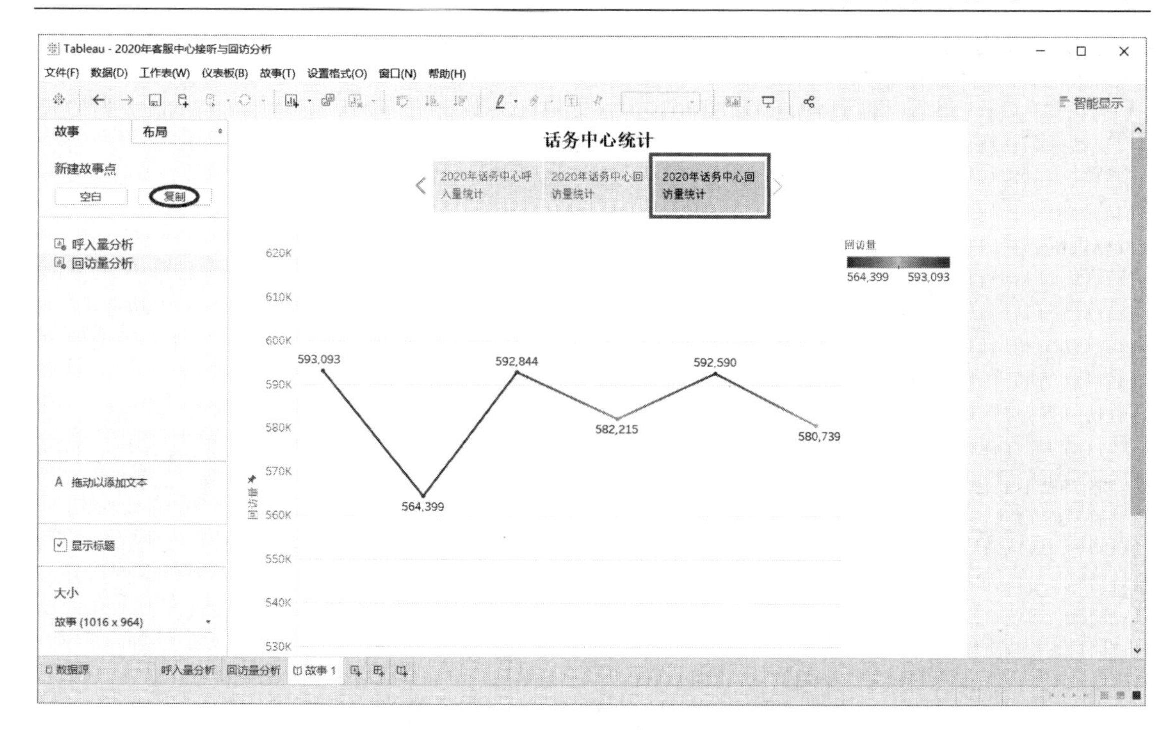

图 12-8 复制新故事点

12.3 设置故事格式

故事格式是指对构成故事的工作表进行适当设置，包括调整标题大小、使仪表板恰好适合故事的大小等。

12.3.1 调整标题大小

有时一个或多个选项中的文本太长，不能适当放在导航器内，这种情况需要纵向和横向调整文本大小。

在导航器中，拖动左边框或右边框以横向调整文本大小；拖动下边框以纵向调整大小；还可以选择一个角并沿对角线方向拖动，以同时调整文本的横向和纵向大小，如图 12-9 所示。

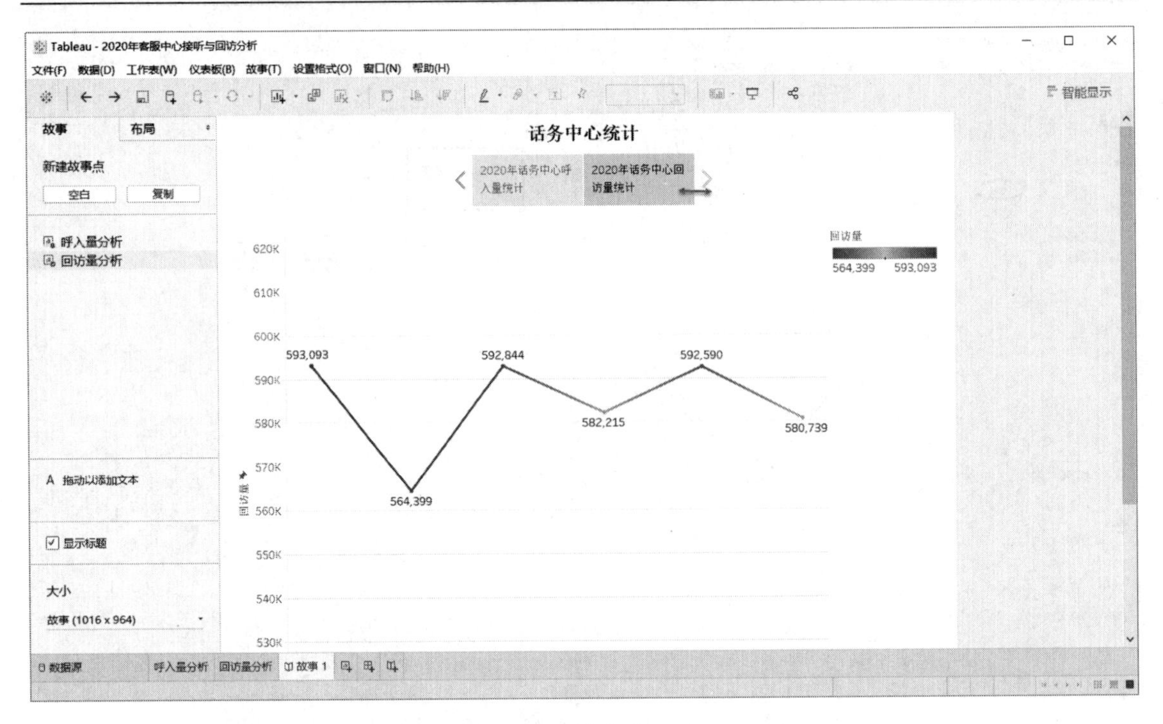

图 12-9　调整标题大小

12.3.2　使仪表板适合故事

要使仪表板恰好适合放在故事中，需要在左下方单击“故事大小”下拉菜单，并选择适合的故事，用户还可以进行自定义设置，如图 12-10 所示。

图 12-10　使仪表板适合故事

12.3.3 设置故事格式

打开“设置故事格式”窗格，选择“故事”→“设置格式”，在“设置故事格式”窗格中 - ，可以设置故事任何部分的格式，如图 12-11 所示。

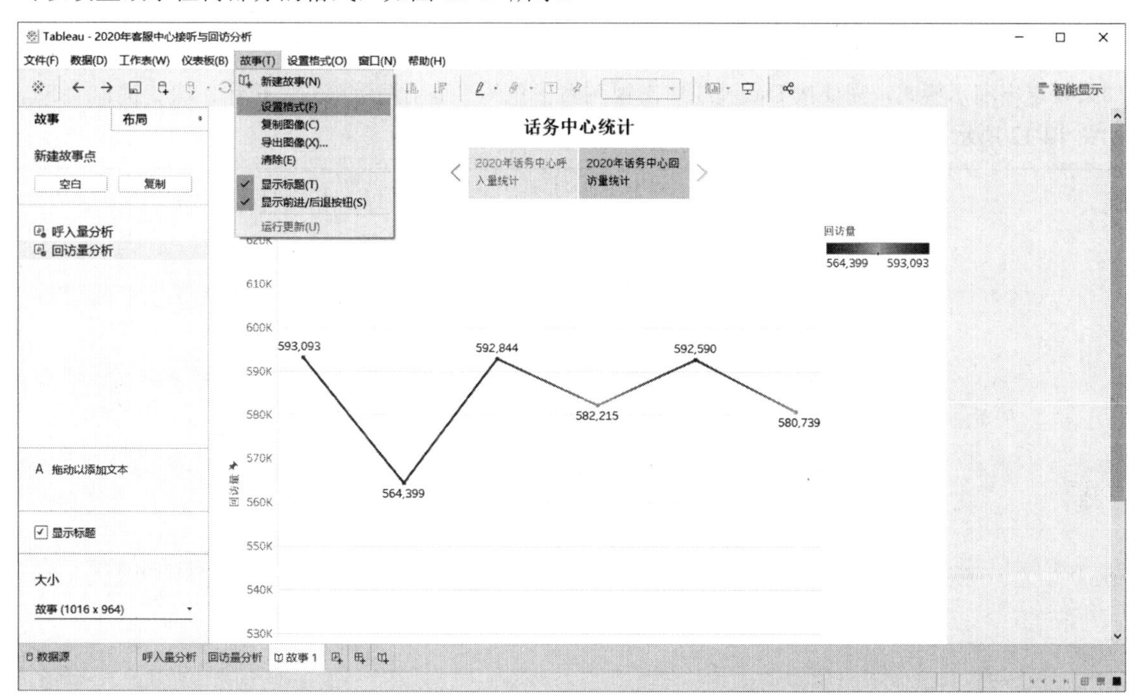

图 12-11 “设置故事格式”窗格

1. 故事阴影

在“设置故事格式”窗格中单击“故事阴影”下拉控件，可以选择故事的颜色和透明度。

2. 故事标题

调整故事标题的字体、对齐方式、阴影和边框，根据需要单击“故事标题”的下拉控件。

3. 导航器

单击“字体”下拉控件，可以调整字体的样式、大小和颜色；单击“阴影”下拉控件，可以选择导航器的颜色和透明度。

4. 说明

如果故事包含说明，就可以在“设置故事格式”窗格中设置所有说明的格式。可以调整字体，向说明中添加阴影边框。

5. 清除

若要将故事重置为默认格式设置，则单击“设置故事格式”窗格底部的“清除”按钮。若要清除单一格式设置，则在“设置故事格式”窗格中右击要撤销的格式设置，然后选择“清除”。

12.4 演示故事

如果要演示故事，就需要使用演示模式，单击工具栏上的“演示模式” 按钮，快捷键为 F7；如果要退出演示模式，需要按 Esc 键或单击视图右下角的“退出演示模式”按钮，快捷键也为 F7，如图 12-12 所示。

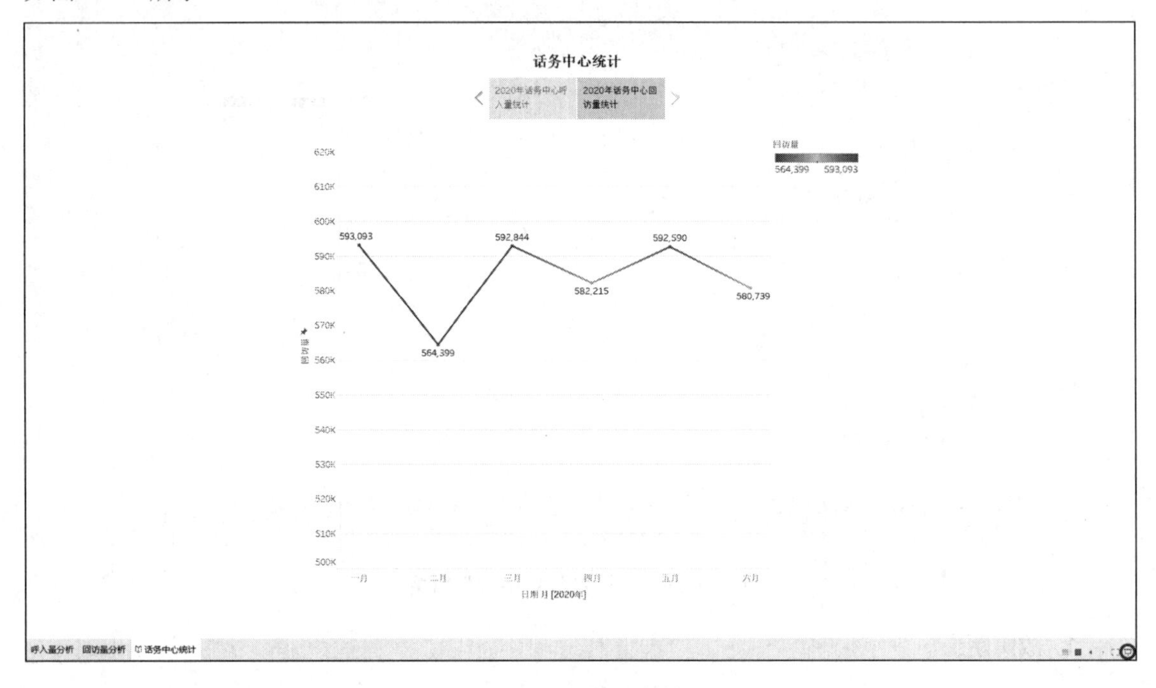

图 12-12 演示故事

12.5 上机操作题

练习 1：导入商品订单表（orders.xlsx），创建 2019 年企业总体销售情况的故事。

练习 2：导入商品订单表（orders.xlsx），创建 2019 年企业各门店销售业绩的故事。

第13章

Tableau Online

Tableau Online 是 Tableau Server 的服务托管版本，它让商业分析比以往更加快速与轻松。利用 Tableau Desktop 发布仪表板，可以与同事、合作伙伴或客户共享；利用 Web 浏览器或移动设备中的实时交互式仪表板，可以让公司上下每一个人都成为分析高手。

Tableau Online 是基于云的数据可视化解决方案，用于共享、分发和协作处理 Tableau 视图及仪表板，兼具灵活性和简易性，使数据可视化无须服务器、服务器软件或 IT 支持就可以实现。

13.1 Tableau Online 简介

13.1.1 免费注册试用

Tableau Online 即 Tableau 在线服务器，类似于 MS Power BI 服务，我们可以到 Tableau 的官方网站（https://www.tableau.com/zh-cn/products/cloud-bi#%20online-reg-%20form）单击“免费试用”按钮进行试用，如果前期已经注册账号，可以直接单击下方的“登录 TABLEAU ONLINE”按钮进行登录，如图 13-1 所示。

单击“免费试用”按钮后，进入用户注册页面，填写相关注册信息。填写完成后，单击表单下方的“申请免费试用”按钮，如果已经注册，可以直接单击“登录”按钮，如图 13-2 所示。

图 13-1　Tableau Online 试用页面

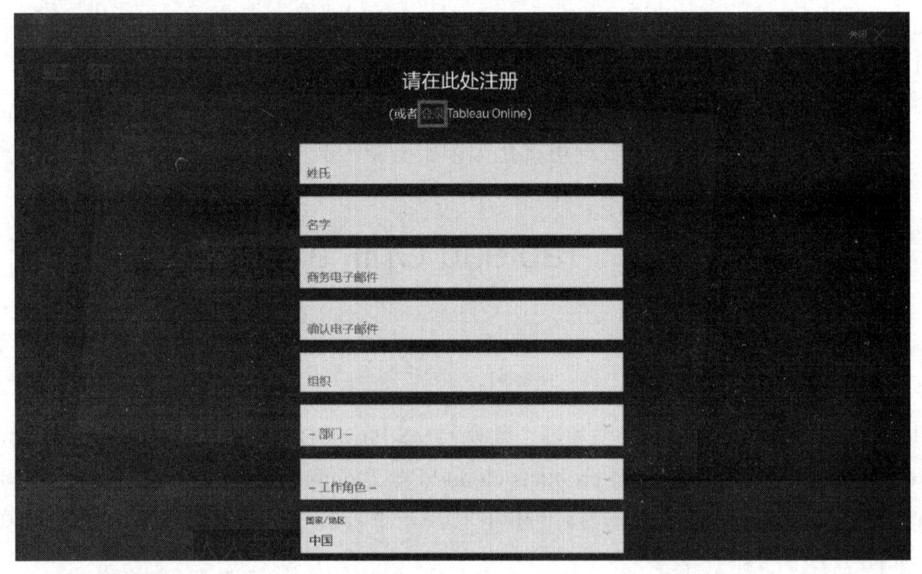

图 13-2　用户注册页面

单击“申请免费试用”按钮后，进入 Tableau Online 创建用户站点的页面，需要等待一定时间，具体要看用户网速和服务器的登录用户数等，如图 13-3 所示。

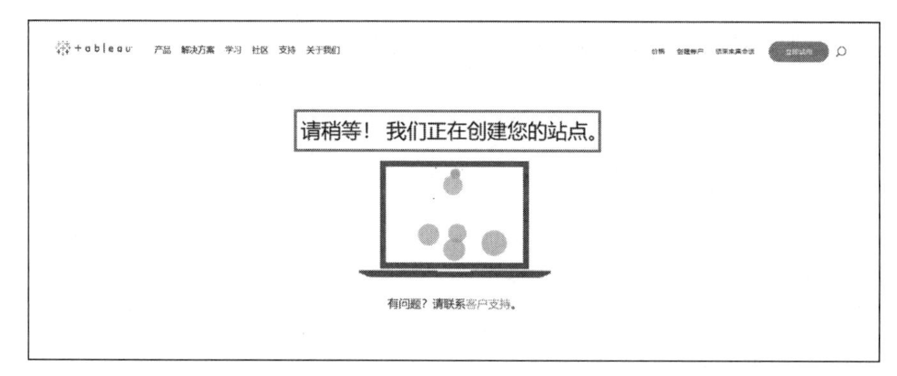

图 13-3　正在创建站点

13.1.2　创建个人站点

Tableau Online 创建站点完成后，会发送一封邮件到用户注册时使用的邮箱，用于激活用户的站点，如图 13-4 所示。

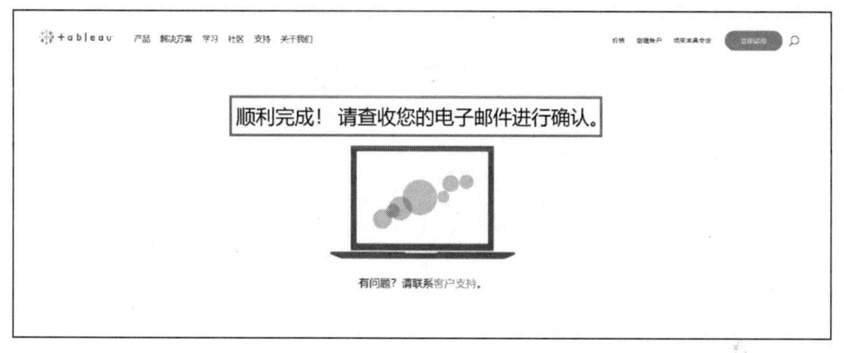

图 13-4　确认电子邮件

登录用户注册时使用的电子邮箱，将会收到一份激活邮件，单击邮件中的“激活我的站点”按钮，如图 13-5 所示。

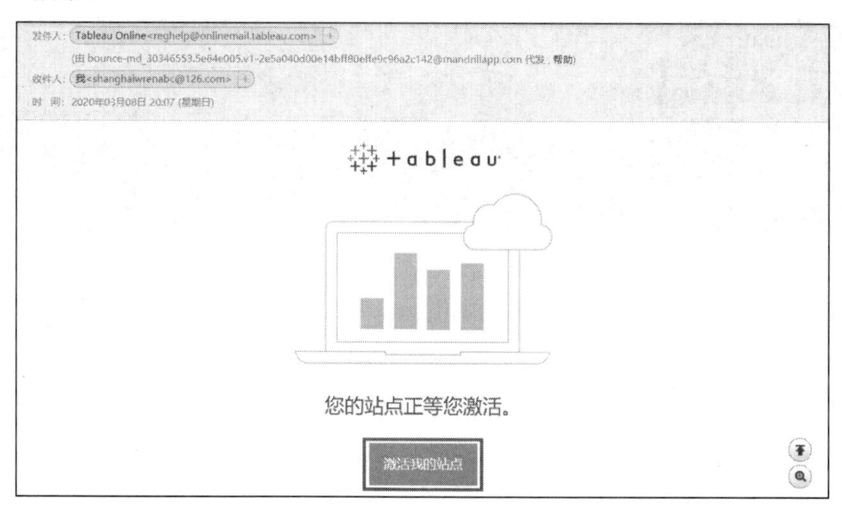

图 13-5　激活我的站点

然后，在页面中填写用户信息和站点名称等，填写完成后，单击“激活我的站点”按钮，如图 13-6 所示。

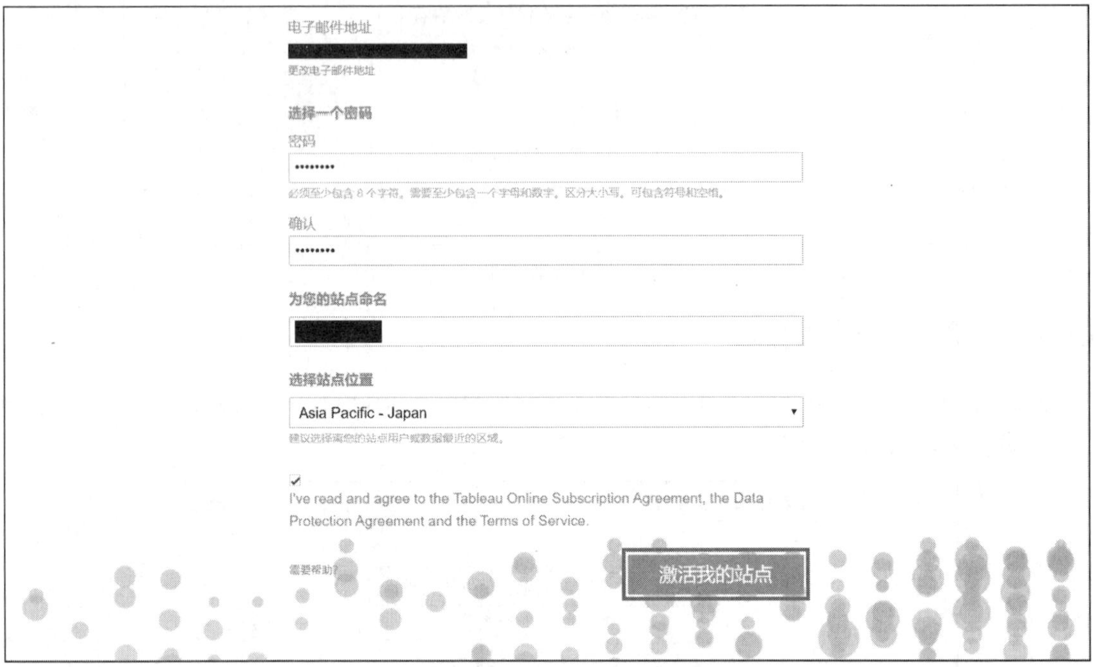

图 13-6　填写站点信息

最后，进入 Tableau Online 的站点页面，如图 13-7 所示，Tableau 还会发送一封站点链接邮件到注册时使用的邮箱中，提示一切准备就绪，已经成功注册。

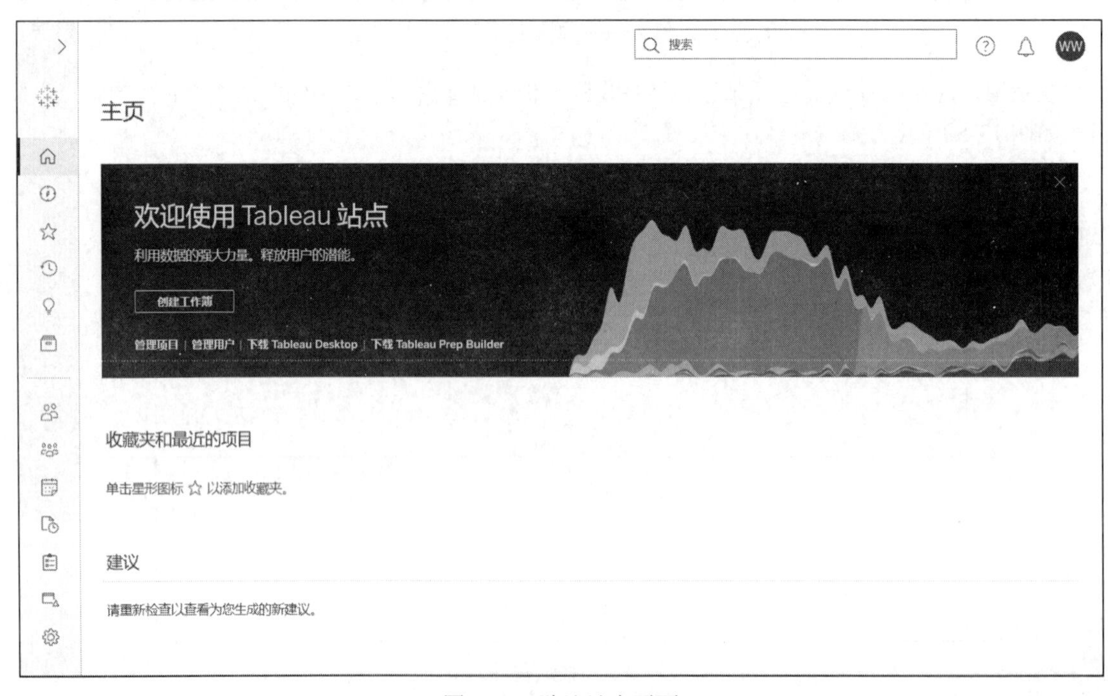

图 13-7　默认站点页面

13.1.3　站点页面选项

登录 Tableau Online 时需要输入电子邮件地址和密码，然后单击“登录”按钮即可，如图 13-8 所示。

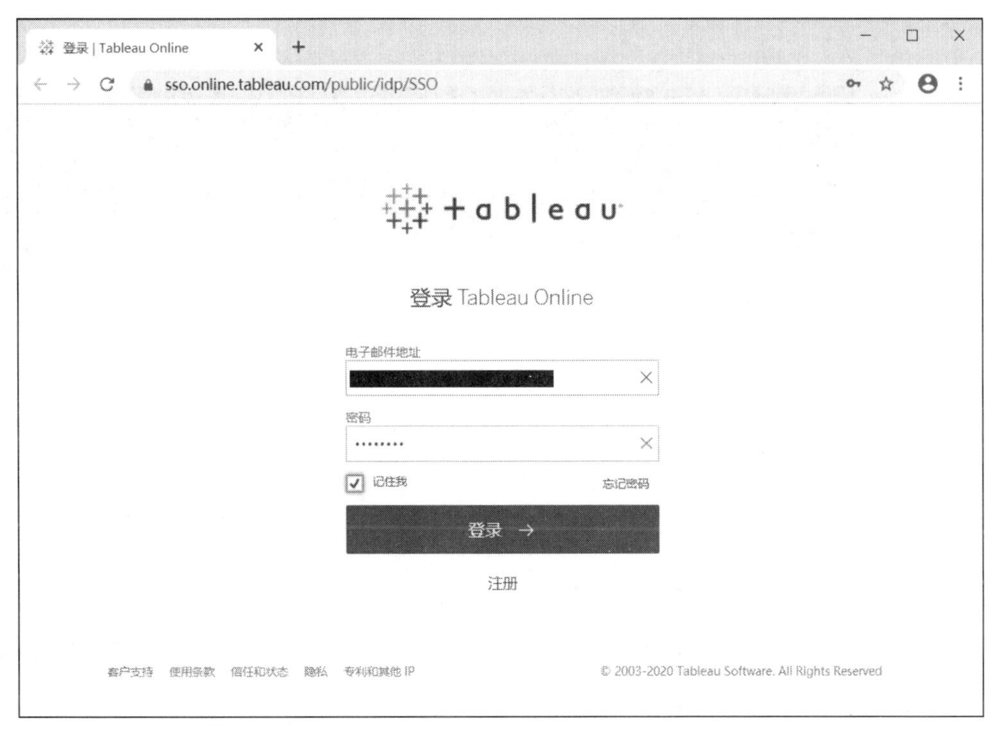

图 13-8　登录页面

进入 Tableau Online 后，界面左侧会显示“主页”“浏览”“收藏夹”“最近”“建议”和“外部资产”等基本选项，以及“用户数”“群组”“计划”“作业”“任务”“站点状态”和“设置”等配置选项，如图 13-9 所示。

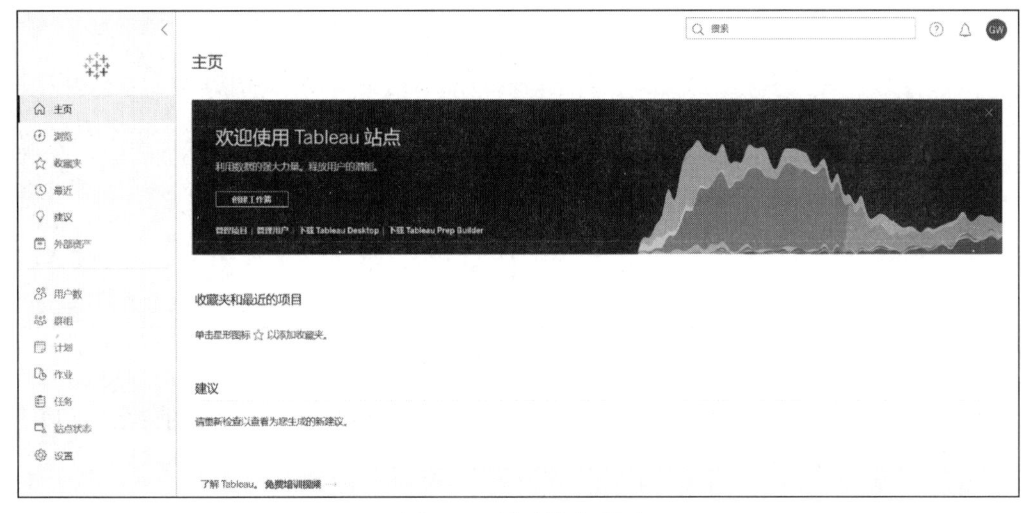

图 13-9　默认站点页面

进入 Tableau Online 后，默认是“主页”页面，包括欢迎页面、最近和建议等，如图 13-10 所示。“主页”“浏览”“收藏夹”“最近”“建议”和“外部资产”等基本选项比较好理解，这里就不深入介绍，注意外部资产是指与 Tableau 相关联的数据库和表。

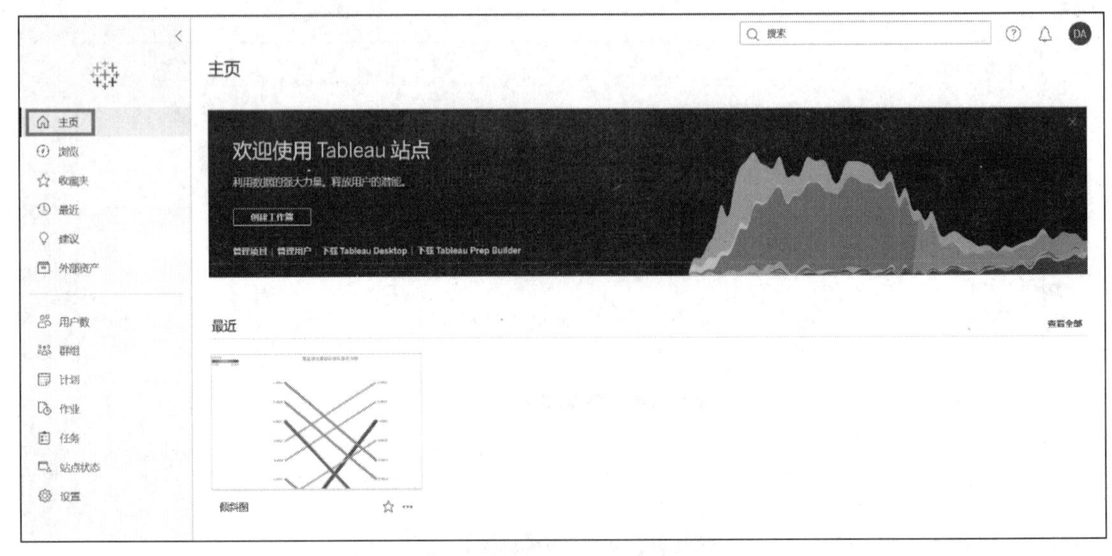

图 13-10 “主页”页面

下面详细介绍一下“用户数”“群组”“计划”“作业”“任务”“站点状态”和“设置”等配置选项。其中“用户数”页面包括站点下所有用户的名称、用户名、站点角色和所在组等信息，如图 13-11 所示。

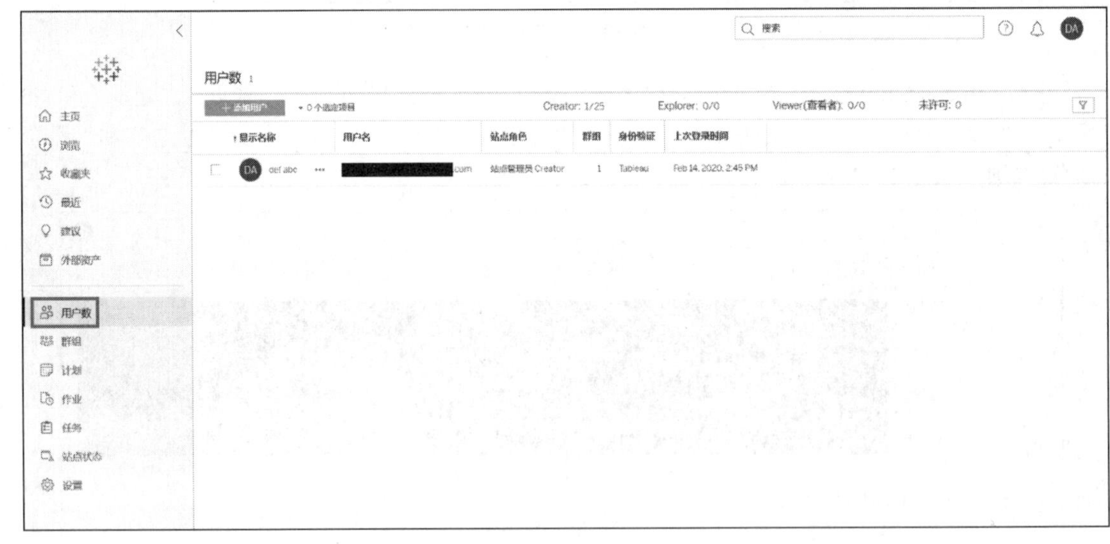

图 13-11 “用户数”页面

“群组”页面可以将用户进行分类，同一个组内的用户一般具有某个相同的特征，如属于同一个项目、同一个部门或者具有相同的权限等，如图 13-12 所示。

图 13-12　“群组”页面

“计划”页面包括 Tableau Online 服务器资源上可以运行的计划及其相关信息，计划是多个任务的有机整合体，如图 13-13 所示。

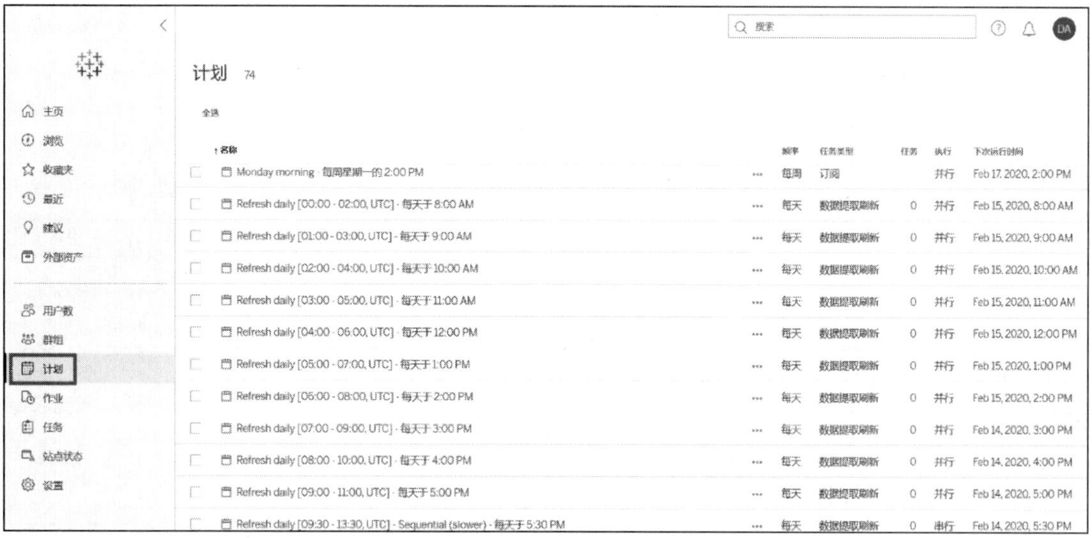

图 13-13　“计划”页面

“作业”页面包括 Tableau Online 服务器上失败的作业、完成的作业和取消的作业。用户可以计划定期运行数据提取刷新、订阅或流程，这些计划的项目称为任务，后台程序进程启动这些任务的唯一实例，以在计划时间运行它们，作为结果启动的任务的唯一实例称为作业，如图 13-14 所示。

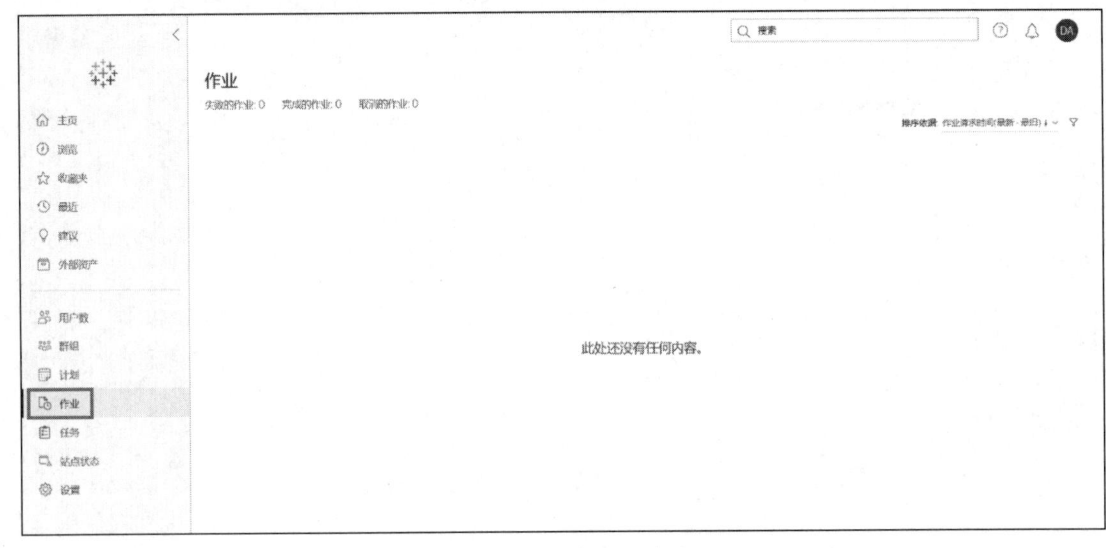

图 13-14 “作业”页面

“任务”页面包括 Tableau Online 服务器资源上可以执行的操作及其相关信息，如图 13-15 所示。

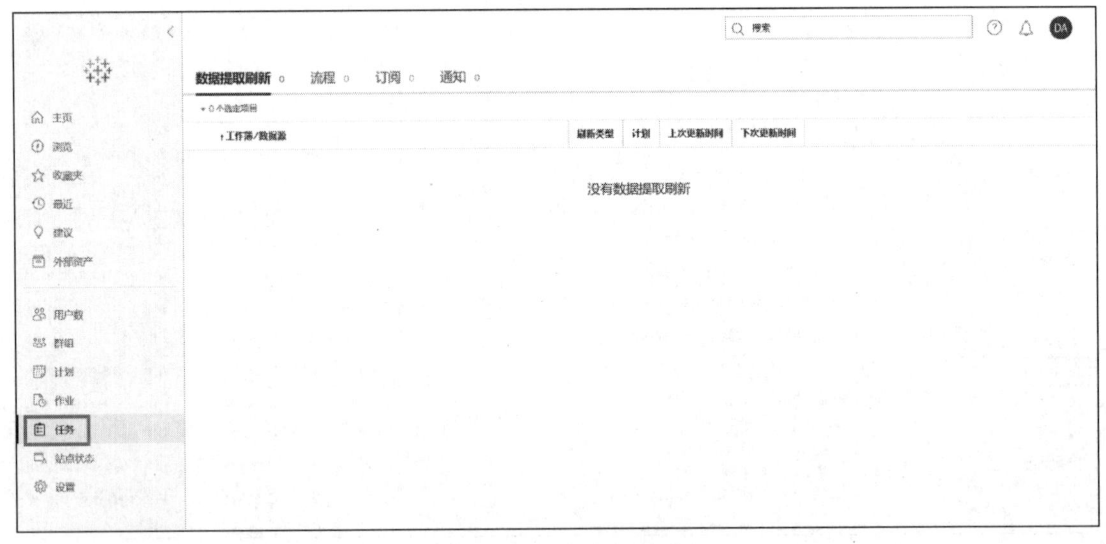

图 13-15 “任务”页面

“站点状态”页面包括站点状态情况，如到视图的流量、到数据源的流量、所有用户的操作、特定用户的操作和最近用户的操作等，如图 13-16 所示。

图 13-16 “站点状态”页面

“设置”页面包括“常规”和“身份验证”等。其中，“常规”包括“站点邀请通知”和“站点徽标”等，如图 13-17 所示。

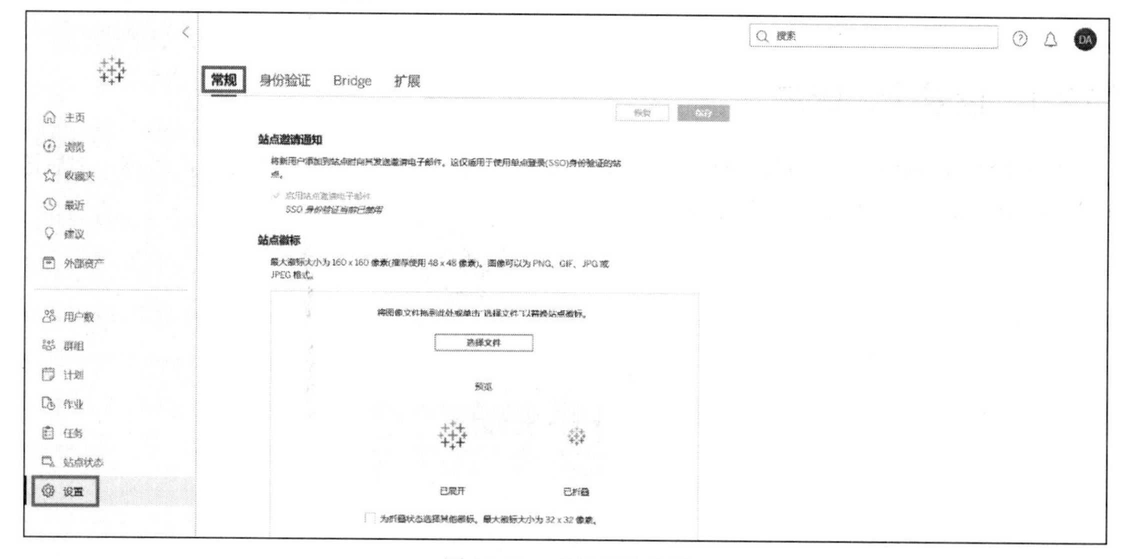

图 13-17 “常规”设置

“身份验证”包括“身份验证类型”、“管理用户”和“连接的客户端”等，如图 13-18 所示。

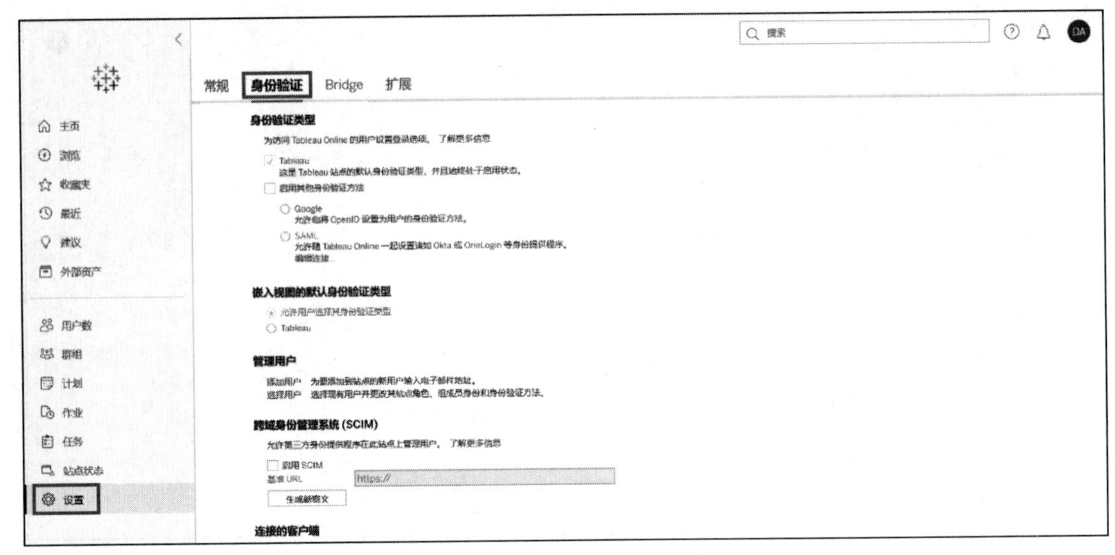

图 13-18　“身份验证”设置

13.2　Tableau Online 基础操作

13.2.1　设置个人账户

进入 Tableau Online 后，我们可以查看和设置账号信息，单击页面右上方的用户名称，然后选择“我的账户设置”，如图 13-19 所示。

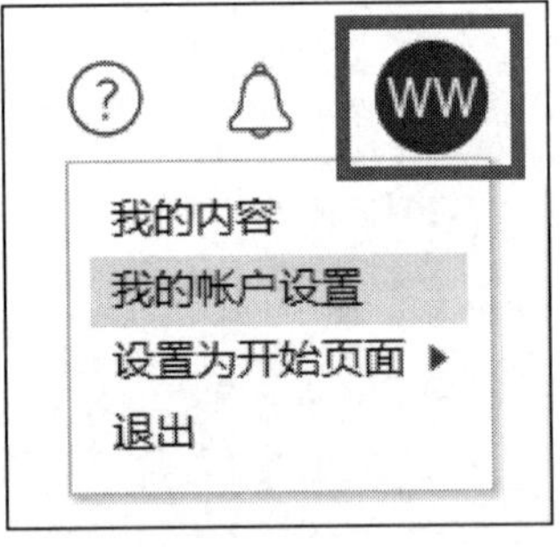

图 13-19　我的账户设置

进入用户信息的设置页面，包括用户名、显示名称、电子邮件、数据源的已保存凭据等，可以根据需要进行修改和添加，如图 13-20 所示。

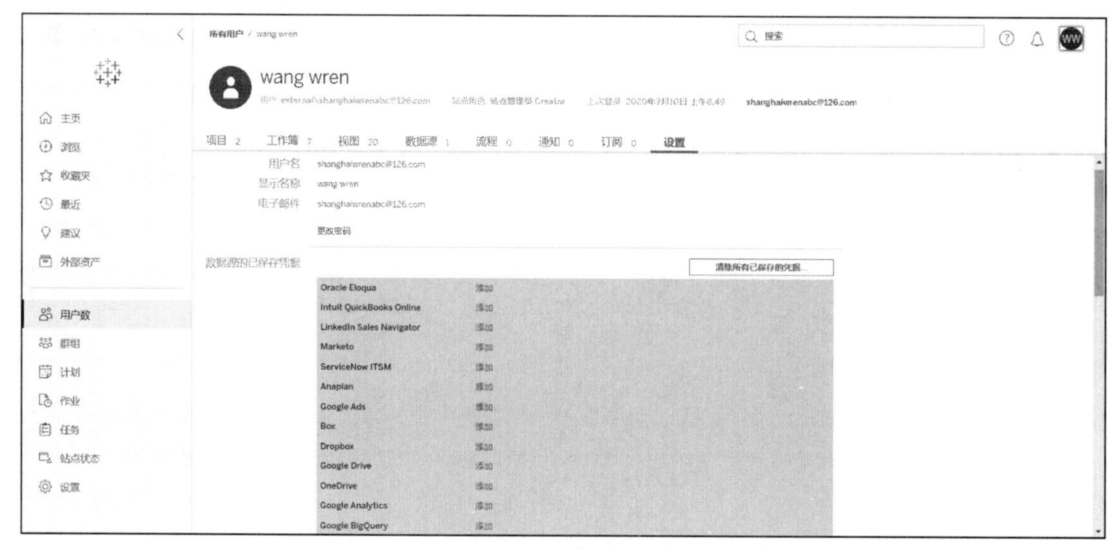

图 13-20 “设置”页面

此外，如果要访问用户已经发布到服务器的内容，可以单击图中的“我的内容”，进入用户的工作簿页面，如图 13-21 所示。

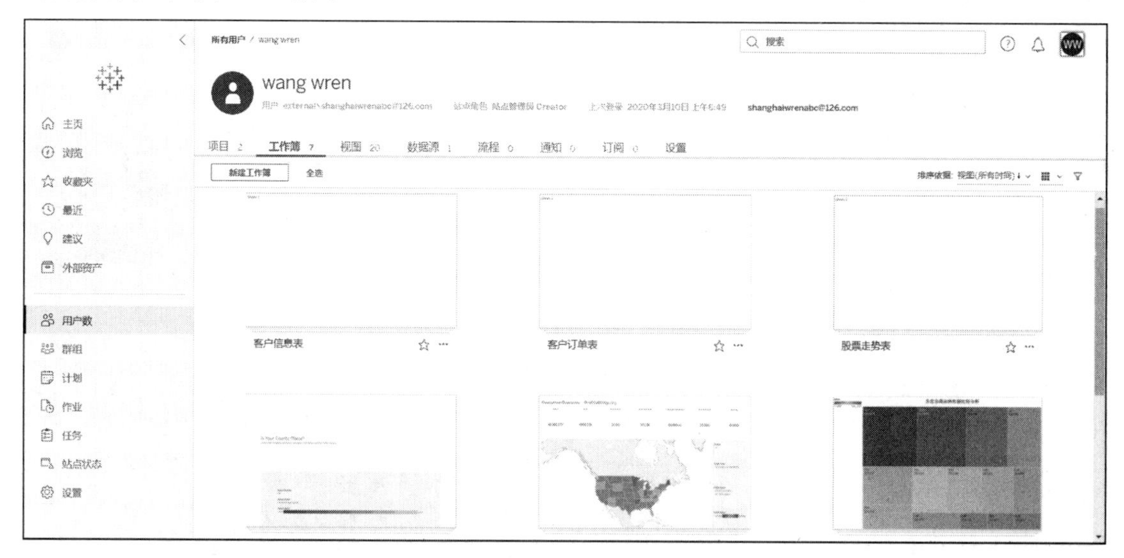

图 13-21 “工作簿”页面

13.2.2 设置显示样式

在 Tableau Online 的“项目”、“工作簿”和“视图”页面的右上方，有查看方式的图标。查看方式的图标用于指定显示为网格还是列表方式，单击网格或列表图标可以进行切换，网格的显示样式如图 13-22 所示。

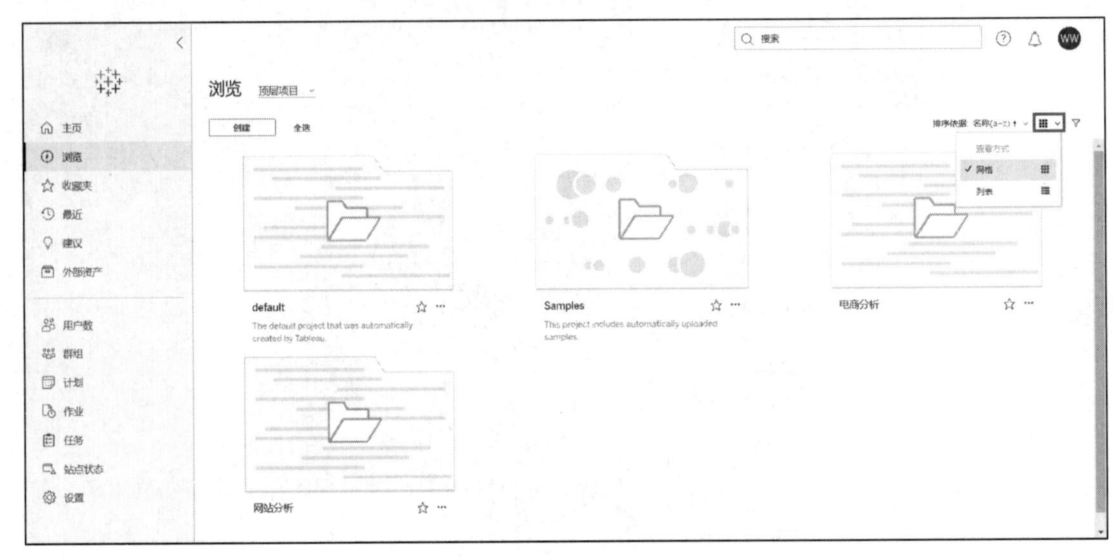

图 13-22　网格样式

此外，在“浏览”页面下，单击列表图标，可以查看每个项目的所有者和创建时间等信息，列表的显示样式如图 13-23 所示。

图 13-23　列表样式

根据页面上显示的内容类型可以按不同特征进行排序，如名称、项目、工作簿、视图、数据源、创建者或修改日期等。单击“排序依据”下拉箭头，然后选择排序依据，如图 13-24 所示。

图 13-24　排序依据

13.2.3　搜索相关内容

在 Tableau Online 中，可以通过快速搜索功能搜索站点中的资源，包括名称、说明、所有者、标题和注释等，搜索结束会出现一个列表，显示与之相匹配的资源，如图 13-25 所示。

图 13-25　快速搜索内容

在 Tableau Online 中，单击右上方的“?”按钮，进行软件的帮助搜索，包括 Tableau Online 帮助、支持、新增功能和关于 Tableau Online，如图 13-26 所示。

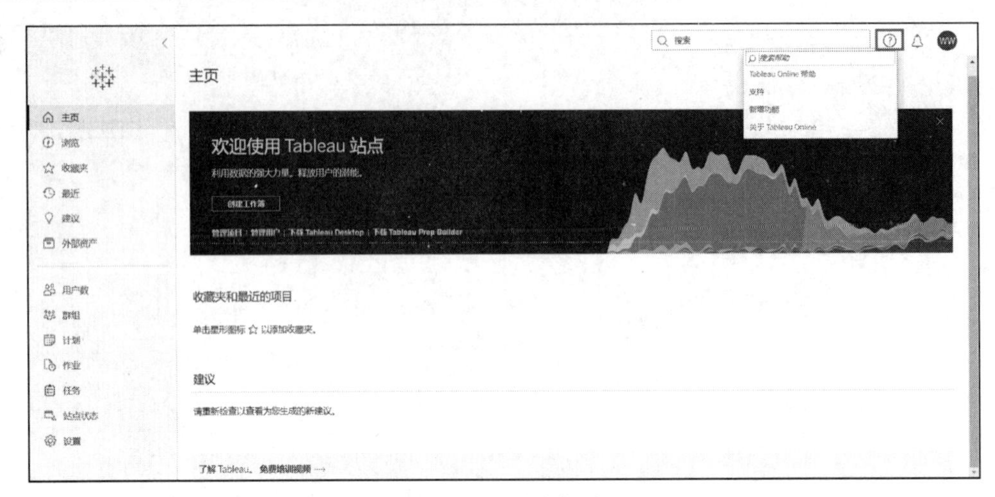

图 13-26　搜索帮助

13.3　Tableau Online 用户设置

访问 Tableau Online 的任何人（无论是浏览、发布、编辑内容还是管理站点的人）都必须是站点中的用户。其中，站点管理员可以向站点中添加用户或从中移除用户，他们可分配用户的身份验证类型、站点角色以及用于访问已发布内容的权限。

13.3.1　设置站点角色

站点角色由管理员分配，站点角色反映用户拥有的权限级别，包括用户是否能够发布内容、与内容进行交互，还是只能查看发布的内容。

可以修改用户的站点角色，首先选择需要修改角色的用户，然后单击其右侧的“...”，在下拉框中选择“站点角色”选项，如图 13-27 所示。

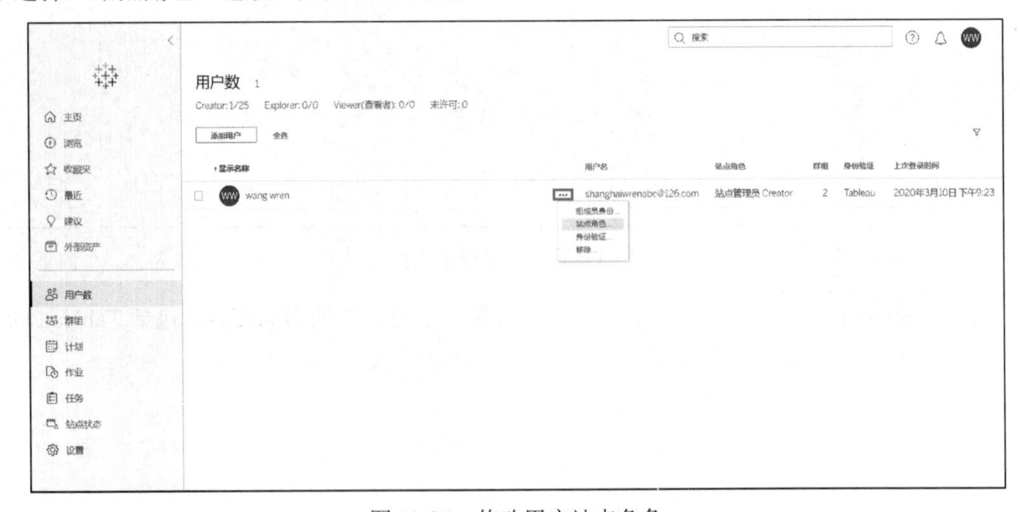

图 13-27　修改用户站点角色

也可以先选择需要修改站点角色的用户，然后单击上方的“操作”按钮，在下拉框中选择“站点角色”选项，如图 13-28 所示。

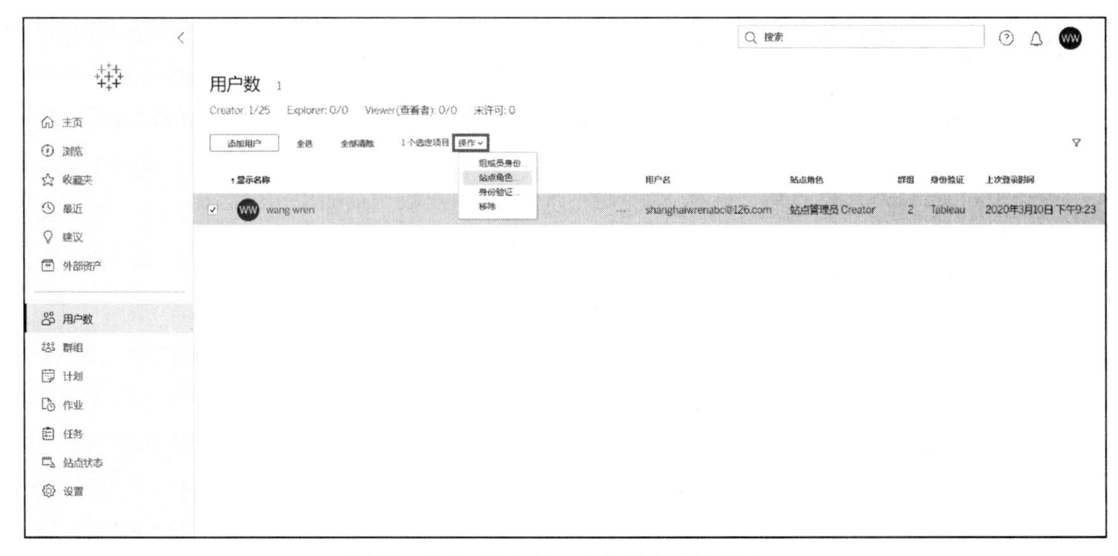

图 13-28 通过“操作”方式修改站点角色

Tableau Online 的站点角色主要如下 7 种类型：

- 站点管理员 Creator：是 Tableau Online 的最高级别访问权限，不受限制地访问上述内容(但在站点级别)。在浏览器、Tableau Desktop 或 Tableau Prep 中连接到 Tableau 或外部数据；构建和发布内容。站点管理员可以管理组、项目、工作簿和数据连接。默认情况下，站点管理员还可以添加用户、分配站点角色和站点成员身份，可由服务器管理员启用或禁用。此外，站点管理员对特定站点的内容具有不受限的访问权限，可以将一个用户指定为多个站点的站点管理员。
- Creator：这类似于以前的“发布者”站点角色，但允许新功能。此站点角色为非管理员提供最高级别的内容访问权限。在浏览器中连接到 Tableau 或外部数据、构建和发布流程、数据源及工作簿、访问仪表板起始模板，并在发布的视图上使用交互功能。还可以从 Tableau Prep 或 Tableau Desktop 中连接到数据、发布（上载/保存）和下载流程、工作簿及数据源。
- 站点管理员 Explorer：与站点管理员 Creator 具有相同的站点和用户配置访问权限，但无法从 Web 编辑环境中连接到外部数据。可连接到 Tableau 已发布数据源来创建新工作簿，以及编辑和保存现有工作簿。
- Explorer（可发布）：可以使用现有数据源从 Tableau Desktop 中发布新内容、浏览发布的视图并与之交互、使用所有交互功能，还可以通过嵌入在工作簿中的数据连接保存新的独立数据源。在 Web 编辑环境中，可以编辑和保存现有工作簿。无法通过工作簿中嵌入的数据连接保存新的独立数据源，并且无法连接到外部数据并创建新数据源。
- Explorer：交互者可以登录、浏览服务器，并且与已发布的视图进行交互，但是不允许发布工作簿和数据源等到服务器。
- Viewer（查看者）：查看者可以登录和查看服务器上已发布的视图，可以订阅视图并以图像或摘要数据形式下载，但是无法连接到数据源，创建、编辑或发布内容等。

- 未许可：未经许可的用户无法登录到服务器。

13.3.2 添加新的用户

管理员可以使用单独输入用户电子邮件和批量导入包含用户信息的 CSV 文件两种方式添加用户。

登录 Tableau Online 站点后，选择“用户数”，在“用户数”页面单击“添加用户”按钮，如图 13-29 所示。

图 13-29 添加新的用户

在“将用户添加到此站点”页面，有两种添加用户的方式：输入电子邮件地址和从文件导入，这里我们选择第一种“输入电子邮件地址”的方式，如图 13-30 所示。

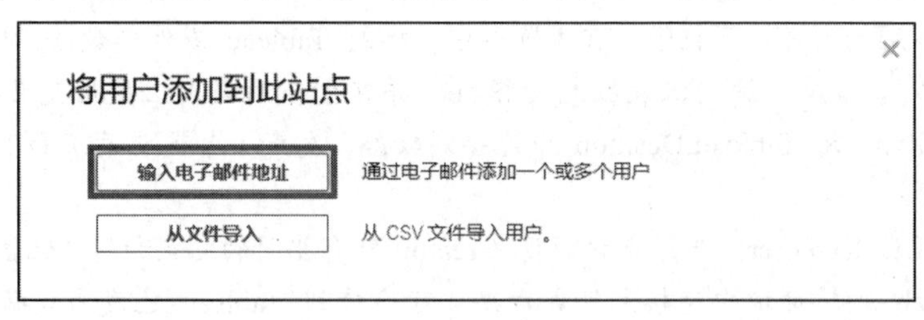

图 13-30 输入电子邮件地址

然后在空白文本框中输入一个或多个电子邮件地址，使用分号分隔各个地址，选择用户的站点权限角色，最后点击“添加用户”按钮即可，如图 13-31 所示。

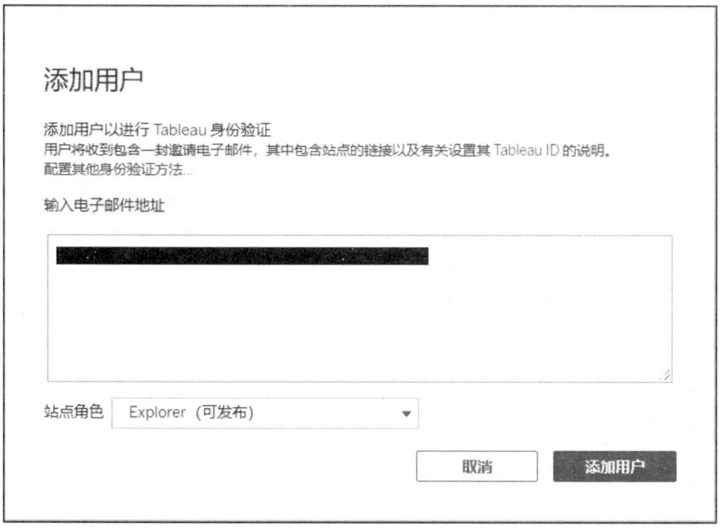

添加用户

添加用户以进行 Tableau 身份验证
用户将收到包含一封邀请电子邮件，其中包含站点的链接以及有关设置其 Tableau ID 的说明。
配置其他身份验证方法...

输入电子邮件地址

站点角色 Explorer（可发布）

取消 添加用户

图 13-31 “添加用户”设置

如果要批量向站点中添加用户，就可以创建一个用户信息的 CSV 文件，各列的顺序依次是用户名、用户密码、显示名称、许可级别（Creator、Explorer、Viewer（查看者）或 Unlicensed）、管理员级别（System、Site 或 None）、发布者权限（yes/true/1 或 no/false/0）、电子邮件，例如我们这里批量导入两个用户，如图 13-32 所示。

shwangguoping@126.com	Wren2014	wang2019	Creator	None	Yes	shwangguoping@126.com
shanghaiabc123@126.com	Wren2014	wang2020	Creator	None	Yes	shanghaiabc123@126.com

图 13-32 CSV 文件

注 意

CSV 文件中的各列顺序不能颠倒，否则无法正常导入，同时没有列标题。

批量导入的步骤具体如下：

步骤 01 登录 Tableau Online 站点后，选择“用户”，单击“添加用户”按钮，然后单击“从文件导入”，如图 13-33 所示。

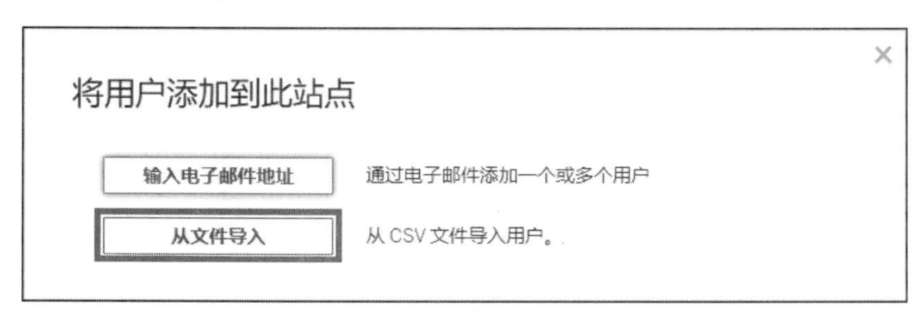

图 13-33 从文件导入

步骤 02 单击“浏览”，查看 CSV 文件所在位置，然后单击“导入用户”，如图 13-34 所示。

步骤 03 当出现导入完成的信息时单击“完成”按钮，如图 13-35 所示。

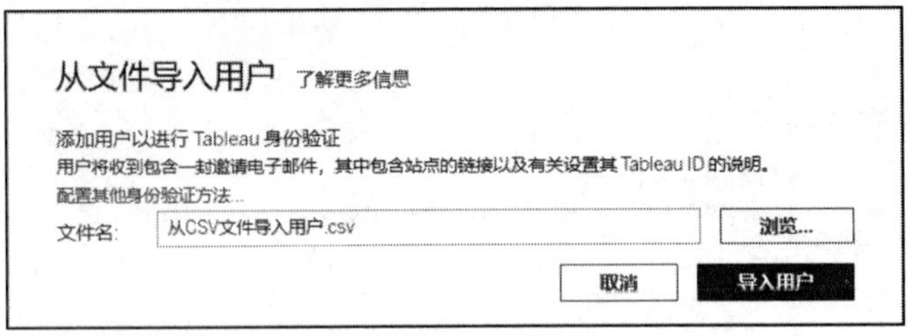

图 13-34 浏览 CSV 文件路径

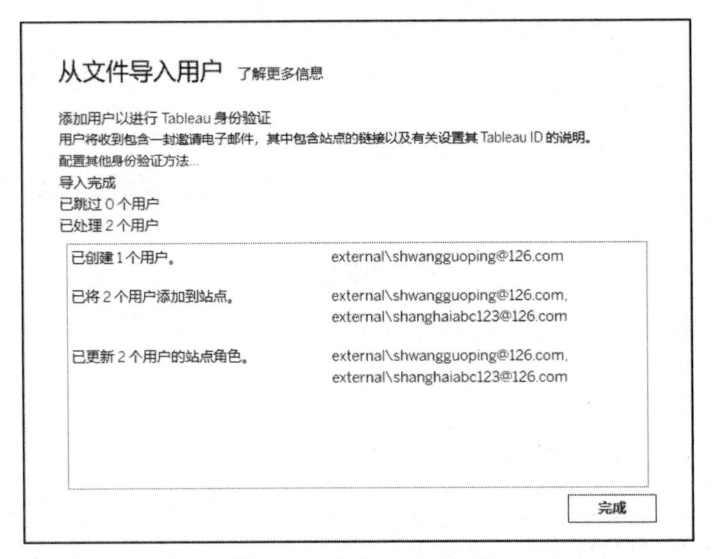

图 13-35 导入完成对话框

13.3.3 创建和管理群组

在站点页面中单击“组”，然后单击“新建组”按钮，如图 13-36 所示。

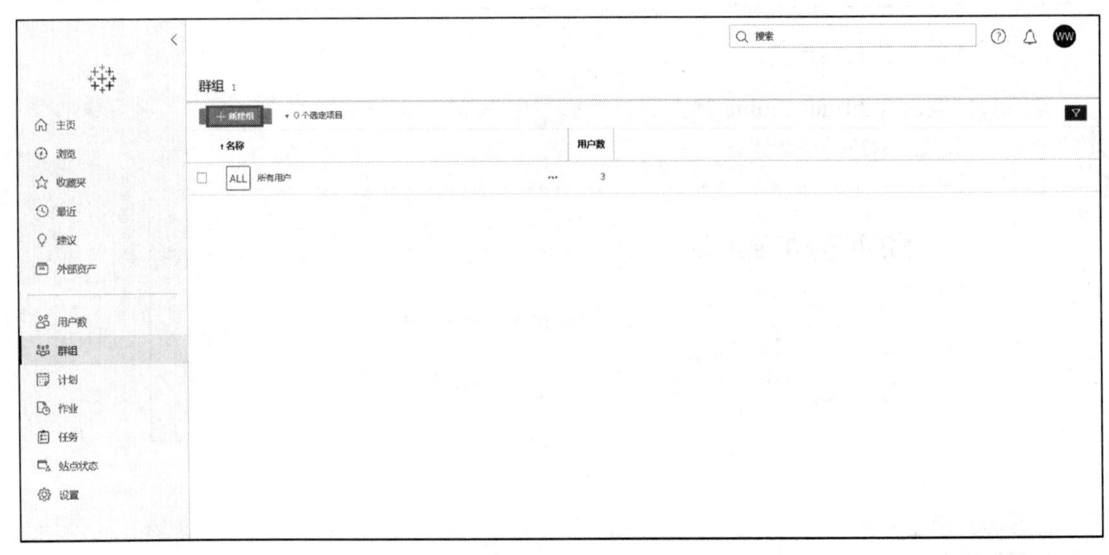

图 13-36 创建群组

为新组输入一个名称，如电商分析，然后单击“创建”按钮，如图 13-37 所示。

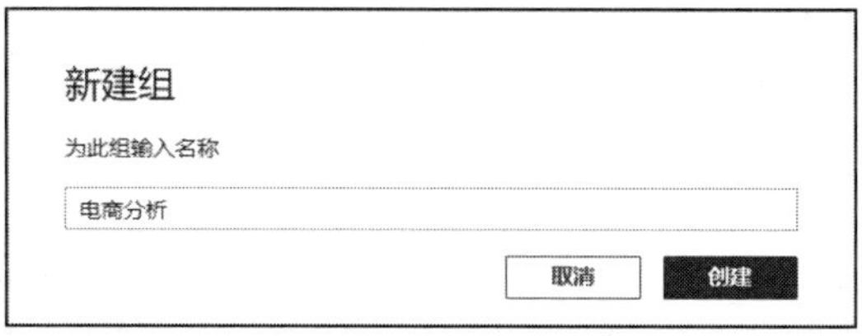

新建组

为此组输入名称

电商分析

取消 创建

图 13-37 输入组的名称

默认情况下，每个站点都存在“所有用户”这个组，无法删除该组，添加到服务器的每个用户都将自动成为“所有用户”组的成员。

向组中添加用户的步骤如下：

步骤 01 在站点中单击“电商分析”组，如图 13-38 所示。

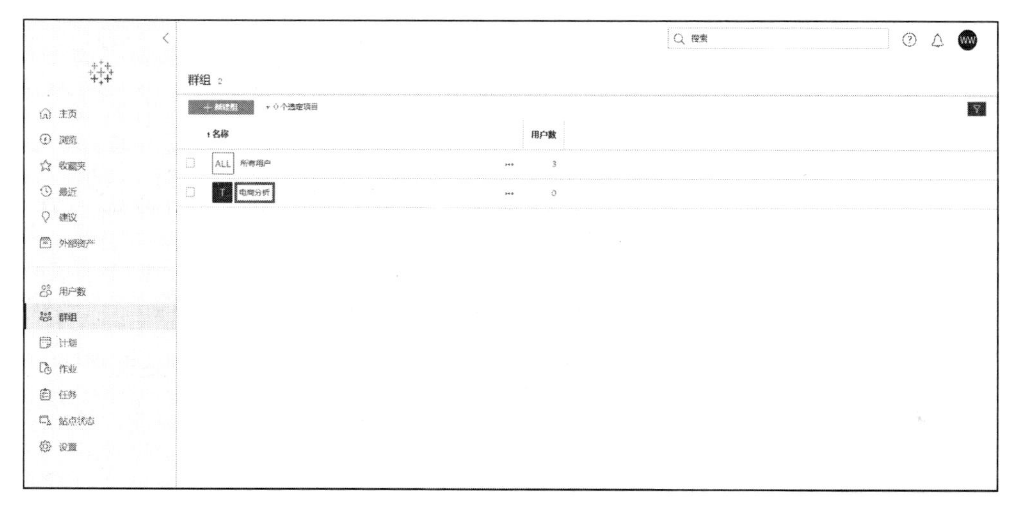

图 13-38 选择需要添加用户的组

步骤 02 在电商分析组页面中单击“添加用户”按钮，如图 13-39 所示。

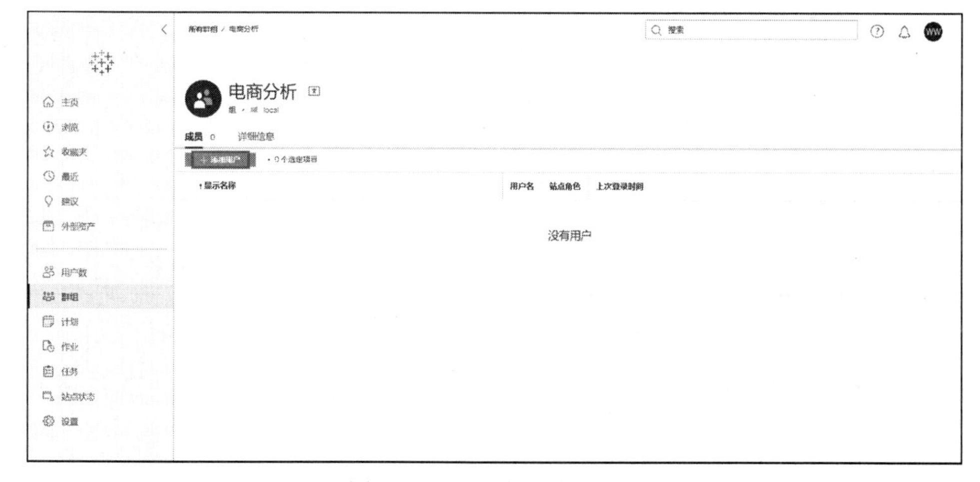

图 13-39 “添加用户”按钮

在添加用户页面中勾选需要添加到组中的用户，然后单击“添加用户”按钮，如图 13-40 所示。

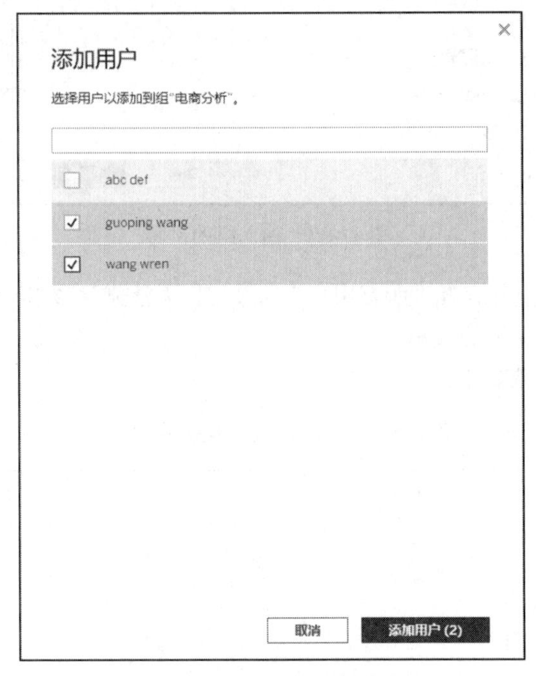

图 13-40　选择添加到组的用户

如果需要从站点中移除用户，首先选择需要删除的用户，然后单击其右侧的“...”，选择“移除”选项，如图 13-41 所示。

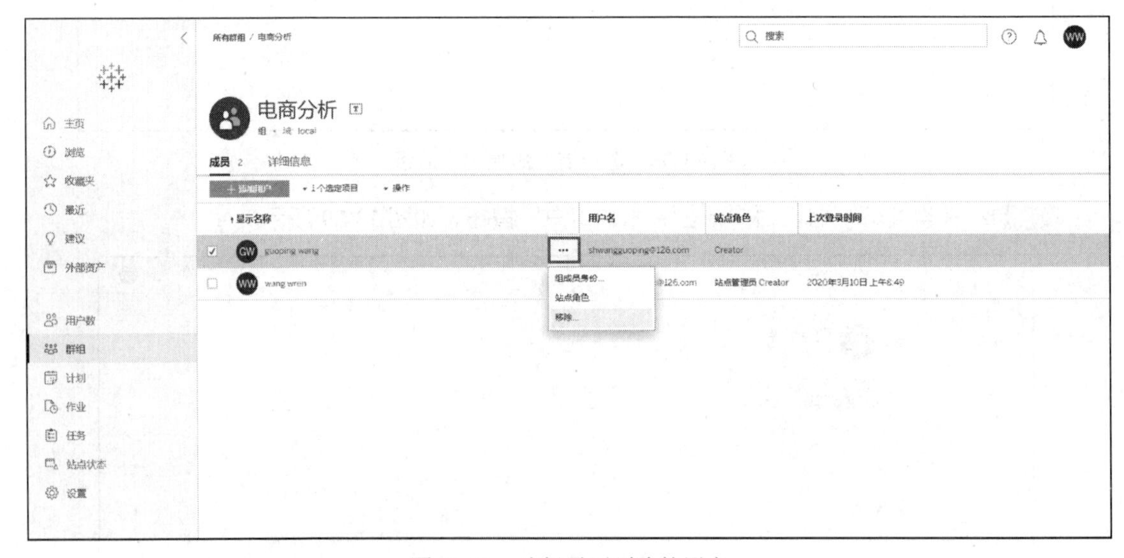

图 13-41　选择需要删除的用户

在确认对话框中单击“移除(1)个”按钮，该用户将会从站点中移除，如图 13-42 所示。

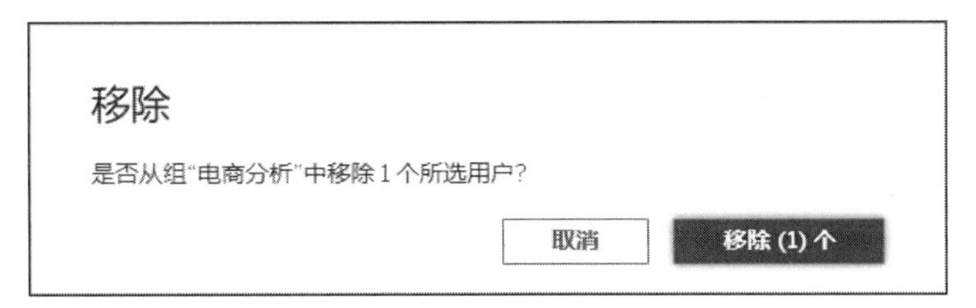

图 13-42 确认是否删除

13.4 Tableau Online 项目操作

项目是工作簿、视图和数据源的集合。管理员可以创建项目、重命名项目、更改项目所有者、为项目及其内容设置权限、锁定内容权限等。

13.4.1 创建和管理项目

下面介绍如何创建项目，在“主页”页面下单击“管理项目”按钮，如图 13-43 所示。

图 13-43 创建和管理项目

然后单击“创建”按钮，在弹出的下拉框中选择“项目”选项，如图 13-44 所示。

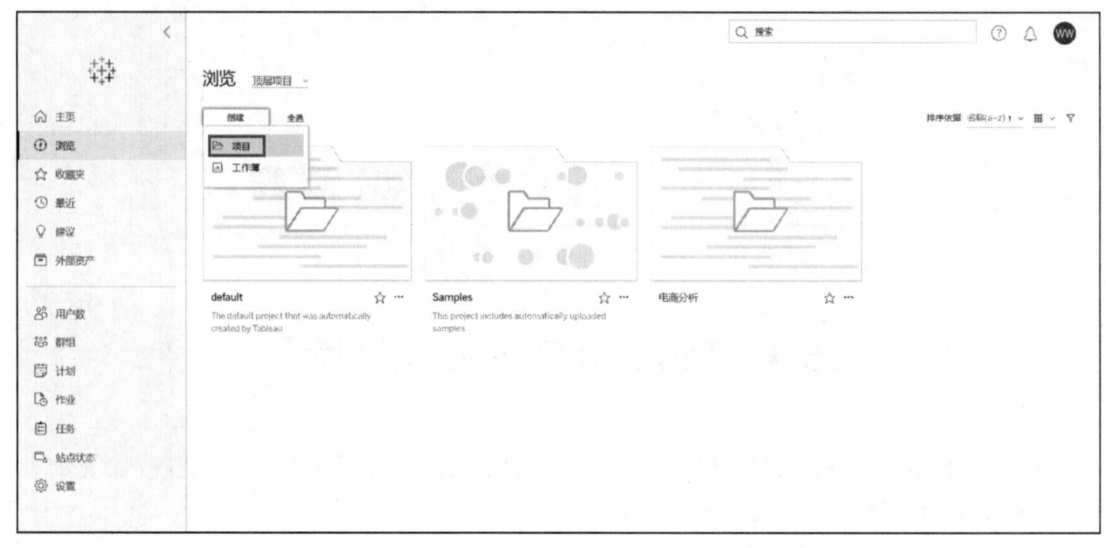

图 13-44　创建新项目

输入新建项目的名称，还可以在说明中输入项目简介，然后单击“创建”按钮，如图 13-45 所示。

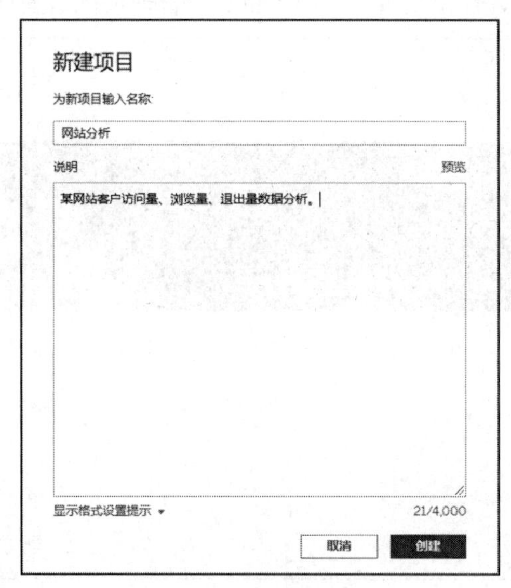

图 13-45　配置新项目

项目测试结束，可以删除不需要的项目。选择需要删除的项目，然后单击其右侧的“...”，在下拉框中选择“删除”选项，如图 13-46 所示。注意删除项目需要站点管理员权限，且删除项目后，该项目所包含的工作簿和视图都会从服务器中删除。

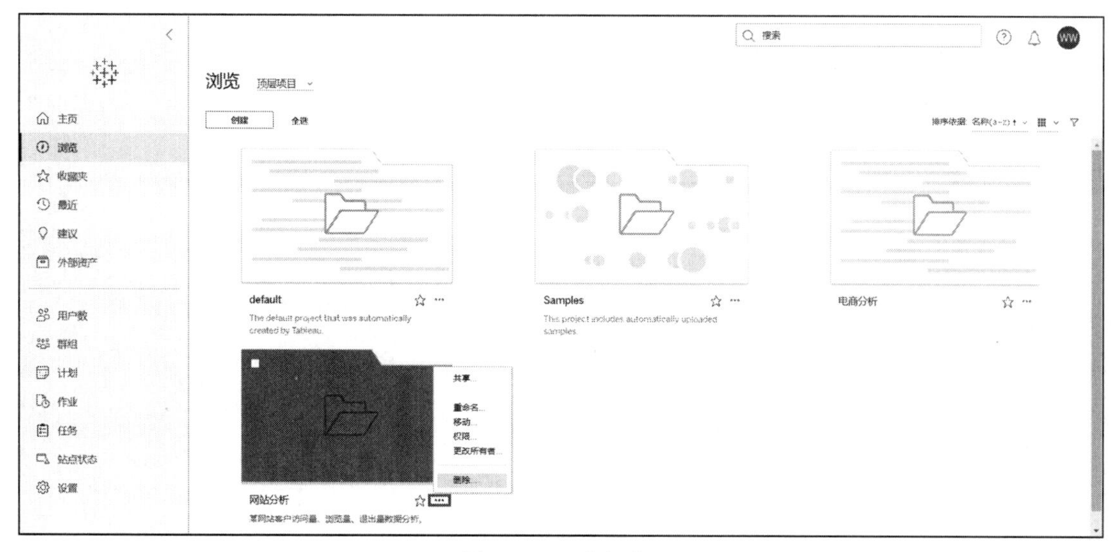

图 13-46　删除项目

也可以先选择需要删除的项目，然后单击上方的“操作”按钮，在下拉框中选择“删除”选项，如图 13-47 所示。

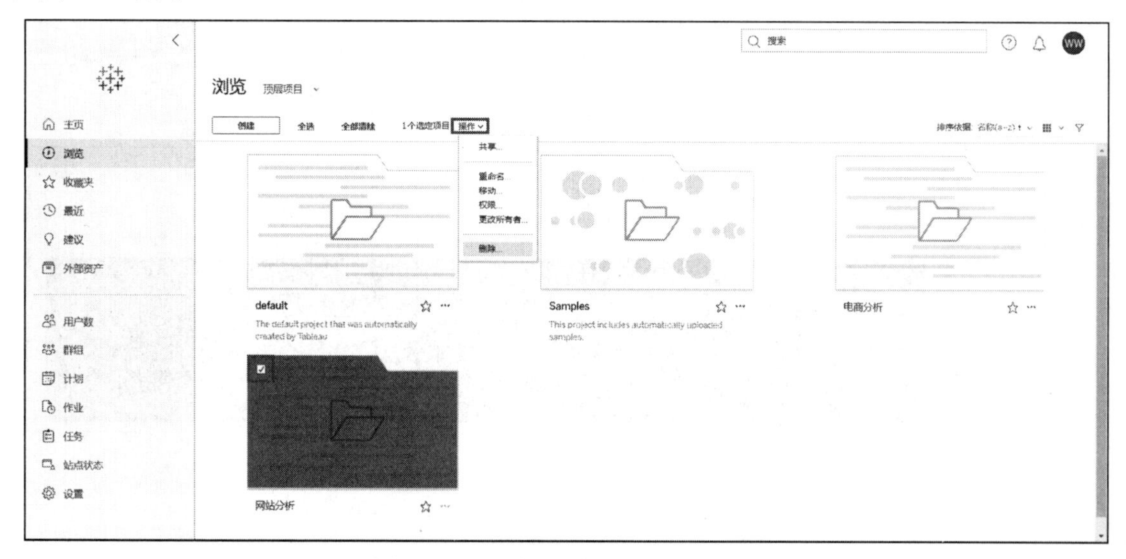

图 13-47　通过“操作”方式删除项目

在删除对话框中单击“删除(1)个”按钮，就可以实现对指定项目的删除，如图 13-48 所示。注意站点中的“default”项目是无法删除的。

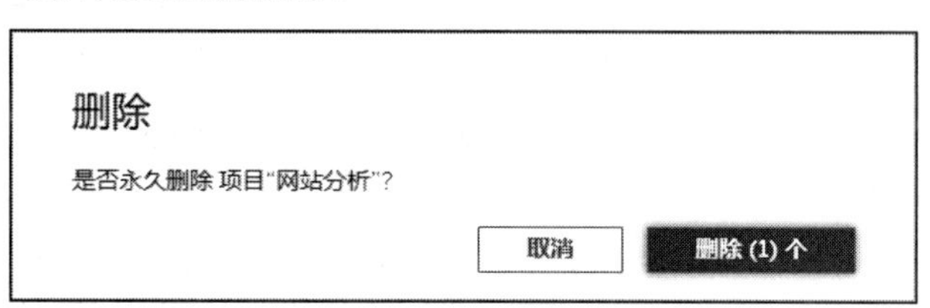

图 13-48　确认是否删除

13.4.2 创建项目工作簿

工作簿是我们制作视图的基础，下面介绍如何创建工作簿。在“主页”页面下单击“管理项目”，然后单击“创建”按钮，在弹出的下拉框中选择“工作簿”选项，如图 13-49 所示。

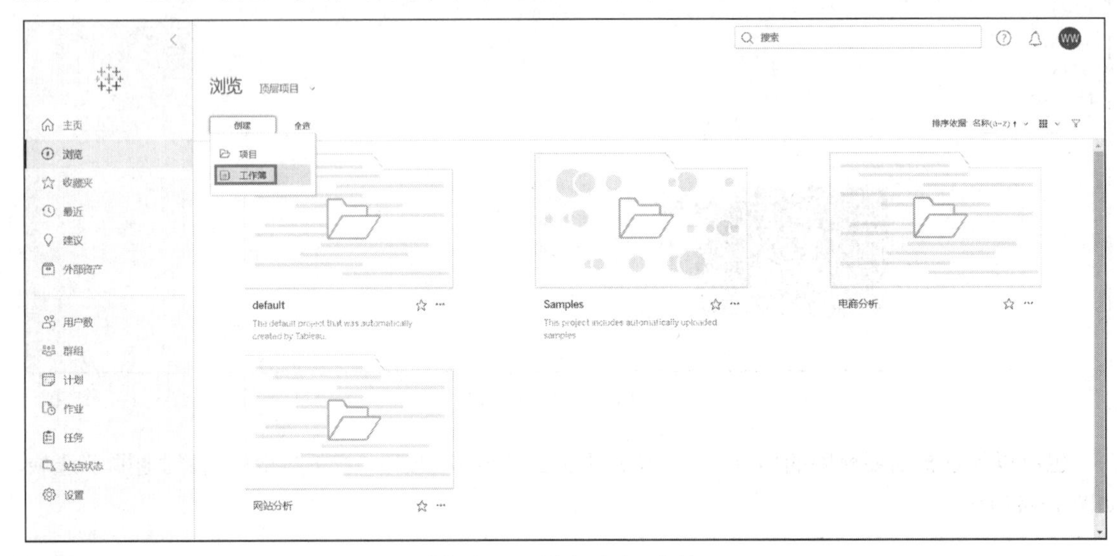

图 13-49 创建项目工作簿

也可以直接在“主页”选项下，单击“创建工作簿”按钮，如图 13-50 所示。

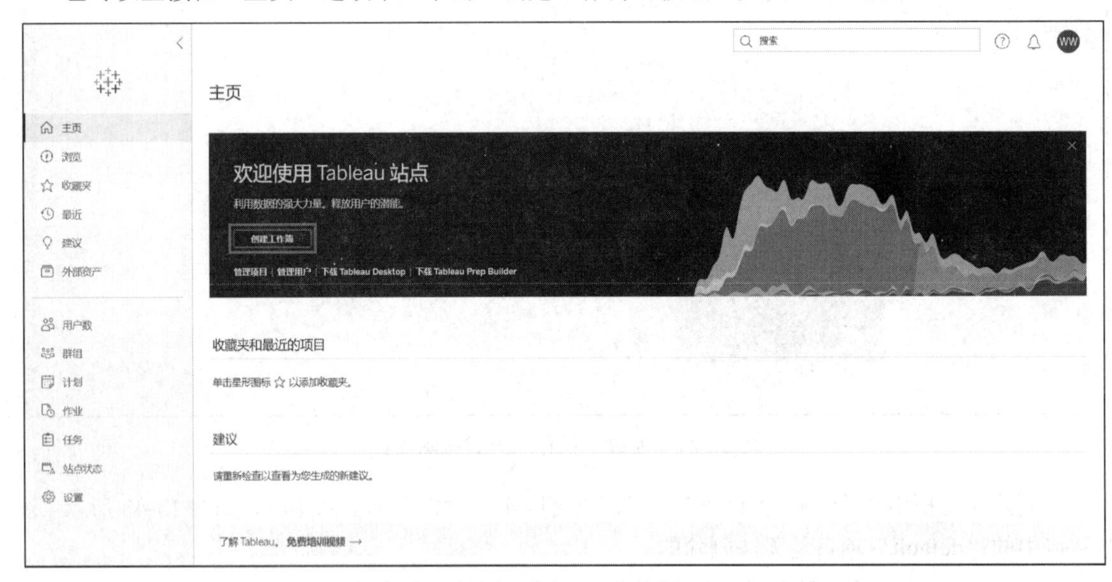

图 13-50 创建工作簿

Tableau Online 创建工作簿有四种方式：此站点上、文件、连接器和仪表板起始模板，下面逐一进行介绍。

连接到“此站点上”的数据，即浏览或搜索已发布的数据源。在“名称”下选择数据源，并单击“连接”按钮，如图 13-51 所示。

注 意

如果有启用了 Tableau Catalog 的数据管理加载项，可以使用“此站点上”连接到数据库和表，以及数据源。

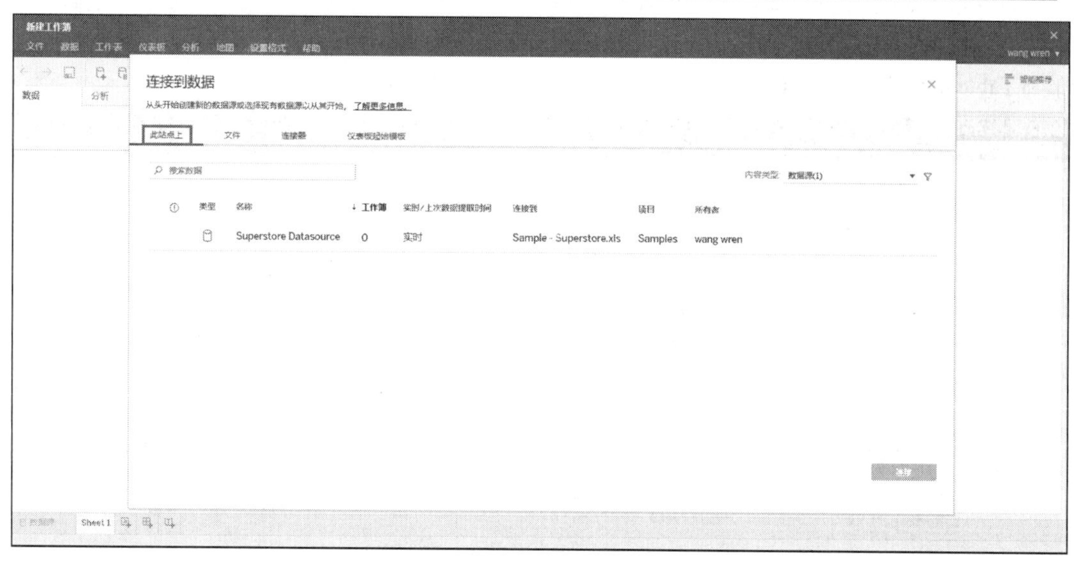

图 13-51 连接“此站点上”数据

Tableau Online 支持直接在浏览器中上载 Excel 基于文本的数据源（.xlsx、.csv、.tsv），以及只需要一个文件的空间文件格式（.kml、.geojson、.topojson、.json 以及打包在 .zip 中的 Esri shapefile 和 Esri 文件地理数据库）。

在“连接到数据”窗口的“文件”选项卡中，通过将文件拖放到字段中并单击“从计算机上载”来连接到该文件。如图 13-52 所示。Tableau 连接到数据后，“数据源”页面将会打开，以便能够准备要分析的数据并开始构建视图。

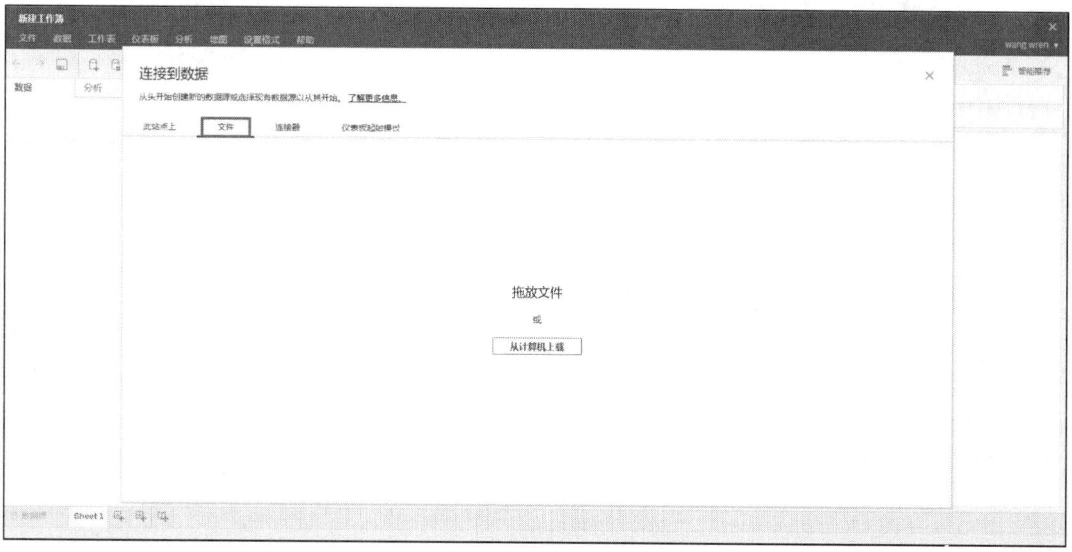

图 13-52 连接“文件”数据

Tableau Online 的“连接器”选项卡，可以连接到存放于企业中的云数据库中或服务器上的数据。需要为想要进行的每个数据连接提供连接信息。例如，对于大多数数据连接，需要提供服务器名称和的登录信息。

支持的连接器包含有关如何将 Tableau 连接到其中每种连接器类型以设置数据源的信息。如果所需的连接器未出现在“连接器”选项卡中，可以通过 Tableau Desktop 连接到数据，并将数据源发布到 Tableau Online 或 Tableau Server 用于 Web 制作。如图 13-53 所示。

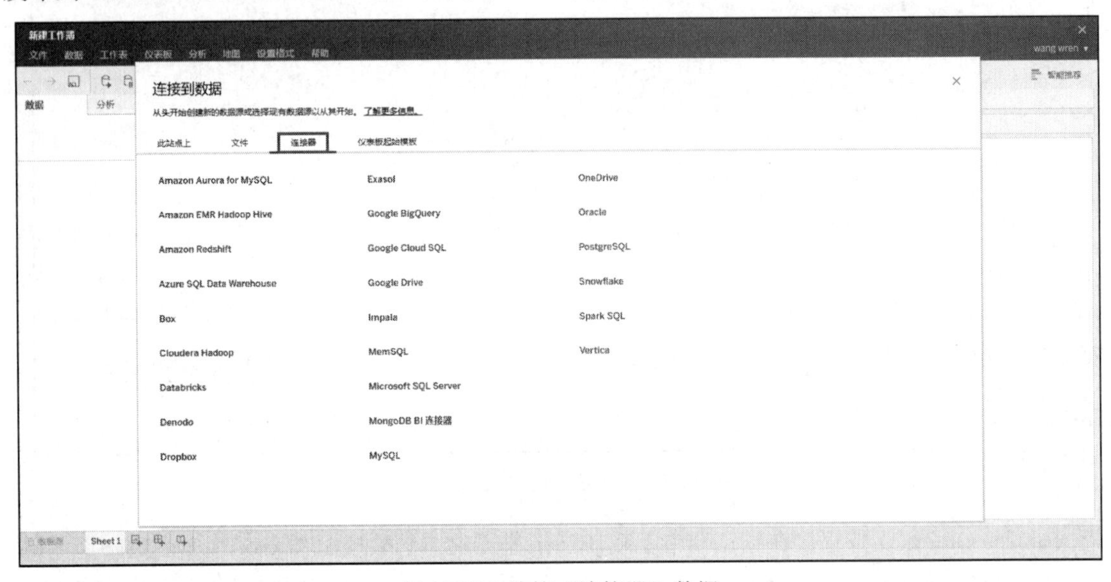

图 13-53 连接“连接器”数据

Tableau Online 还可以导入已有的仪表板起始模板，如图 13-54 所示。

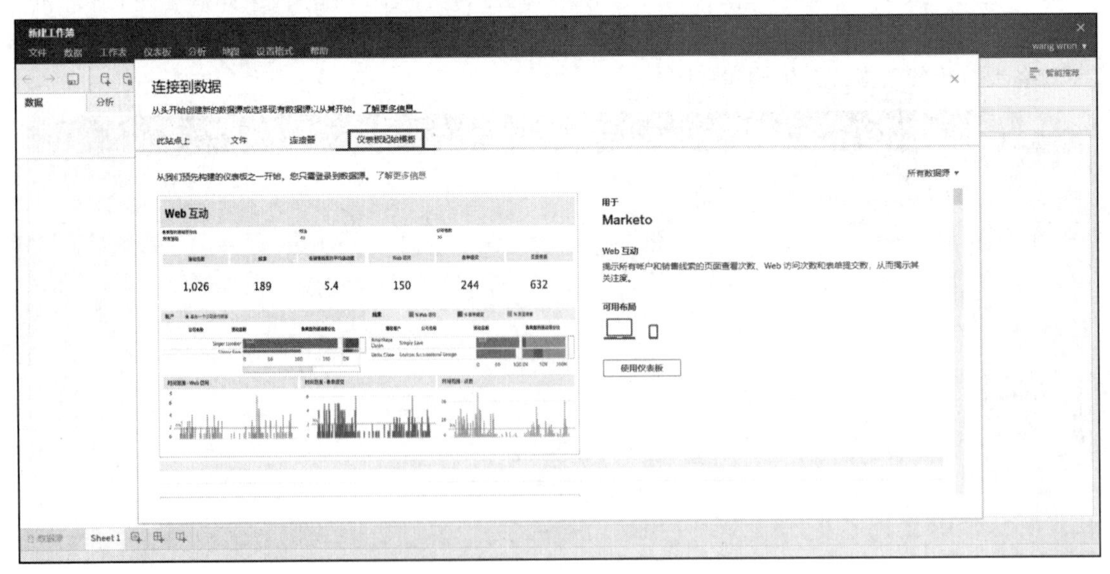

图 13-54 连接“仪表板起始模板”数据

13.4.3 移动项目工作簿

如果需要将工作簿从一个项目移动到另一个项目。选择需要移动的工作簿，然后单击其右侧的“...”，在下拉框中选择“移动”选项，如图 13-55 所示。

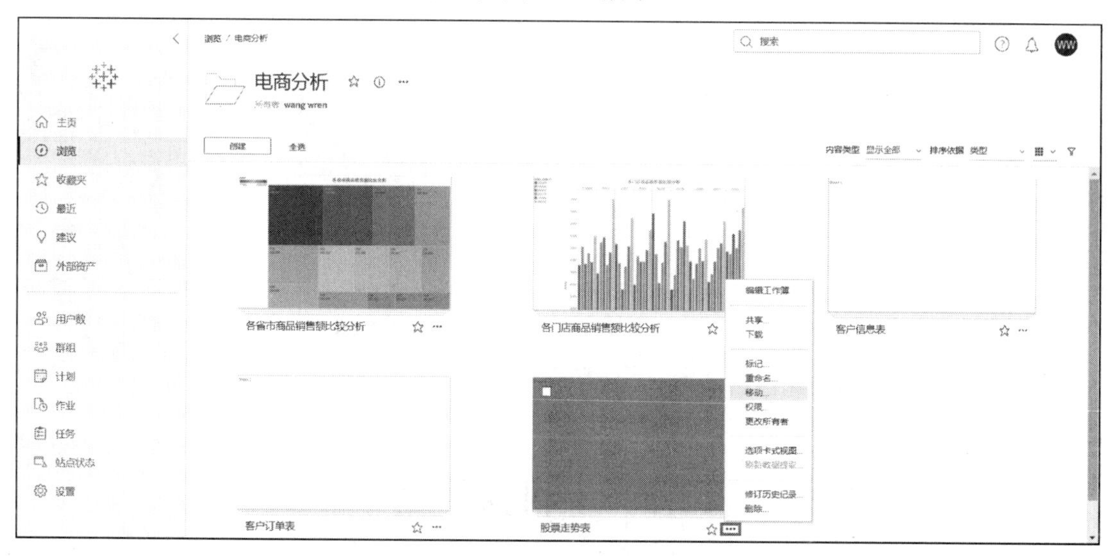

图 13-55 选择需要移动的工作簿

也可以先选择需要移动的工作簿，然后单击上方的“操作”按钮，在下拉框中选择“移动”选项，如图 13-56 所示。

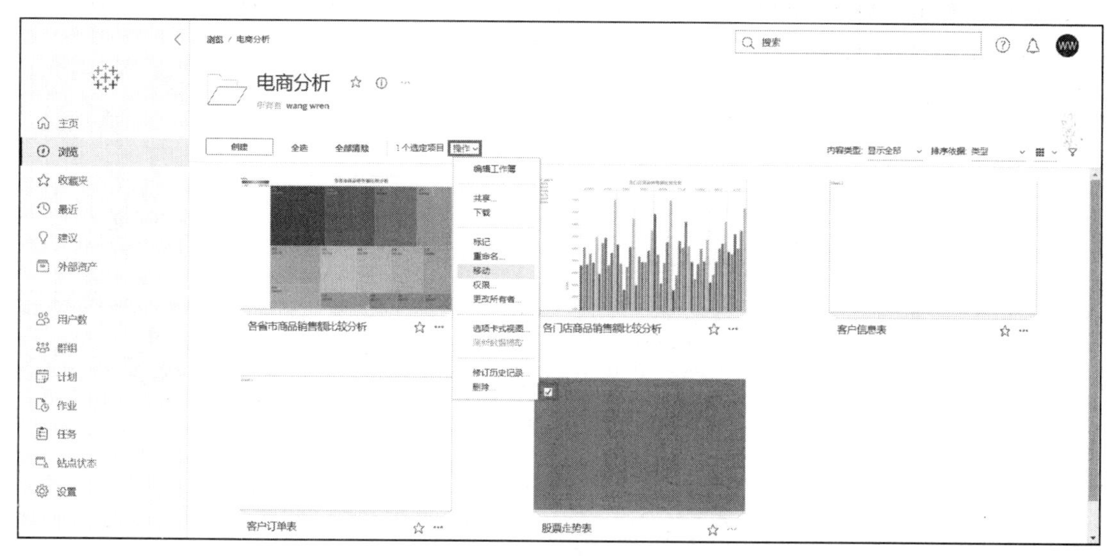

图 13-56 通过“操作”方式移动

为工作簿选择移动的目标项目，然后单击“移动”按钮，即可实现工作簿的移动，如图 13-57 所示。

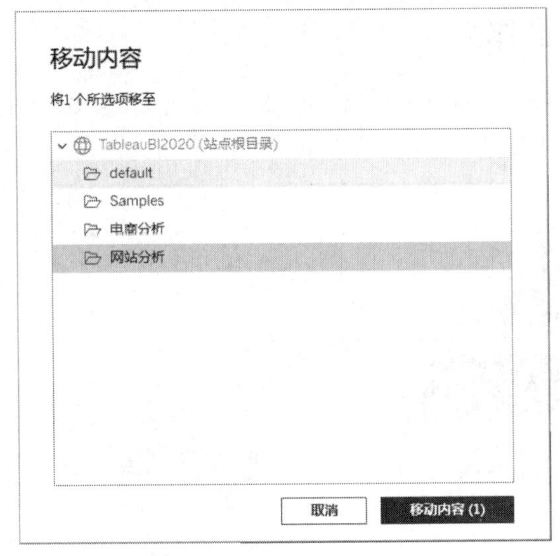

图 13-57　选择目标项目

13.5　上机操作题

练习 1：尝试使用自己的个人邮箱，注册和登录 Tableau Online 在线服务器，并激活和配置自己的个人站点。

练习 2：登录 Tableau Online 后，创建和管理个人的项目（如 My Project），并将本地的订单表（orders.xlsx）导入服务器，从而创建项目工作簿。

第 14 章

Tableau Server

Tableau Server 是企业智能化软件，提供基于浏览器的分析，使 Tableau Desktop 中最新的交互式数据可视化内容、仪表板、报告与工作簿的共享变得迅速简便。Tableau Server 利用企业级的安全性与性能支持大型部署，提取选项可以帮助企业管理关键业务数据库的负载。

Tableau Server 在 9.3 版本之前提供 32 位和 64 位两种版本。相对于 32 位版本，64 位版本需要用户有较高的计算机配置。为了用户学习方便，我们在本节将选择 32 位的 9.3.24 版本（发布日期是 2018 年 8 月 9 日）进行讲解，读者如果需要学习更高版本，可以参考 Tableau Server 的官方文档。

14.1 安装系统要求

在 Windows 系统上安装 Tableau Server 之前，首先需要确保计算机满足以下要求：

计算机系统是 Windows Server 2003 R2 SP2、Windows Server 2008、Windows Server 2008 R2、Windows Server 2012、Windows Server 2012 R2、Windows 7、Windows 8、Windows 8.1 或 Windows 10。建议在 64 位操作系统上安装 64 位版本，还可以在虚拟或物理平台上进行安装。

Tableau Server 的系统要求会因使用环境而发生变化。表 14-1 是根据服务器的用户数提出的最低要求建议，如表 14-1 所示。

表14-1　Tableau Server的系统要求

部署类型	服务器用户数	CPU	RAM	可用磁盘空间
评估/概念证明（64 位）	1~2	4 内核	8GB	1.5GB
评估/概念证明（32 位）	1~2	2 内核	4GB	1.5GB
小型	<25	4 内核	8GB	5GB
中型	<100	8 内核	32GB	50GB
企业	>100	16 内核	32GB 或更多	50GB 或更多

安装 Tableau Server 的账户必须拥有安装软件和服务的权限，如果将 NT 身份验证用于数据源或计划进行 SQL Server 模拟，那么用于运行 Tableau Server 服务的用户运行身份账户会十分有用。Tableau Server 的默认网关侦听端口是 80，Internet Information Services(IIS)默认也使用此端口。如果在同样运行 IIS 的计算机上安装 Tableau Server，那么应该修改 Tableau 的网关端口号以避免与 IIS 发生冲突。

安装和配置 Tableau Server 时，我们可能需要提供如表 14-2 所示的信息。

表14-2　安装和配置Tableau Server信息

选　项	说　明	信　息
服务器账户	服务器必须有一个该服务可以使用的用户账户，默认设置为内置的 Windows 网络服务账户。如果使用特定用户账户，就需要提供域名、用户名和密码	用户名： 密码： 域：
ActiveDirectory	可以通过 ActiveDirectory 进行身份验证，而不使用 Tableau 的内置用户管理系统。如果是这样，就需要使用完全限定域名	ActiveDirectory 域：
打开 Windows 防火墙中的端口	Tableau Server 将打开 Windows 防火墙软件中用于 HTTP 请求的端口，以允许网络中其他计算机访问该服务器	是否

数据库驱动程序可以从 www.tableausoftware.com/support/drivers 下载，如图 14-1 所示。

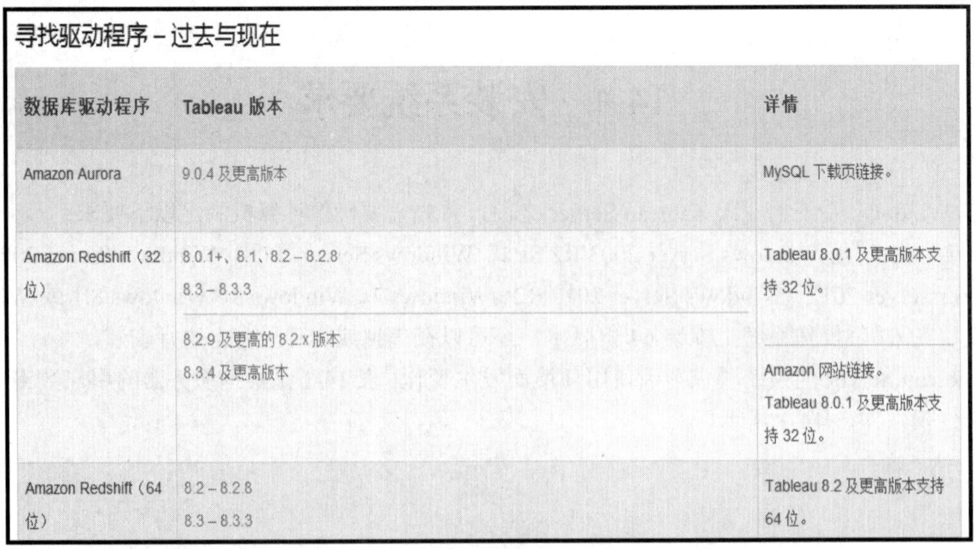

寻找驱动程序 – 过去与现在

数据库驱动程序	Tableau 版本	详情
Amazon Aurora	9.0.4 及更高版本	MySQL 下载页链接。
Amazon Redshift（32 位）	8.0.1+、8.1、8.2 – 8.2.8 8.3 – 8.3.3 8.2.9 及更高的 8.2.x 版本 8.3.4 及更高版本	Tableau 8.0.1 及更高版本支持 32 位。 Amazon 网站链接。 Tableau 8.0.1 及更高版本支持 32 位。
Amazon Redshift（64 位）	8.2 – 8.2.8 8.3 – 8.3.3	Tableau 8.2 及更高版本支持 64 位。

图 14-1　安装需要的数据库驱动程序

14.2　软件安装步骤

安装和配置 Tableau Server 的过程比较复杂，需要完成的主要步骤在以下 3 个小节中介绍。

14.2.1　准备安装

步骤 01 双击安装文件（TableauServer-32bit-9-3-24.exe），如图 14-2 所示。

步骤 02 单击“是”，如果安装环境是 64 位操作系统，会出现如图 14-3 所示的对话框。

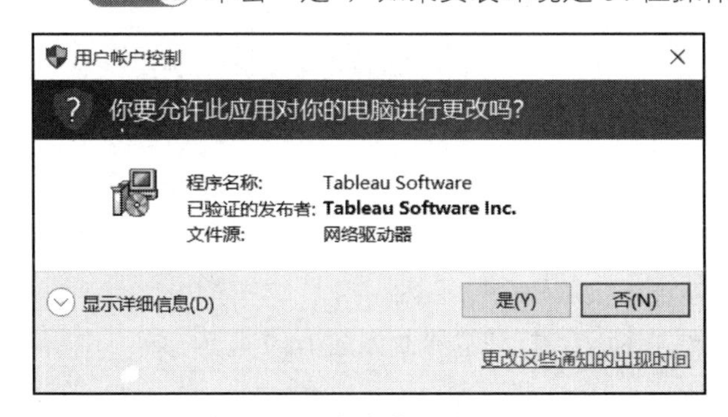

图 14-2　双击安装文件

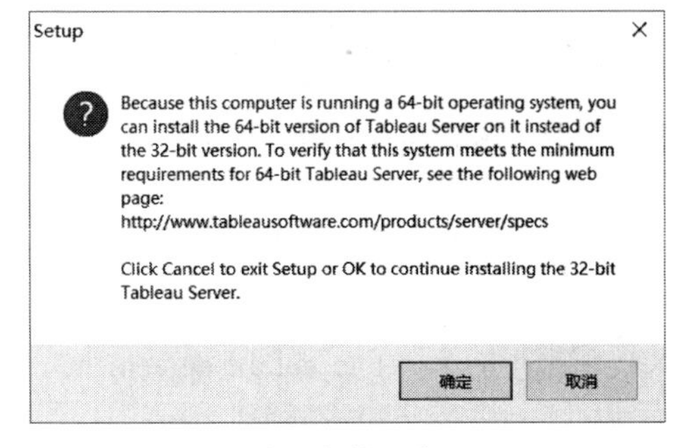

图 14-3　确认安装环境

步骤 03 单击“确定”会继续安装，否则会退出安装过程，如图 14-4 所示。

步骤 04 单击 Next，继续软件的安装，打开的界面如图 14-5 所示。

步骤 05 选择软件的安装路径，单击 Next，继续软件的安装，打开的界面如图 14-6 所示。

步骤 06 安装完成后会出现安装环境核查对话框。如果出现“安装环境要求不符合最低系统要求”的报错说明，就不能进行 Tableau Server 的安装；如果出现警告，就可以继续软件的安装，如图 14-7 所示。

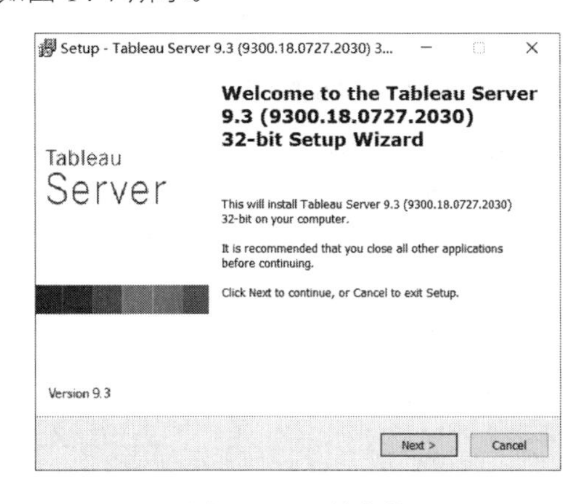

图 14-4　开始安装

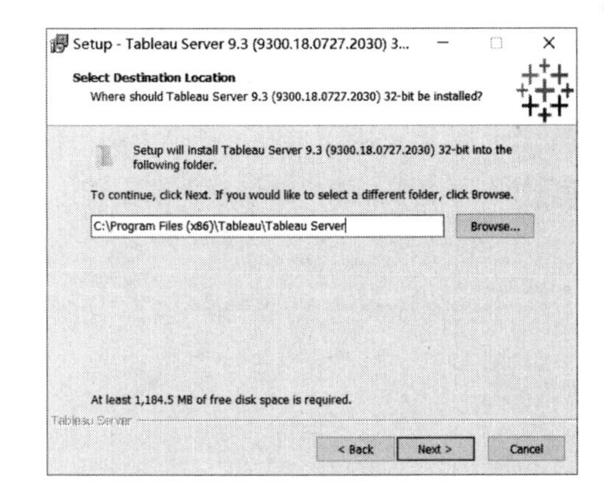

图 14-5　选择安装路径

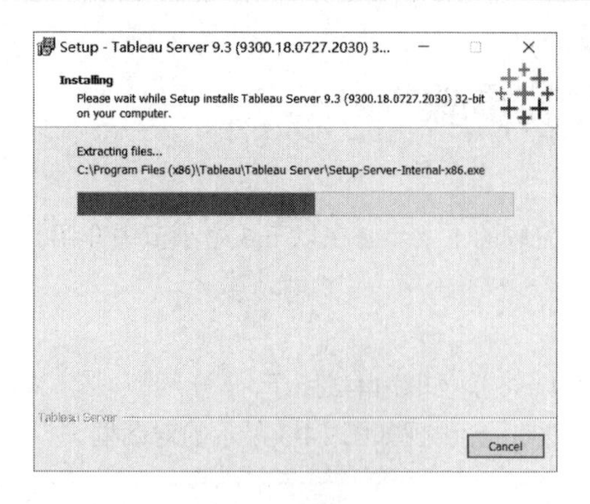

图 14-6　继续安装

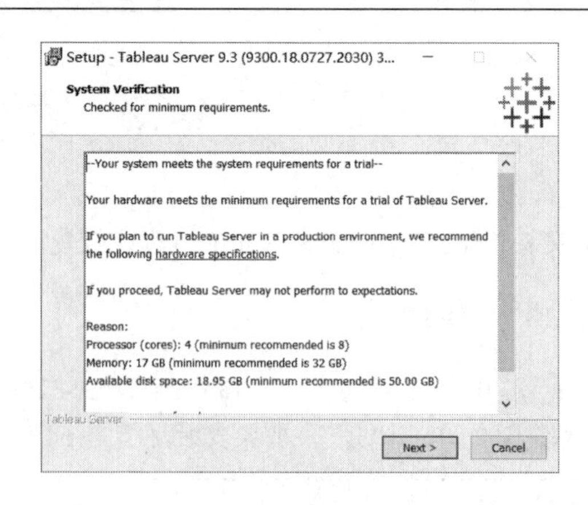

图 14-7　配置信息反馈

14.2.2 软件安装

根据配置信息的反馈结果确定是否继续软件的安装过程，单击图 14-7 中的 Next 按钮，进入软件的许可协议对话框，如图 14-8 所示。

步骤 01 选择 I accept the agreement，然后单击 Next，打开的界面如图 14-9 所示。

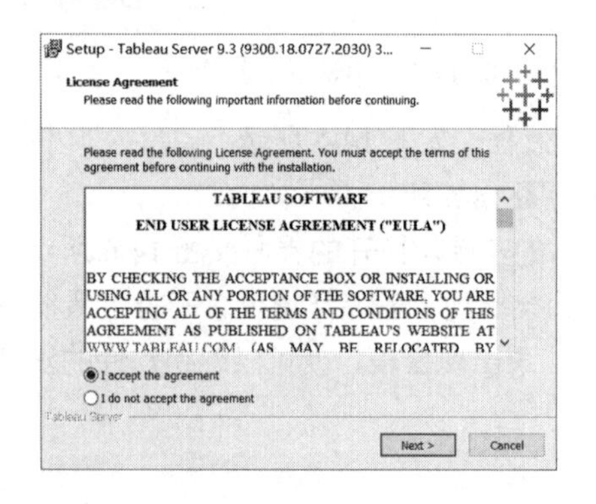

图 14-8　软件许可协议对话框

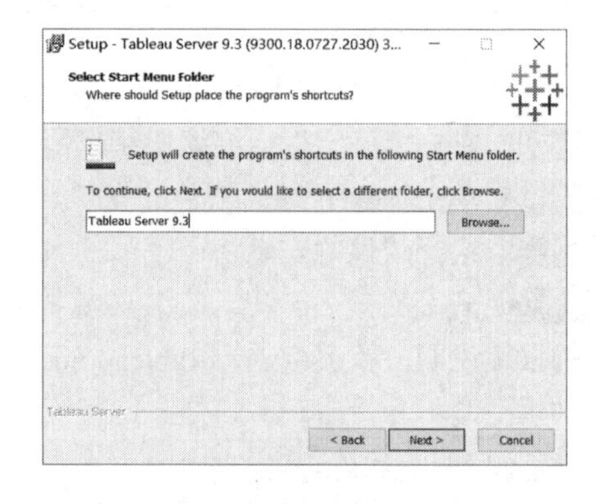

图 14-9　选择开始程序位置

步骤 02 单击 Next，继续软件的安装，打开的界面如图 14-10 所示。

步骤 03 单击 Install，继续软件的安装过程，如图 14-11 所示。

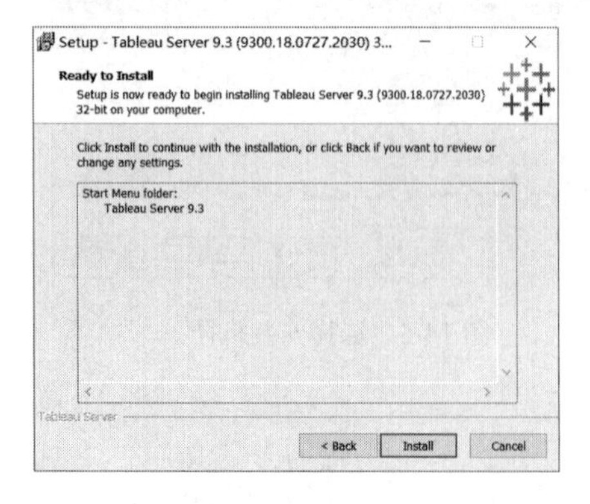

图 14-10　准备安装

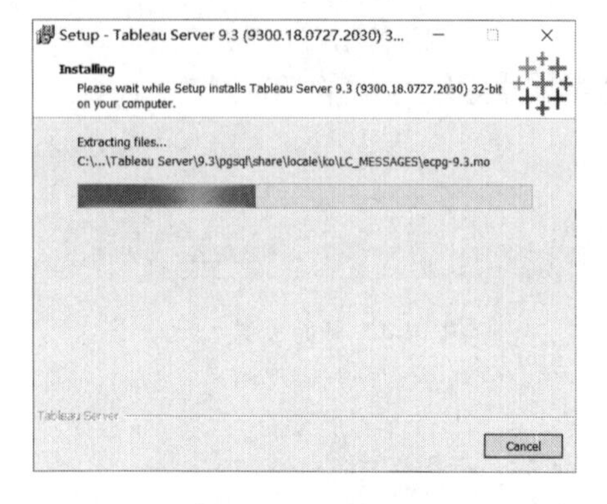

图 14-11　开始安装

步骤 04 安装过程结束会出现初始化配置对话框，如图 14-12 所示。

步骤 05 单击 Next，将会进入软件的配置过程，如图 14-13 所示。

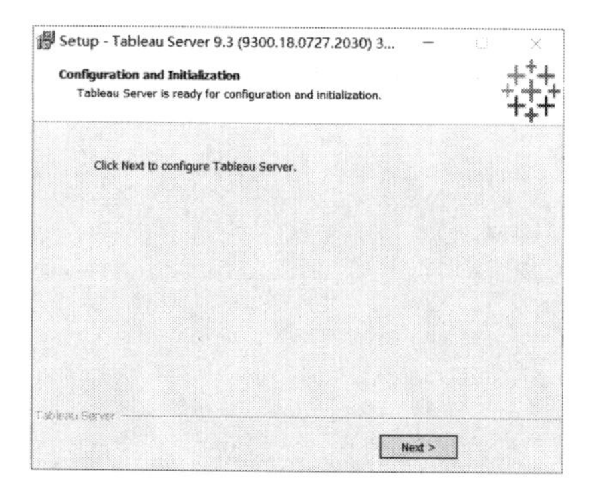

图 14-12 初始化配置

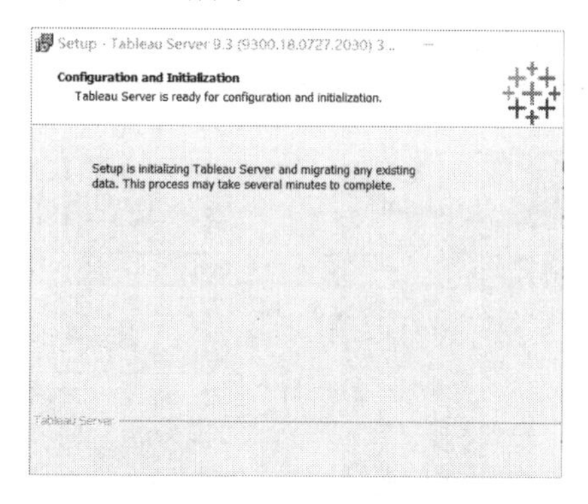

图 14-13 开始配置软件

14.2.3 在线激活

安装过程结束后，将进入 Tableau Server 激活页面，如图 14-14 所示。

- Start trial later：稍后开始试用 Tableau，选择该选项将会退出软件的配置过程。
- Activate the product：选择该选项需要输入购买的 Tableau Server 产品密钥，如图 14-15 所示。
- Start trial now：无限制使用 Tableau 14 天，这里选择该选项，将会进入下一步配置过程，如图 14-16 所示。

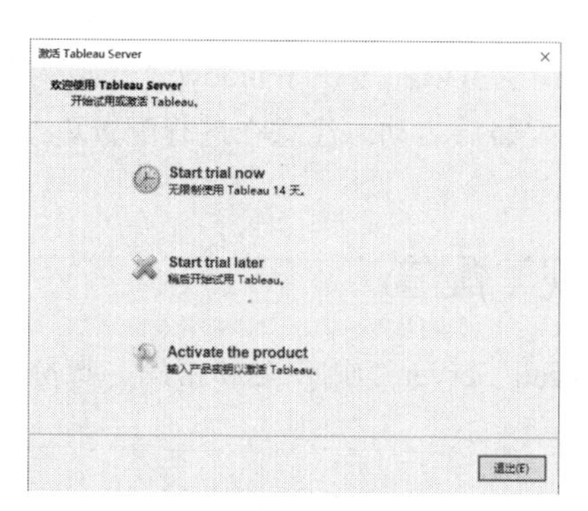

图 14-14 激活

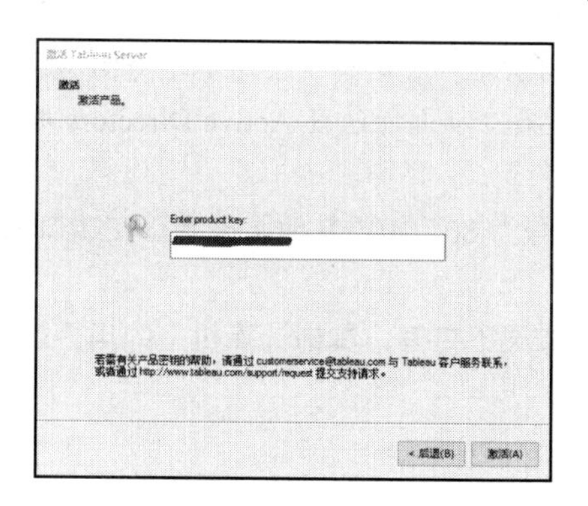

图 14-15 输入产品密钥

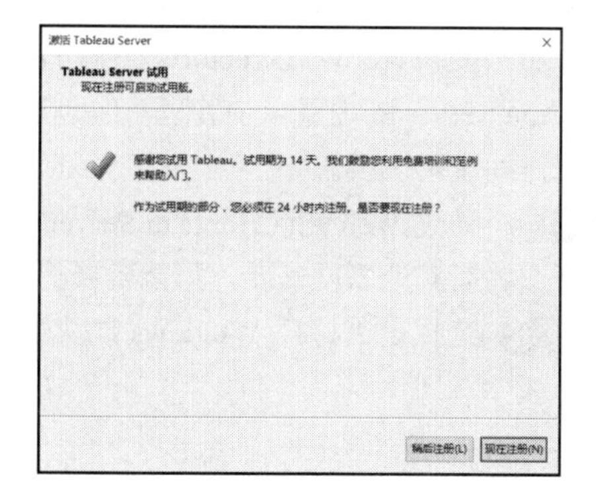

图 14-16 现在注册

可以单击“稍后注册”或“现在注册”，我们这里选择“现在注册”，如图 14-17 所示。

图 14-17 中所有信息都需要填写，填写完毕后单击“注册”，打开的界面显示注册已完成，如图 14-18 所示。

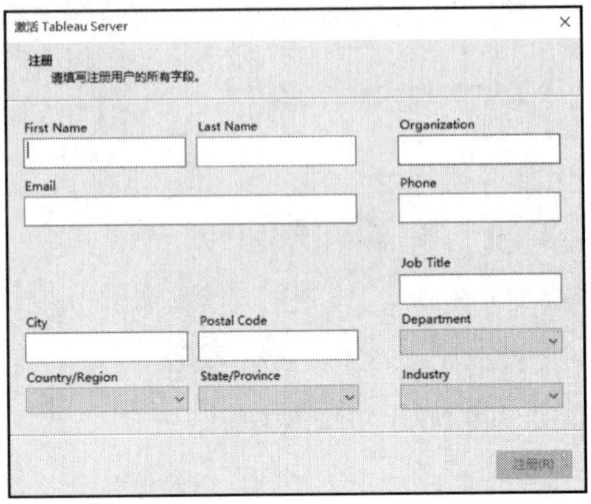

图 14-17　输入注册信息

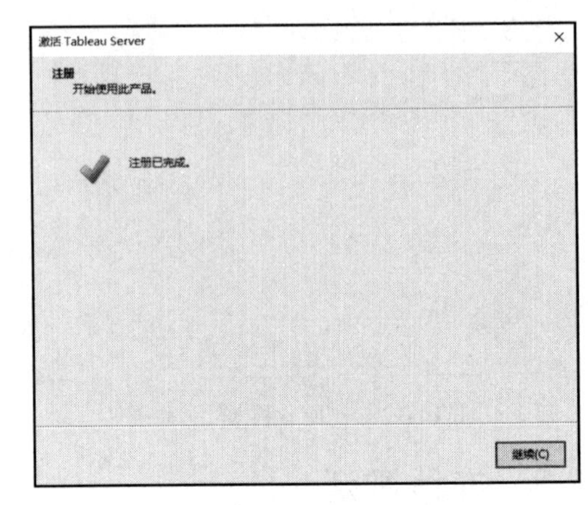

图 14-18　注册完成

单击“继续”按钮，将会进入 Tableau Server 的配置过程。

14.3　服务器配置

安装过程会显示配置对话框，也可以通过在 Windows“开始”菜单选择“程序”→Tableau Server 9.3→Configure Tableau Server 在安装后启动。注意在进行配置更改之前需要停止 Tableau Server 的服务器。

14.3.1　General（常规）配置

General 选项配置登录 Tableau Server 的用户名和密码、身份验证模式、端口号以及是否打开 Windows 防火墙等，如图 14-19 所示。

步骤 01 默认情况下，Tableau Server 在“网络服务”账户下运行，如果要使用为数据源提供 NT 身份验证功能的账户，就需要指定用户名和密码，用户名中应该包含域名。

步骤 02 使用 Active Directory 对服务器的用户进行身份验证。选择“使用本地身份验证”以使用 Tableau Server 的内置用户管理系统创建用户并分配密码，从而无法在 Active Directory 和本地身份认证之间进行切换。

步骤 03 通过 Web 访问 Tableau Server 时的默认端口号为 80。如果其他服务器正在端口 80 端口上运行或者有其他联网需要，可能需要更改端口号。

步骤 04 选择是否打开 Windows 防火墙中的端口。如果不打开，其他计算机上的用户就无法访问。

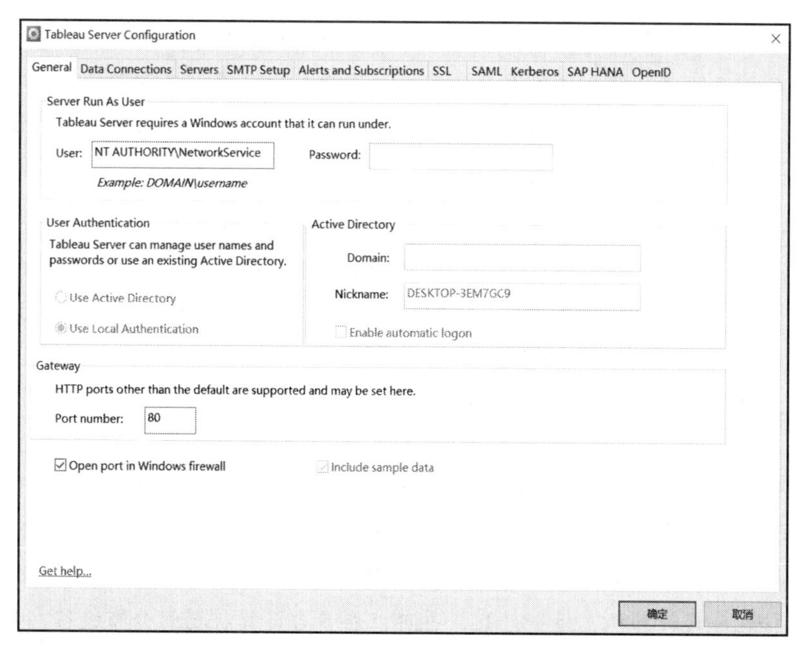

图 14-19 General（常规）设置

14.3.2 数据连接

使用 Data Connections（数据连接）选项卡配置缓存并指定如何从数据源处理初始 SQL 语句等，如图 14-20 所示。

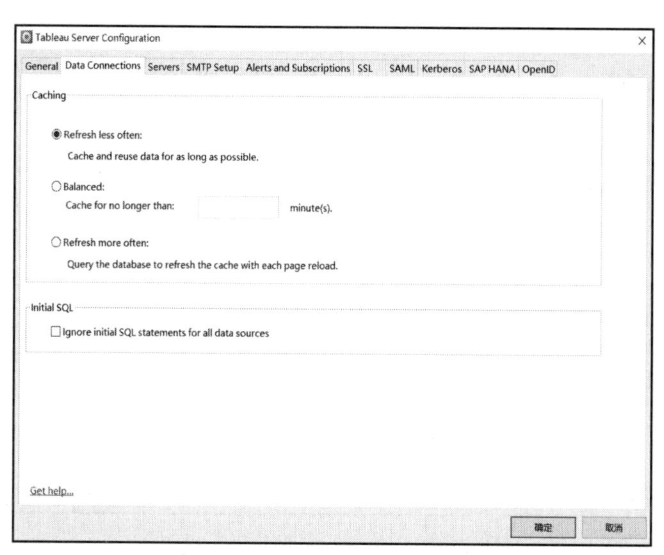

图 14-20 Data Connections（数据连接）设置

（1）用户在 Web 浏览器中与视图交互时，查询的数据将存储在缓存中，随后从缓存中取出数据，可以通过 Data Connections（数据连接）选项卡配置。

- Refresh less often（刷新频率低于）：无论数据是何时添加到缓存的，只要有数据，就对数据进行缓存并重复使用。

- Balanced（平衡）：在指定的分钟数之后将缓存中的数据删除，如果在指定时间内已经将数据添加到缓存，那么将会使用缓存的数据，否则在数据库中查询新数据。
- Refresh more often（刷新频率高于）：每次加载页面时都查询数据库，可以确保用户看到最新的数据，但可能会降低性能。

（2）处理初始 SQL 语句。对于连接到 Teradata 数据源的视图，工作簿创建者可以指定在浏览器中加载工作簿时只运行一次的 SQL 命令，该命令称为初始 SQL 语句。出于性能或安全原因，某些管理员可能想要禁用此功能，如果要禁用初始 SQL 功能，就要勾选 Ignore initial SQL statements for all data Sources（对所有数据源忽略初始 SQL）复选框。

14.3.3 Servers（服务器）

Servers 选项卡可以调整运行的 Tableau Server 进程数，配置分布式环境，并针对故障转移情况选择首选活动存储库，也可以添加运行进程的计算机等，如图 14-21 所示。

- Number of Processes per Server（服务器进程数）：Tableau Server 部署可以运行多个进程，可以选择在一台计算机上运行进程，也可以在多台计算机之间分布进程。为了提高性能，可以针对进程类型调整运行的进程数。
- Preferred Active Repository（首选主动存储库）：在初始安装后，配置 Tableau Server 时可以选择指定首选主动存储库。如果不指定首选主动存储库，Tableau Server 就会启动时选择主动存储库。

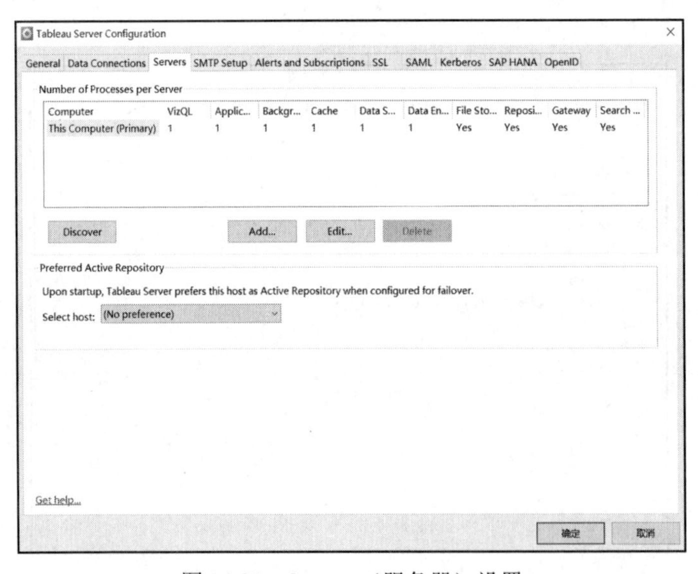

图 14-21　Servers（服务器）设置

14.3.4 SMTP 设置

SMTP 设置主要实现在系统故障的情况下发送电子邮件给系统管理员，还可以通过电子邮件将订阅发送给系统用户等，如图 14-22 所示。

步骤 01 输入 SMTP 服务器的名称。如果账户需要，还要为 SMTP 服务器账户输入用户名和密码。如果使用的不是默认的 SMTP 端口 25，就需要更改 SMTP 端口值。同时，需要保持 Enable TLS（启用 TLS）框处于未选中状态，以便不对邮件服务器连接加密。

步骤 02 对于 Send email to（电子邮件的发送地址），输入在发生系统故障时发送通知的电子邮件地址；对于 Send email from（电子邮件的接收地址），至少输入一个将接收通知的电子邮件地址，多个地址用逗号分隔。

步骤 03 在 Tableau Server URL 中输入 Tableau Server 的服务器地址。

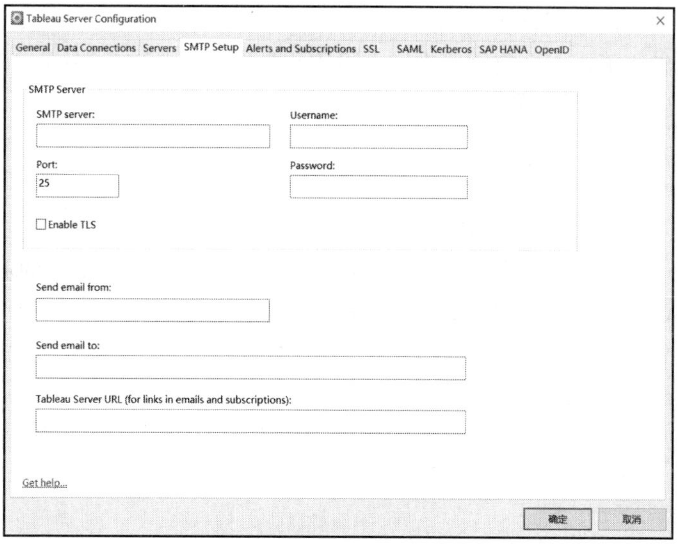

Tableau Server Configuration

General | Data Connections | Servers | SMTP Setup | Alerts and Subscriptions | SSL | SAML | Kerberos | SAP HANA | OpenID

SMTP Server

SMTP server:

Username:

Port: 25

Password:

☐ Enable TLS

Send email from:

Send email to:

Tableau Server URL (for links in emails and subscriptions):

Get help...

确定 取消

图 14-22 SMTP 设置

14.3.5 Alerts and Subscriptions（通知和订阅）

Alerts and Subscriptions 用于指定发送电子邮件的 SMTP 服务器和磁盘空间的使用情况等，如图 14-23 所示。

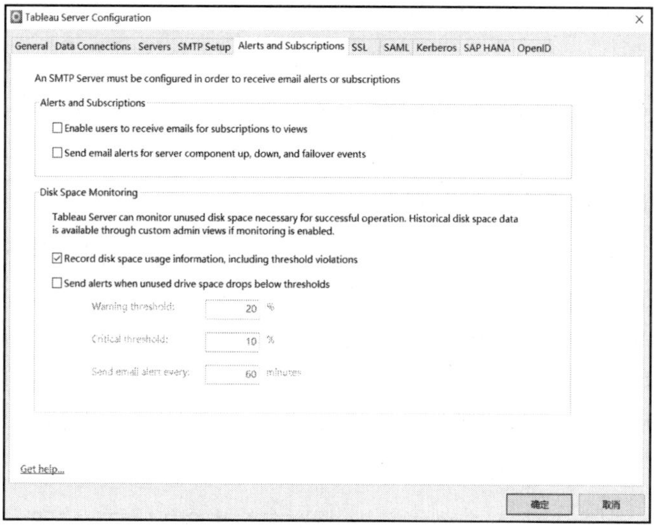

Tableau Server Configuration

General | Data Connections | Servers | SMTP Setup | Alerts and Subscriptions | SSL | SAML | Kerberos | SAP HANA | OpenID

An SMTP Server must be configured in order to receive email alerts or subscriptions

Alerts and Subscriptions

☐ Enable users to receive emails for subscriptions to views

☐ Send email alerts for server component up, down, and failover events

Disk Space Monitoring

Tableau Server can monitor unused disk space necessary for successful operation. Historical disk space data is available through custom admin views if monitoring is enabled.

☑ Record disk space usage information, including threshold violations

☐ Send alerts when unused drive space drops below thresholds

Warning threshold: 20 %

Critical threshold: 10 %

Send email alert every: 60 minutes

Get help...

确定 取消

图 14-23 Alerts and Subscriptions（通知和订阅）设置

1. 配置电子邮件通知

服务器进程停止或重新启动时会向用户发送邮件。如果运行的是单服务器，就通知表示整个服务器停止运行，随后的邮件通知表示服务器又重新运行；如果运行的是分布式系统，就通知表示活动存储库或数据引擎实例出现故障，随后的通知表示该进程的备用实例已被接管或已处于活动状态。

2. 配置磁盘空间不足电子邮件通知

选择当未使用驱动器空间低于阈值时发送通知，在通知阈值中输入可用磁盘空间百分比，Tableau 将其看作通知阈值；在严重阈值中输入可用磁盘空间百分比，Tableau 将其视为严重阈值；在电子邮件通知发送间隔中输入发送通知频率的分钟数。

14.3.6 SSL

SSL（安全套接字层）可以确保 Tableau Server 访问的安全性，并且保护在 Web 浏览器与服务器之间或 Tableau Desktop 与服务器之间传递的敏感信息，必须先从受信任的颁发机构获取证书，然后将证书文件导入 Tableau Server 中，如图 14-24 所示。

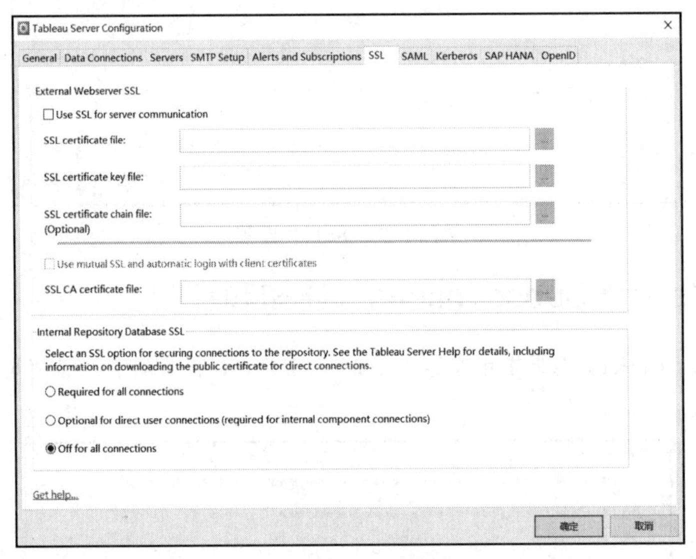

图 14-24　SSL 设置

外部 SSL 的配置步骤如下：

步骤 01 从受信任的颁发机构获取 Apache SSL 证书，也可以使用公司颁发的内部证书，并将证书文件放在与 Tableau Server 文件夹同级的名为 SSL 的文件夹中。

步骤 02 通过“开始”菜单打开 Tableau Server 配置实用工具，在“配置 Tableau Server”对话框中选择“SSL”选项卡。

步骤 03 选择 Use SSL for server Communication（将 SSL 用于服务器通信），并提供每个证书文件的位置。

- SSL certificate file（SSL 证书文件）：必须是有效的 PEM 编码 x509 证书，扩展名为.crt。
- SSL certificate key file（SSL 证书密钥文件）：必须是不受密码保护的有效 RSA 或 DSA 密

钥（包含嵌入式密码），文件扩展名为.key。

步骤04 如果要使用 SSL 进行服务器通信，并且想要使用服务器和客户端上的证书配置 Tableau Server 与客户端之间的 SSL 通信，需要选择 Use mutual SSL and automatic login with client certificates（使用相互 SSL 和具有客户端证书的自动登录），并在 SSL CA Certificate file（SSL CA 证书文件）中输入证书文件的位置。

内部 SSL 的配置如下：

默认情况下，Tableau Server 已经为服务器组件和存储库之间的通信禁用了 SSL。

- 选择 Required for all connections（所有连接都需要）选项，Tableau Server 将为存储库数据库和其他服务器组件之间的通信使用 SSL。
- 选择 Optional for direct user connections（直接用户连接）选项，会将 Tableau Server 配置为在存储库和其他服务器组件之间使用 SSL。
- 选择 Off for all connections（关闭所有连接）选项，将为内部通信和直接连接都禁用 SSL。

注意，在配置过程中，与 Tableau Server 的直接连接必须使用 SSL。

14.3.7 SAML

SAML（安全断言标记语言）是一种 XML 标准，允许安全 Web 域交换用户身份验证和授权数据。可以将 Tableau Server 配置为使用外部身份提供程序（IdP）通过 SAML 2.0 对 Tableau Server 用户进行身份验证，如图 14-25 所示。

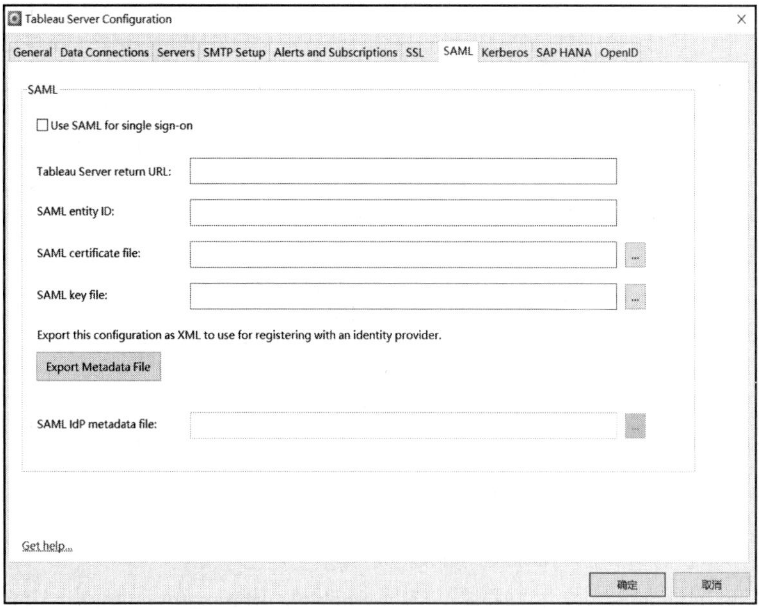

图 14-25 SAML 设置

步骤01 将证书文件放在与 Tableau Server 9.3 文件夹同级的名为 SAML 的文件夹中。

步骤02 在 SAML 选项卡选择 Use SAML for single sign-on（使用 SAML 进行单点登录），并提供以下各项的位置：

- Tableau Server return URL（Tableau Server 返回 URL），Tableau Server 用户将访问的 URL，如 http://tableau_server。
- SAML entity ID（SAML 实体 ID），可向 IdP 唯一的标识 Tableau Server 安装。可以再次输入 Tableau Server URL。
- SAML certificate file（SAML 证书文件），PEM 编码的 x509 证书，文件扩展名为.crt。
- SAML key file（SAML 证书密钥文件），不受密码保护的 RSA 或 DSA 私钥文件，文件扩展名为.key。

步骤 03 单击 Export Metadata File（导出元数据文件），将会打开一个对话框，允许将 Tableau Server 的 SAML 设置保存为 XML 文件，使用所选名称保存 XML 文件。

步骤 04 在应用程序中，将 Tableau Server 作为服务提供程序添加。将 IdP 的元数据 XML 文件复制到 C:\Program Files\Tableau\Tableau Server\SAML 下。

步骤 05 在 Tableau Server Configuration（Tableau Server 配置）对话框的 SAML 选项卡、SAML IdP metadata file（SAML IdP 元数据文件）文本框中输入文件位置。

14.3.8 Kerberos

可以将 Tableau Server 配置为使用 Kerberos，这能够在组织中所有应用程序之间提供单点登录体验，如图 14-26 所示。

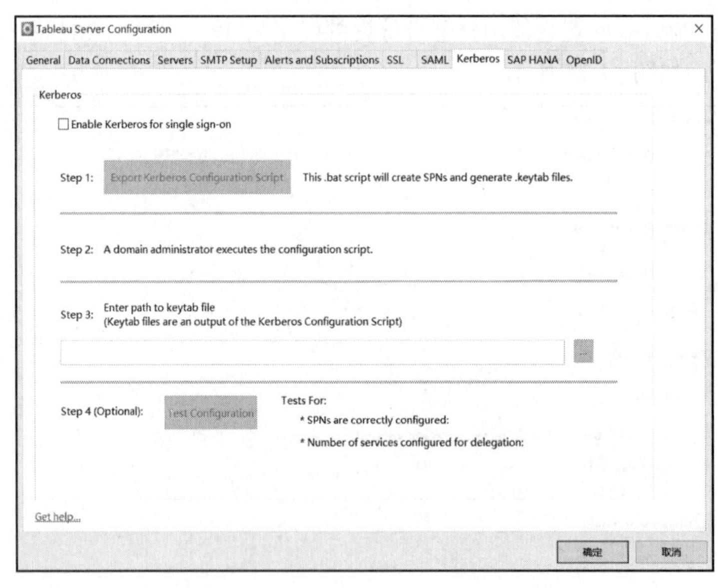

图 14-26　Kerberos 设置

步骤 01 必须停止计算机的 Tableau Server 服务。

步骤 02 打开 Tableau Server 配置页面，选择 Enable Kerberos for single sign-on（为单点登录启用 Kerberos）。

步骤 03 单击 Export Kerberos Configuration Script（导出 Kerberos 配置脚本），生成的脚本可配置 Active Directory 域。

步骤 04 让 Active Directory 域管理员运行此配置脚本，以创建服务主体名称（SPN）和.keytab

文件。

步骤05 将脚本创建的.keytab文件副本保存到Tableau Server计算机，输入.keytab文件的路径，或者单击浏览按钮导航到该文件。

步骤06 单击Test Configuration（测试配置）以确认环境已正确配置为将Kerberos用于Tableau Server。如果没有为Kerberos委派配置任何数据源，就会将为委派配置的服务数量显示为0。

14.3.9 SAP HANA

通过SAP HANA的SSO，Tableau Server充当身份提供程序（IdP），它允许为用户提供单点登录（SSO）体验，过程中需要获取SAML证书和密钥文件，如图14-27所示。

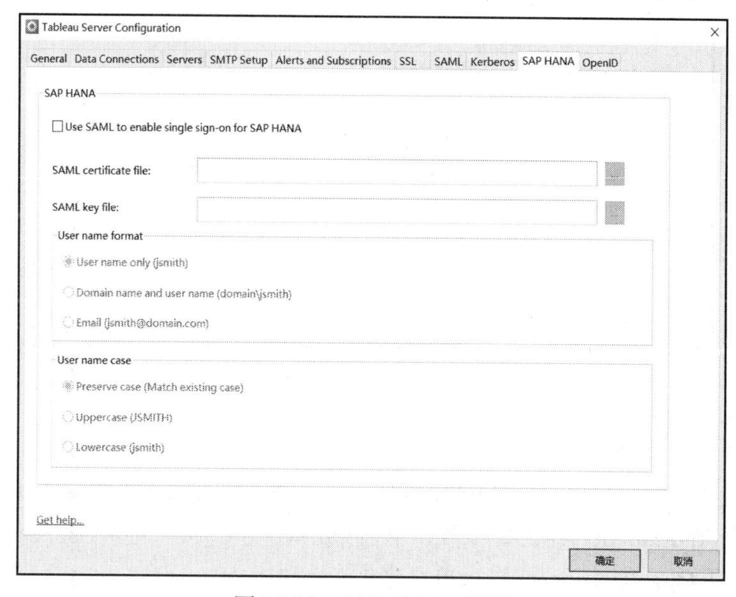

图14-27 SAP HANA设置

将Tableau Server配置为针对SAP HANA使用SSO：

步骤01 将证书文件放在与Tableau Server 9.3文件夹同级的名为SAML的文件夹中，如C:\Program Files\Tableau\Tableau Server\SAML。

步骤02 安装Tableau Server之后，单击SAP HANA选项卡。

步骤03 选择Use SAML to enable single sign-on for SAP HANA（使用SAML为SAP HANA启用单点登录），并提供SAML证书文件和SAML私钥文件的位置。

- SAML certificate file（SAML证书文件）：PEM编码的x509证书，文件扩展名为.crt或.cert。
- SAML key file（SAML私钥文件）：不受密码保护的DER编码的私钥文件，文件扩展名为.der。

步骤04 选择用户名的格式。

步骤05 选择用户名的大小写。确定在名称转发到SAP HANA身份提供程序（IdP）时的名称大小写。

14.3.10 OpenID

OpenID Connect 是一种标准身份验证协议，它使用户能够登录如 Google 等身份提供程序（IdP）。用户成功登录 IdP 后，将会自动登录 Tableau Server，如图 14-28 所示。

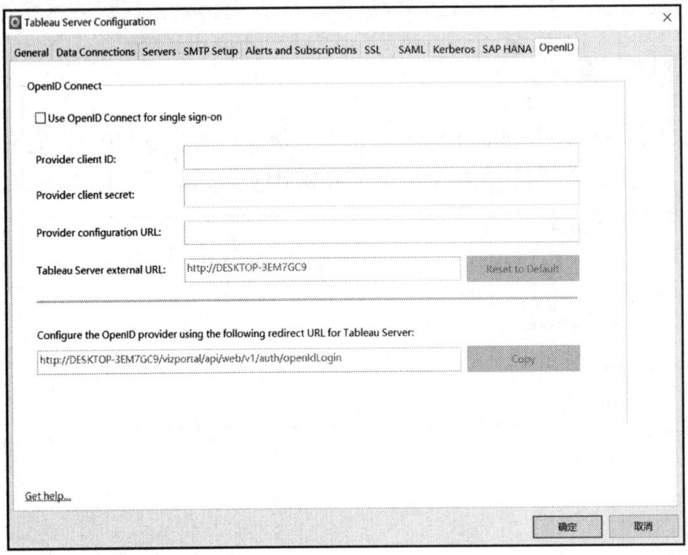

图 14-28 设置 OpenID

配置 OpenID 的步骤如下：

步骤 01 以管理员身份登录运行 Tableau Server 的计算机。如果服务器正在运行，就将其停止。

步骤 02 运行 Tableau Server 配置工具，单击 OpenID 选项卡，选择 Use OpenID Connect for single sign-on（使用 OpenID Connect 进行单点登录）选项。

步骤 03 使用之前记录的值填写 Provider client ID（提供程序客户端 ID）和 Provider client Secret（提供程序客户端密码）框。

步骤 04 在 Provider configuration URL（提供程序配置 URL）框中输入 IdP 用于 OpenID Connect 发现的 URL。

步骤 05 在 Tableau Server external URL（Tableau Server 外部 URL）框中输入服务器的 URL。

步骤 06 复制 Configure the OpenID provider using the following redirect URL for Tableau Server（使用以下 Tableau Server 重定向 URL 配置 OpenID 提供程序）框中的 URL。

14.4 登录服务器

配置完成后，单击配置页面的"确定"按钮，出现配置完成对话框，如图 14-29 所示。单击"确定"按钮，继续初始化过程（Tableau Initialization Progress），如图 14-30 所示。

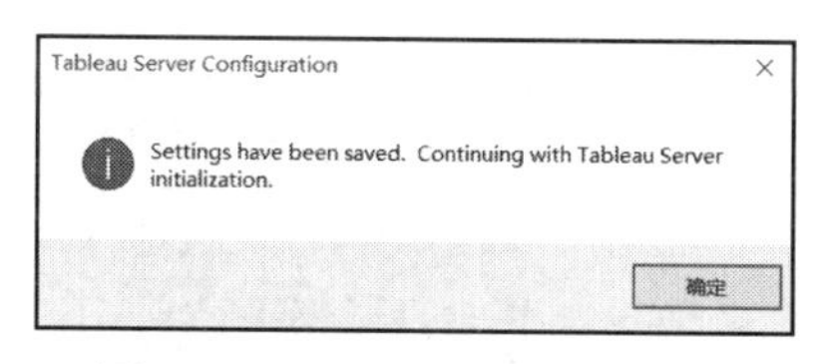

图 14-29　配置完成对话框

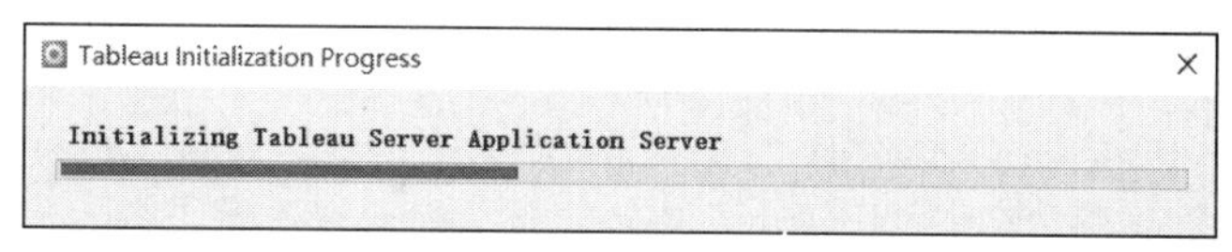

图 14-30　初始化配置

服务器配置初始化完成后，出现安装结束页面，单击 Finish 按钮，如果第一次安装 Tableau Server，就会自动进入服务器登录界面，如图 14-31 所示。

图 14-31　登录服务器

我们需要填写“用户名”“显示名称”“密码”“确认密码”，单击“新建管理员账号”按钮，进入服务器，如图 14-32 所示。

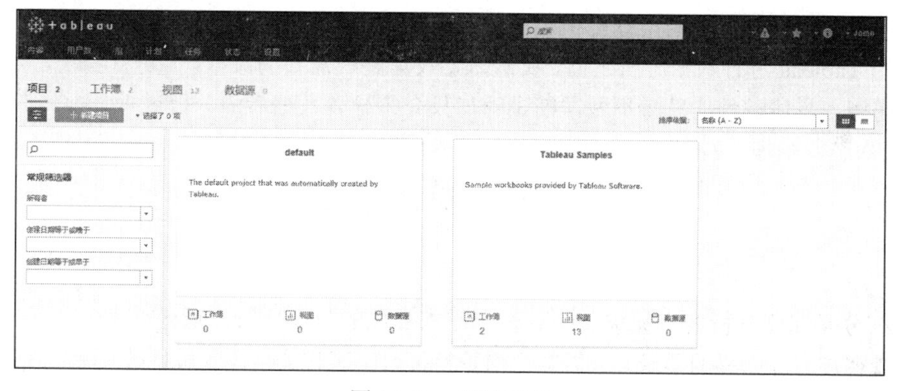

图 14-32　开始页面

14.5　上机操作题

练习 1：在 Tableau 官方网站下载 32 位的 Tableau Server 9.3（根据电脑配置选择版本）。

练习 2：在虚拟机中安装 Tableau Server 软件，然后登录服务器进行相应的功能配置。

第 15 章

网上超市运营分析

网上超市是指基于互联网的在线超市销售平台，为消费者提供物美价廉、种类丰富的超市商品批发、零售服务，这是一种新型的购物方式。目前，网络超市的竞争越来越激烈。在这种情况下，经营超市需要的是自身的管理和比其他普通超市优越的赢利点，而不是随波逐流的模仿和跟风。

本章将以某超市在 2016 年至 2019 年共计 4 年的运营数据为数据源，围绕客户分析、配送分析、销售分析、利润分析、退货分析和预测分析 6 个方面进行全面、深入的分析。

在使用 Tableau 进行数据分析之前，我们需要收集整理需要的数据，并进行清洗，再用 Tableau 进行数据连接。具体过程这里将不做详细说明，只介绍导入数据后的分析过程。

15.1 客户分析

客户细分是深度分析客户需求、应对客户需求变化的重要手段。通过合理、系统的分析，企业可以知道客户有什么样的需求，分析客户消费特征，使运营策略得到最优的规划，发掘潜在有价值的客户。

在本案例中，客户分析将围绕商品交易次数、各省市利润额、客户散点图、客户交易量排名 4 个方面进行，客户分析的仪表板如图 15-1 所示。

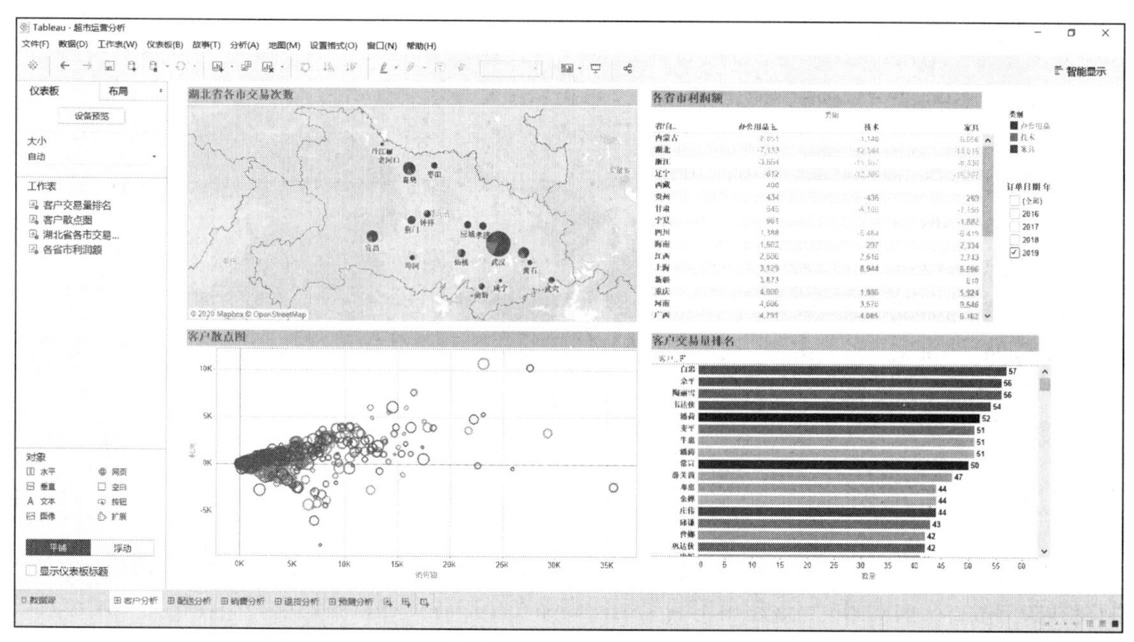

图 15-1　客户分析仪表板

15.1.1　交易次数统计

购买次数即购买频率，是指消费者或用户在一定时期内购买某种或某类商品的次数。一般说来，消费者的购买行为在一定时限内进行是有规律可循的。其中，购买次数是度量购买行为的一项重要指标，它是企业选择目标市场、确定经营方式、制定营销策略的重要依据，如图 15-2 所示。

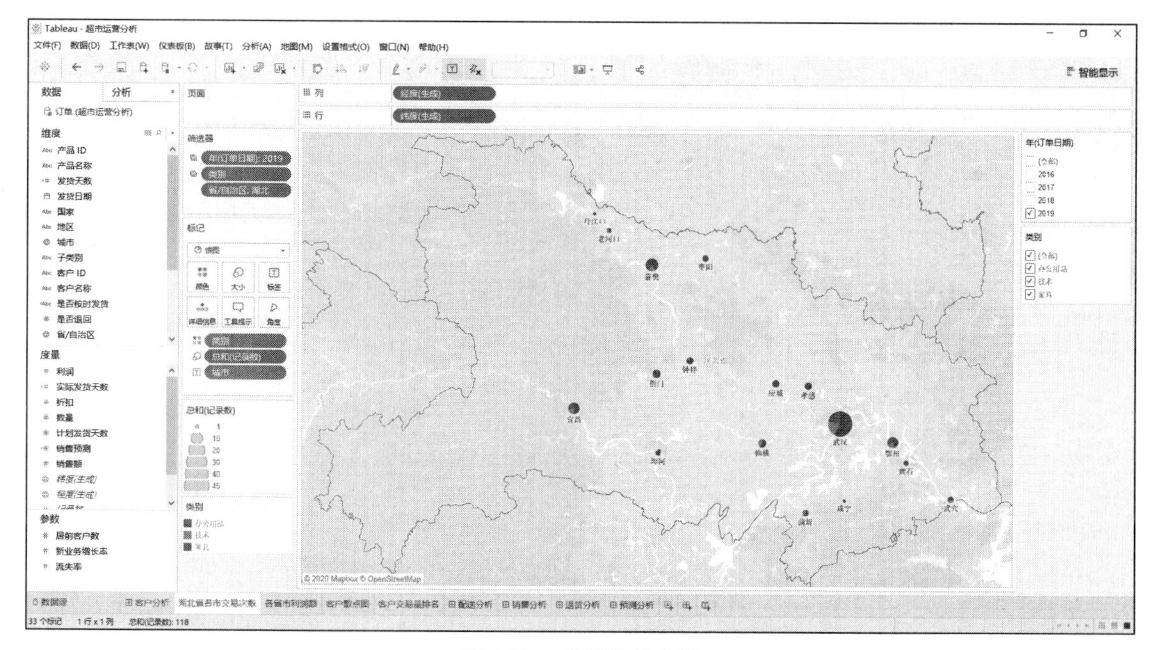

图 15-2　交易次数分析

操作步骤：

步骤 01 将“城市”的数据类型设置为“地理角色”中的“城市”，并把度量下的“维度（生成）”拖放到行功能区，“经度（生成）”拖放到列功能区。

步骤 02 将维度下的“类别”拖放到“标记”卡的“颜色”中。

步骤 03 将度量下的“记录数”拖放到“标记”卡的“大小”中。

步骤 04 将维度下的“城市”拖放到“标记”卡的“详细信息”中。

步骤 05 将维度下的“订单日期”拖放到“筛选器”上，并选择“显示筛选器”。

步骤 06 将维度下的“类别”拖放到“筛选器”上，并选择“显示筛选器”，并将“省/自治区”拖放到“筛选器”上，在下拉框中选择“湖北”。

步骤 07 在“标记”卡的显示下拉框中选择“饼图”。

15.1.2 各省市利润

利润是企业在一定会计期间的经营成果，包括收入减去费用后的净额、直接计入当期利润的利得和损失等。在本案例中，该超市不同类别的商品在全国各个省市的销售利润存在较大差异。此外，受到销售成本的限制，部分省市的利润还出现负值的情况，如图 15-3 所示。

操作步骤：

步骤 01 将维度下的“类别”拖放到列功能区，将“省/自治区”拖放到行功能区。

步骤 02 将度量下的“利润”拖放到“标记”卡的“颜色”中。

步骤 03 将度量下的“利润”拖放到“标记”卡的“文本”中。

步骤 04 将维度下的“订单日期”拖放到“筛选器”中，并选择“显示筛选器”。

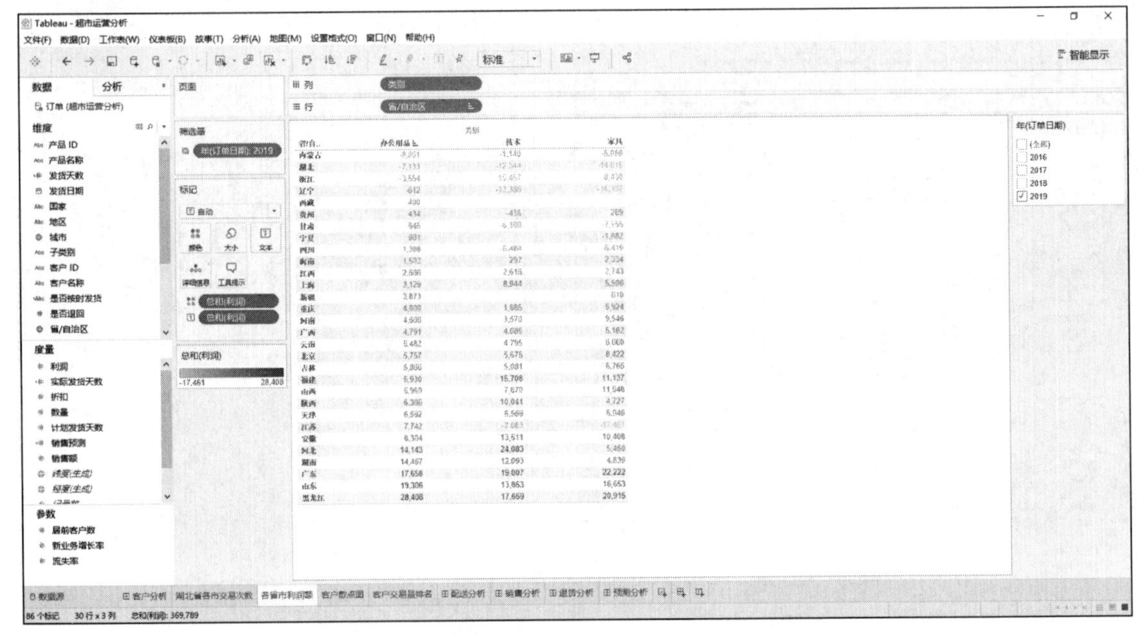

图 15-3 各省市利润额

15.1.3　客户散点图

“以客户为中心”的个性化服务越来越受重视，研究客户的个性化需求，分析不同客户对企业效益的影响，以便做出决策。在本案例中，不同类型商品的购买量是不同的，如图 15-4 所示。

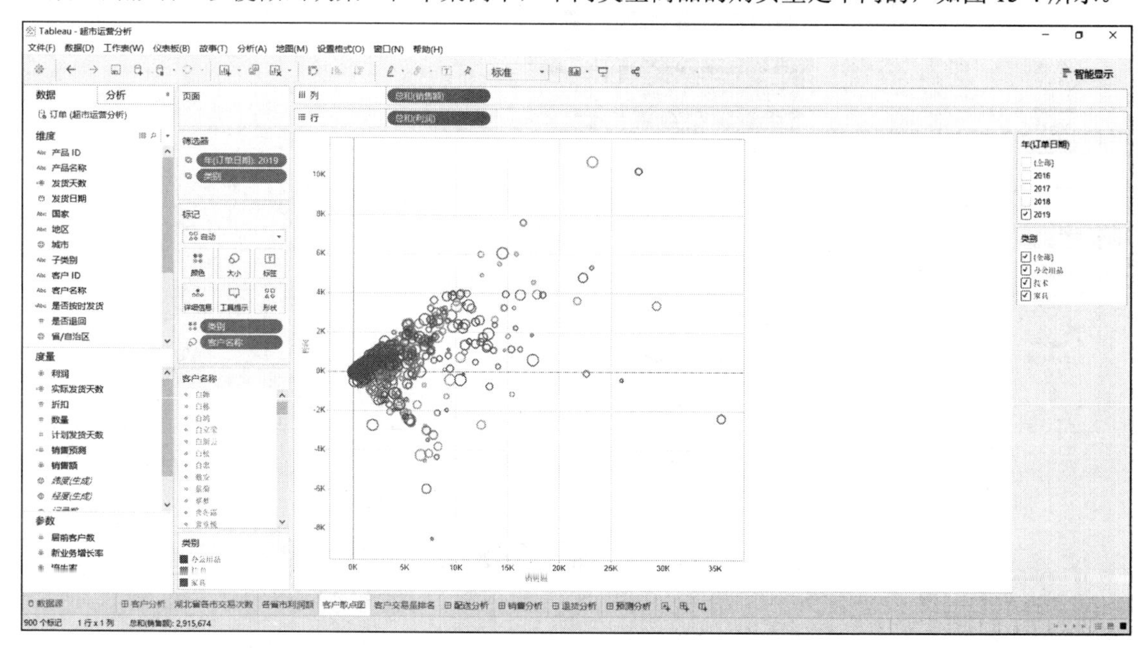

图 15-4　客户散点图

操作步骤：

步骤 01　将维度下的“销售额”拖放到列功能区，将“利润”拖放到行功能区。

步骤 02　将度量下的“类别”拖放到“标记”卡的“颜色”中。

步骤 03　将度量下的“客户名称”拖放到“标记”卡的“大小”中。

步骤 04　将维度下的“订单日期”拖放到“筛选器”上，并选择“显示筛选器”。

步骤 05　将维度下的“类别”拖放到“筛选器”上，并选择“显示筛选器”。

15.1.4　客户交易量排名

客户交易量是指某段时间内购买的数量。通过客户交易量分析，可以挖掘客户的价值。一般交易量越大的客户价值越大。在本案例中，每个客户每类商品的交易量是不一样的，如图 15-5 所示。

操作步骤：

步骤 01　将度量下的“数量”拖放到列功能区，将维度下的“客户名称”拖放到行功能区。

步骤 02　将度量下的“利润”拖放到“标记”卡的“颜色”中。

步骤 03　将度量下的“数量”拖放到“标记”卡的“标签”中。

步骤 04　将维度下的“订单日期”拖放到“筛选器”上，并选择“显示筛选器”。

步骤 05　将维度下的“类别”拖放到“筛选器”上，并选择“显示筛选器”。

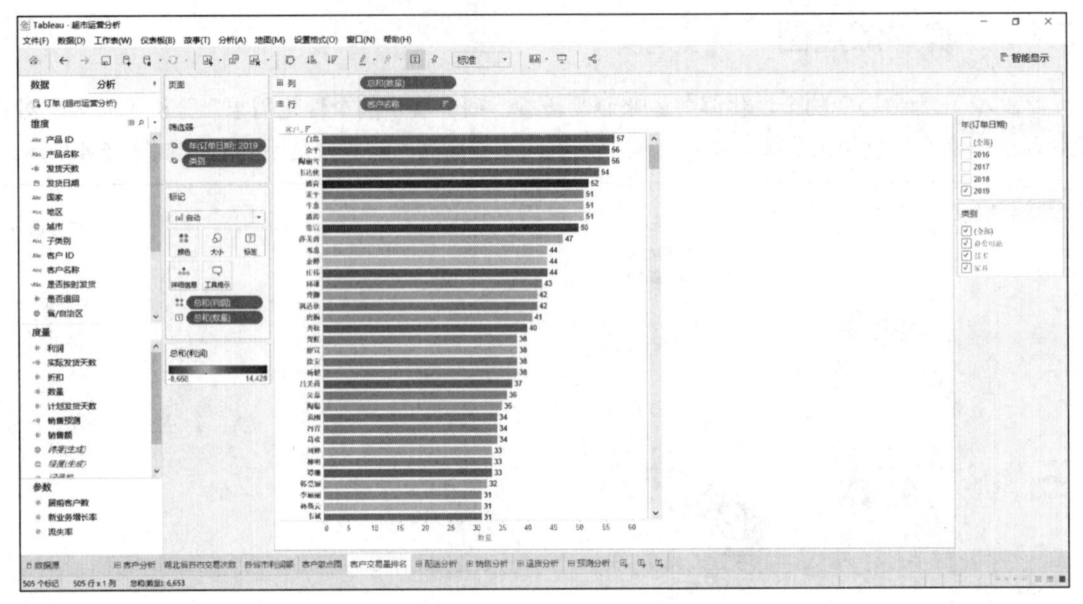

图 15-5　客户交易量排名

15.2　配送分析

配送是指在区域范围内，根据客户要求对物品进行拣选、加工、包装、分割、组配等，并按时送达指定地点的物流活动。

在本案例中，配送分析主要围绕各省市的配送情况、配送准时性、商品发货天数、配送延迟商品 4 个方面进行分析，仪表板如图 15-6 所示。其中发货天数等于实际发货天数减去计划发货天数，实际发货天数等于发货日期减去订单日期。

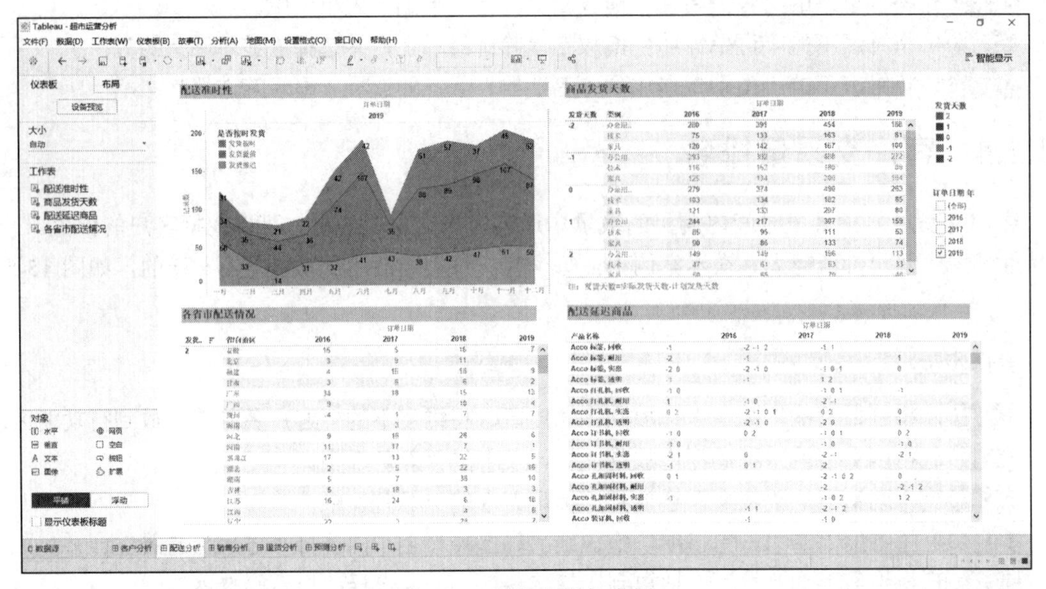

图 15-6　配送分析仪表板

15.2.1　配送情况

物流时间是指配送中心在产品采购入库后，通过科学管理手段，以最佳方法和适当库存合理控制产品入库、在库及出库时间。在本案例中，存在发货配送延迟的现象，最晚为两天，如图 15-7 所示。

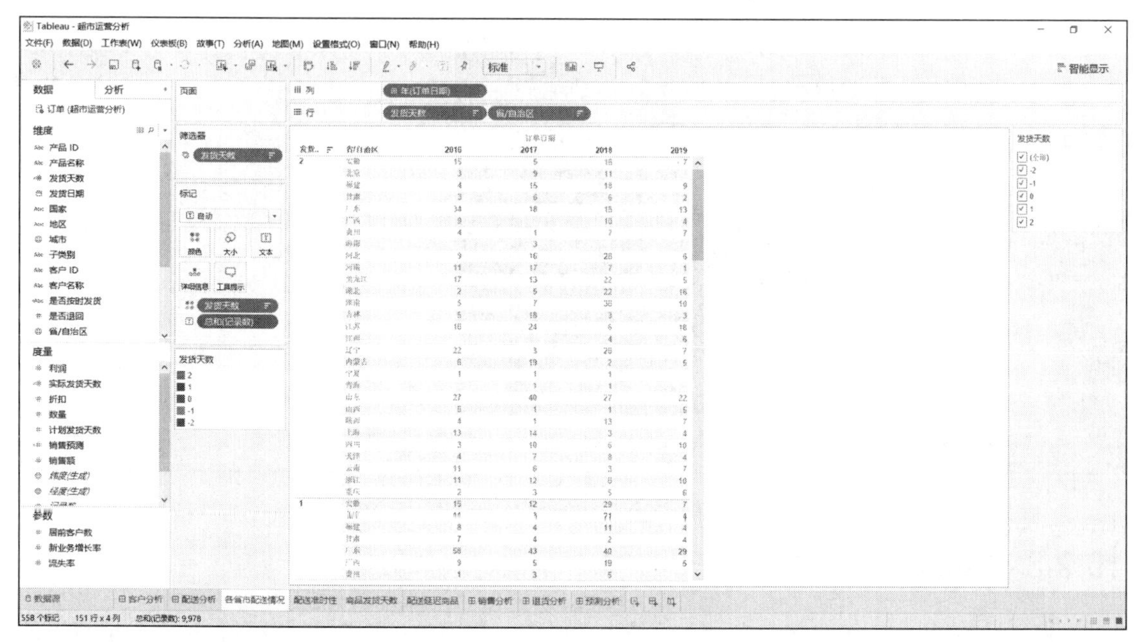

图 15-7　各省市配送情况分析

操作步骤：

步骤 01 将维度下的“发货天数”和“省/自治区”拖放到行功能区，将“订单日期”拖放到列功能区。

步骤 02 将维度下的“发货天数”拖放到“标记”卡的“颜色”中。

步骤 03 将度量下的“记录数”拖放到“标记”卡的“文本”中。

步骤 04 将维度下的“发货天数”拖放到“筛选器”上，并选择“显示筛选器”。

15.2.2　配送准时性

物流配送的准时性对于商品来说具有重要意义，是能否快速满足用户需求的一个必要条件。该超市订单的准时性如图 15-8 所示。

操作步骤：

步骤 01 将维度下的“订单日期”拖放到列功能区，调整为月度，将度量下的“记录数”拖放到行功能区。

步骤 02 将维度下的“是否按时发货”拖放到“标记”卡的“颜色”中。

步骤 03 将度量下的“记录数”拖放到“标记”卡的“标签”中。

步骤 04 将维度下的“订单日期”拖放到“筛选器”上，并选择“显示筛选器”。

步骤05 将维度下的“发货天数”拖放到“筛选器”上，并选择“显示筛选器”。

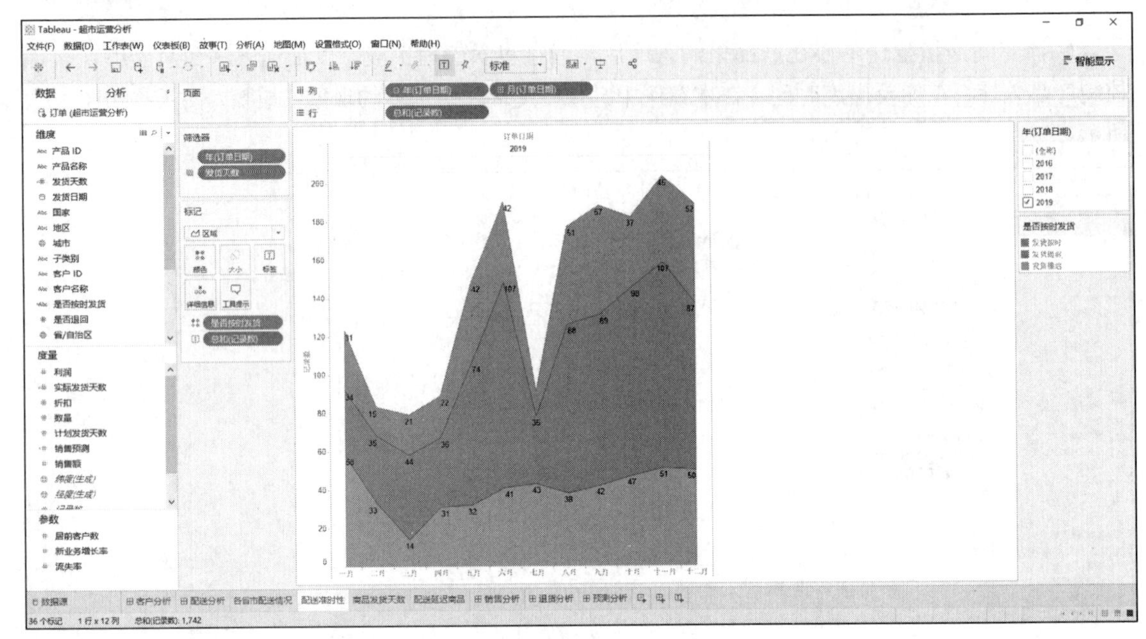

图 15-8 配送准时性分析

15.2.3 商品发货天数

发货时间是指物流公司把信息录入系统中的时间，并不是指给客户发送的时间，一般真正的发送时间略早于录入系统的时间。本案例中商品的发货天数如图 15-9 所示。

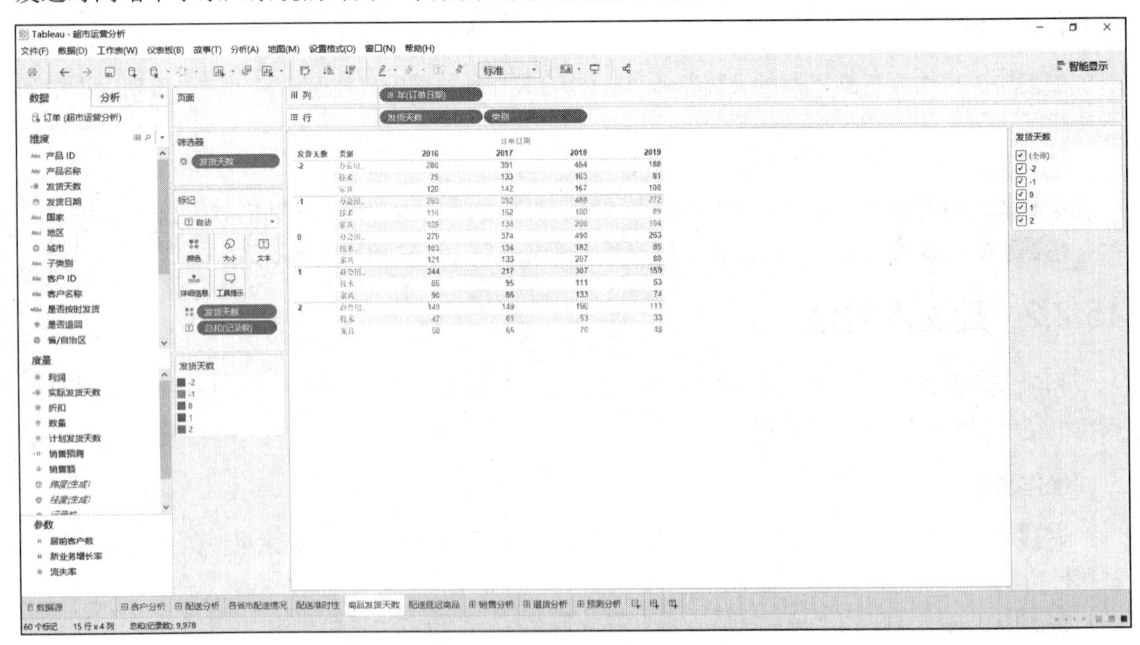

图 15-9 商品发货天数分析

操作步骤：

步骤 01 将维度下的“发货天数”和“类别”拖放到行功能区，“订单日期”拖放到列功能区。

步骤 02 将维度下的“发货天数”拖放到“标记”卡的“颜色”中。

步骤 03 将度量下的“记录数”拖放到“标记”卡的“文本”中。

步骤 04 将维度下的“发货天数”拖放到“筛选器”上，并选择“显示筛选器”。

15.2.4 配送延迟商品

配送与物流关系紧密。物流是指物品从供应地向接收地实体流动的过程。由于受各种因素影响（如节假日等），因此可能会出现延迟。本案例中各种商品的延迟情况如图 15-10 所示。

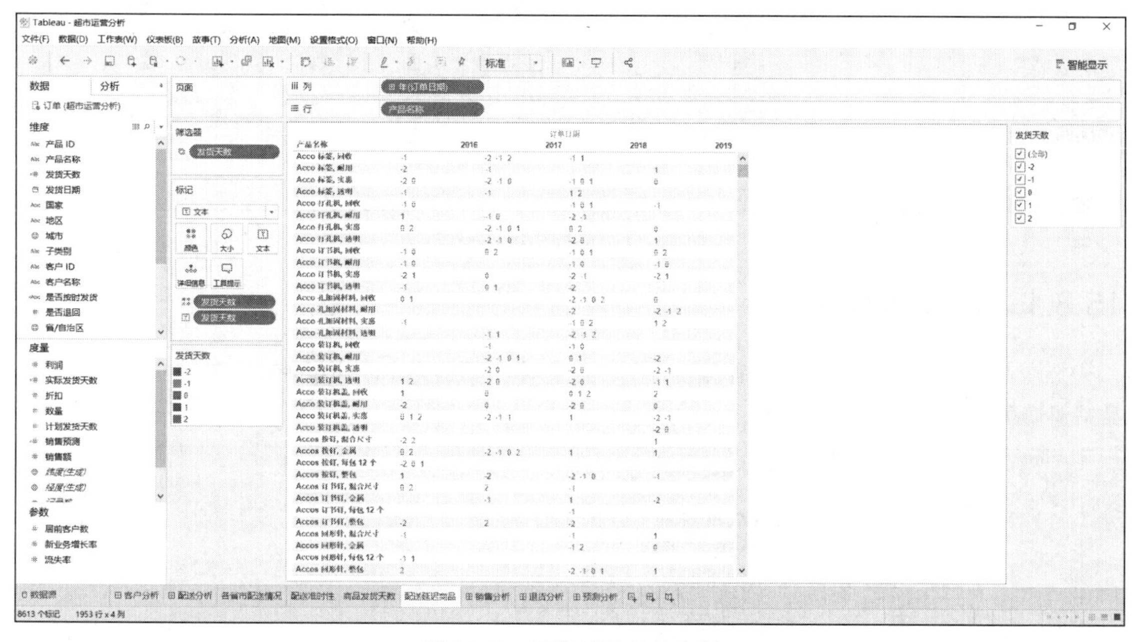

图 15-10　配送延迟商品分析

操作步骤：

步骤 01 将维度下的“订单日期”拖放到列功能区，将“产品名称”拖放到行功能区。

步骤 02 将度量下的“发货天数”拖放到“标记”卡的“颜色”中。

步骤 03 将度量下的“发货天数”拖放到“标记”卡的“文本”中。

步骤 04 将维度下的“发货天数”拖放到“筛选器”上，并选择“显示筛选器”。

15.3 销售分析

用数据证明相关销售成果是非常有说服力的，比如全年经营情况。在本案例中，销售分析将围绕各省市的销售额、区域销售额、产品细分和客户细分方面来进行，仪表板如图 15-11 所示。

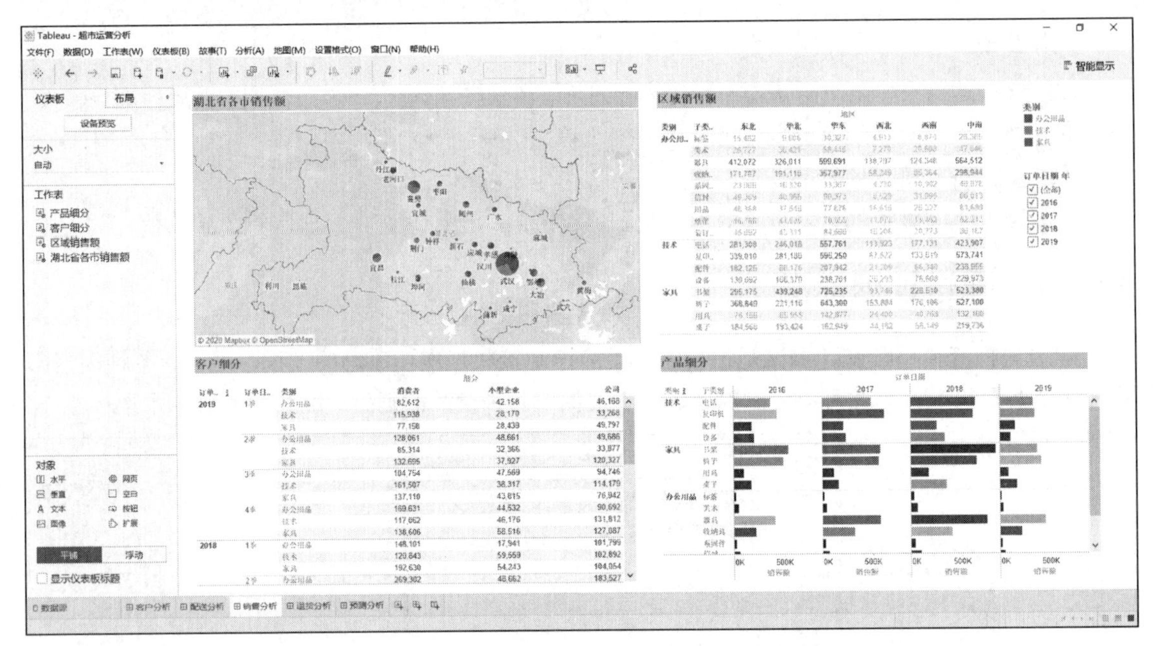

图 15-11　销售分析仪表板

15.3.1　销售额统计

该企业的商品在各个省市的销售额存在一定差异，下面统计近几年企业在湖北省各个市的商品销售情况，如图 15-12 所示。

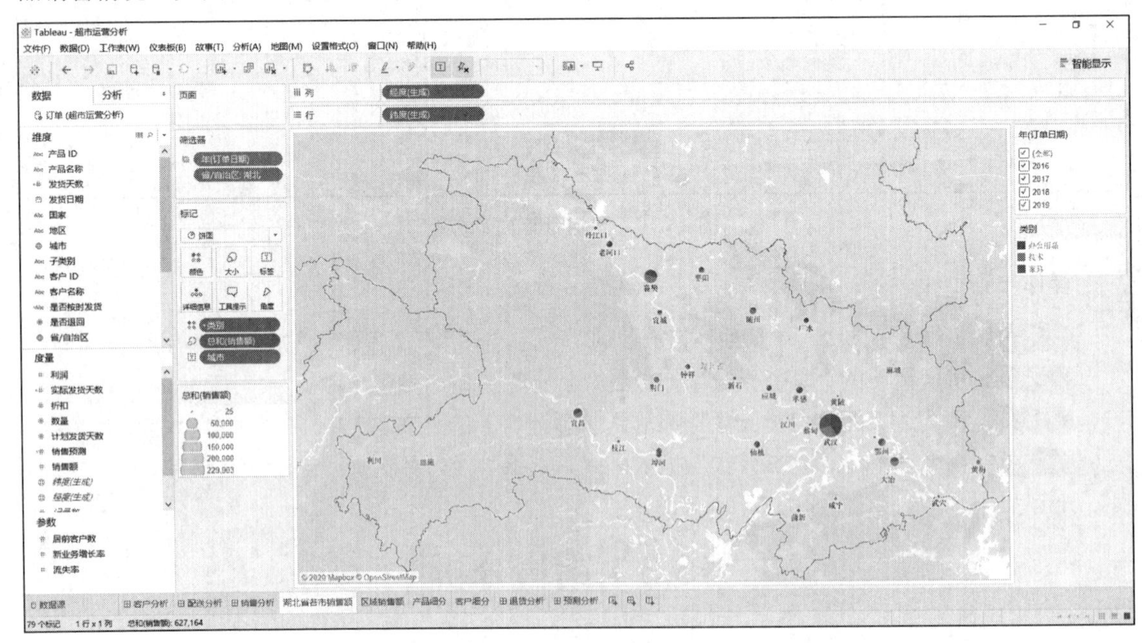

图 15-12　湖北省各市销售额分析

操作步骤：

步骤 01 将“城市”的数据类型设置为“地理角色”中的“城市”，并把度量下的“维度（生成）”拖放到行功能区，将“经度（生成）”拖放到列功能区。

步骤02 将维度下的“类别”拖放到“标记”卡的“颜色”中。

步骤03 将度量下的“销售额”拖放到“标记”卡的“大小”中。

步骤04 将维度下的“省/自治区”拖放到“标记”卡的“详细信息”中。

步骤05 将维度下的“订单日期”拖放到“筛选器”上，并选择“显示筛选器”。

步骤06 将维度下的“类别”拖放到“筛选器”上，并选择“显示筛选器”，并将“省/自治区”拖放到“筛选器”上，在下拉框中选择“湖北”。

步骤07 在“标记”卡的显示下拉框下选择“饼图”。

15.3.2　区域销售额

商品在不同区域的销售额是不一样的。下面比较该超市在全国各个区域的销售额情况，如图 15-13 所示。

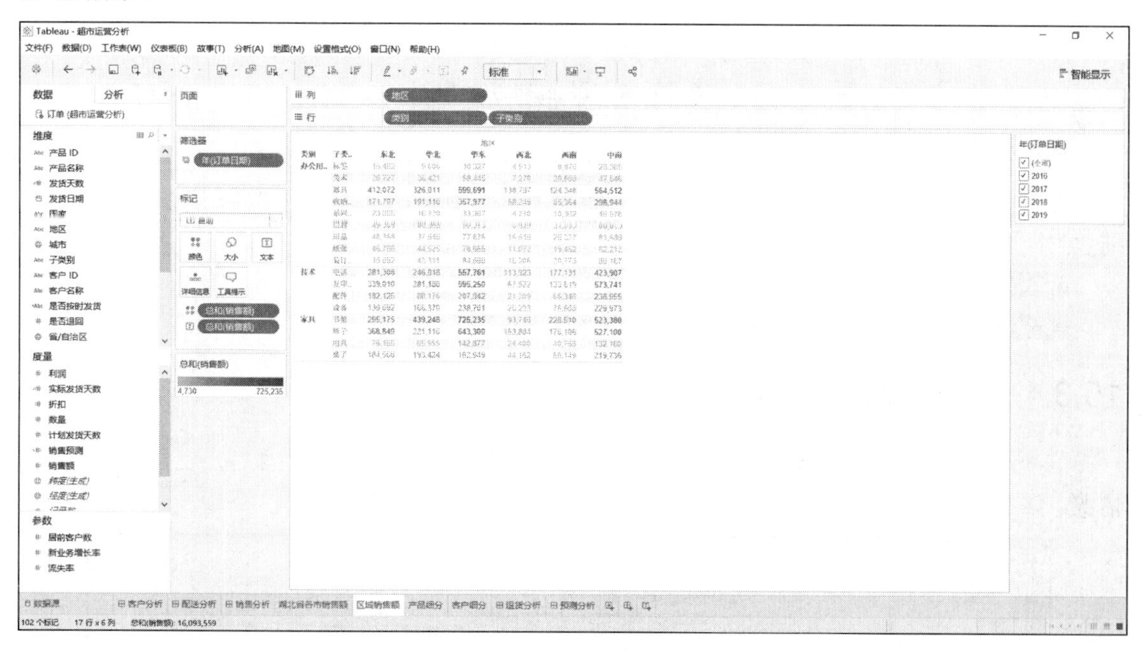

图 15-13　区域销售额分析

操作步骤：

步骤01 将维度下的“地区”拖放到列功能区，将“类别”和“子类别”拖放到行功能区。

步骤02 将度量下的“销售额”拖放到“标记”卡的“颜色”中。

步骤03 将度量下的“销售额”拖放到“标记”卡的“文本”中。

步骤04 将维度下的“订单日期”拖放到“筛选器”上，并选择“显示筛选器”。

15.3.3　产品细分

产品细分是指营销者通过市场调研，依据消费者的需要和欲望、购买行为和购买习惯等方面的差异，把某一产品的市场整体划分为若干消费者群的市场分类过程，如图 15-14 所示。

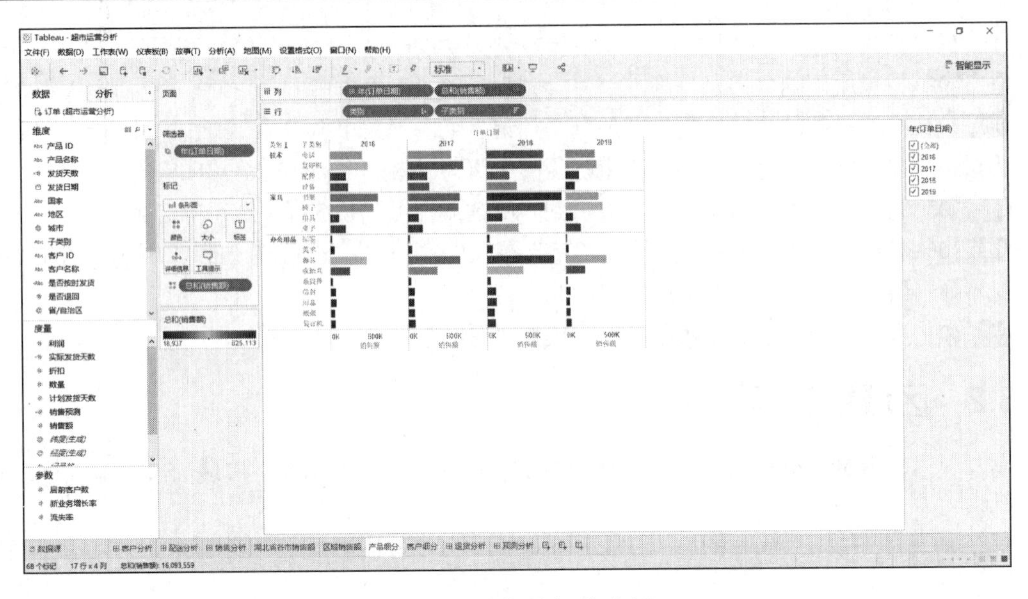

图 15-14　产品细分分析

操作步骤：

步骤 01 将维度下的“订单日期”和“销售额”拖放到列功能区，将“类别”和“子类别”拖放到行功能区。

步骤 02 将度量下的“销售额”拖放到“标记”卡的“颜色”中。

步骤 03 将维度下的“订单日期”拖放到“筛选器”上，并选择“显示筛选器”。

15.3.4　客户细分

客户细分是指根据客户属性划分的客户集合。下面比较该超市各种类型客户近几年的销售额情况，如图 15-15 所示。

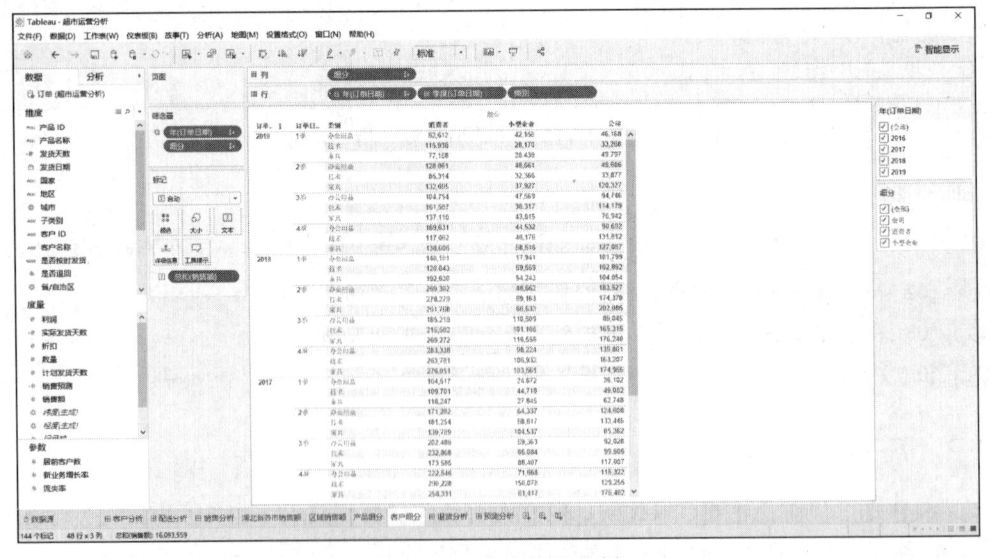

图 15-15　客户细分分析

操作步骤：

步骤01 将维度下的“细分”拖放到列功能区，将“订单日期”拖放到行功能区，频率调整为季度。同时，将“类别”拖放到行功能区。

步骤02 将度量下的“销售额”拖放到“标记”卡的“文本”中。

步骤03 将维度下的“订单日期”拖放到“筛选器”上，并选择“显示筛选器”。

步骤04 将维度下的“细分”拖放到“筛选器”上，并选择“显示筛选器”。

15.4　退货分析

退货是指买方将不满意的商品退还给卖方的过程。常见的退货原因：商品质量或包装有问题，顾客退回后，门店收货部再转退给供应商；存货量太大或商品滞销，门店消化不了，退还给供应商；商品未在保质期内，即已变质或损坏。

在本案例中，客户分析将围绕退货区域分布、退货产品数量、退货产品类型、退货产品名称 4 个方面进行。退货分析的仪表板如图 15-16 所示。

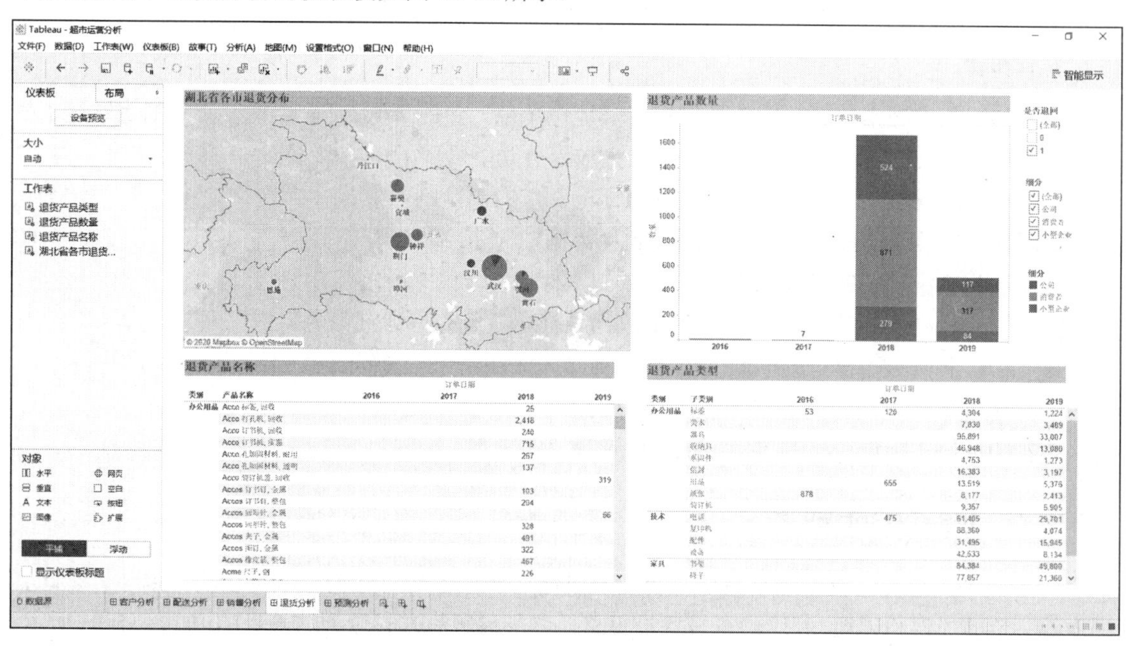

图 15-16　退货分析仪表板

15.4.1　退货区域分布

不同区域经济发展水平的差异影响市场机制对区域经济发展的作用程度，也影响区域市场的发育、发展，从而决定不同区域的经济发展速度和水平。该企业在湖北省各个市的退货情况如图 15-17 所示。

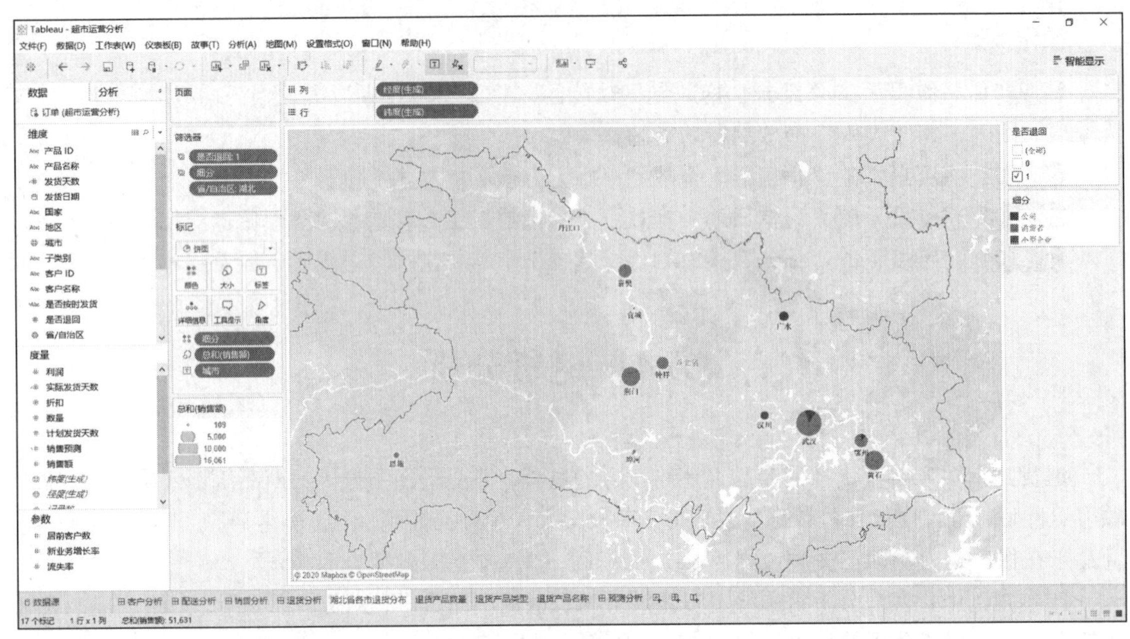

图 15-17　退货区域分布

操作步骤：

步骤 01 将“城市”的数据类型设置为“地理角色”中的“城市”，并把度量下的“维度（生成）”拖放到行功能区，将“经度（生成）”拖放到列功能区。

步骤 02 将维度下的“细分”拖放到“标记”卡的“颜色”中。

步骤 03 将度量下的“销售额”拖放到“标记”卡的“大小”中。

步骤 04 将维度下的“省/自治区”拖放到“标记”卡的“标签”中。

步骤 05 将维度下的“省/自治区”拖放到“标记”卡的“详细信息”中。

步骤 06 将维度下的“是否退回”拖放到“筛选器”上，并选择“显示筛选器”，并将“省/自治区”拖放到“筛选器”上，在下拉框中选择“湖北”。

步骤 07 在“标记”卡的显示下拉框中选择“饼图”。

15.4.2　退货产品数量

一般认为，退货的流量越小越好。企业可以通过严把生产质量关，减少运输、包装、装卸、配送等环节的失误和损耗，利用信息技术最短路径解决问题等方式达到这一目的，如图 15-18 所示。

操作步骤：

步骤 01 将维度下的“数量”拖放到行功能区，将度量下的“订单日期”拖放到列功能区。

步骤 02 将维度下的“细分”拖放到“标记”卡的“颜色”中。

步骤 03 将维度下的“数量”拖放到“标记”卡的“标签”中。

步骤 04 将维度下的“是否退回”拖放到“筛选器”上，并选择“显示筛选器”。

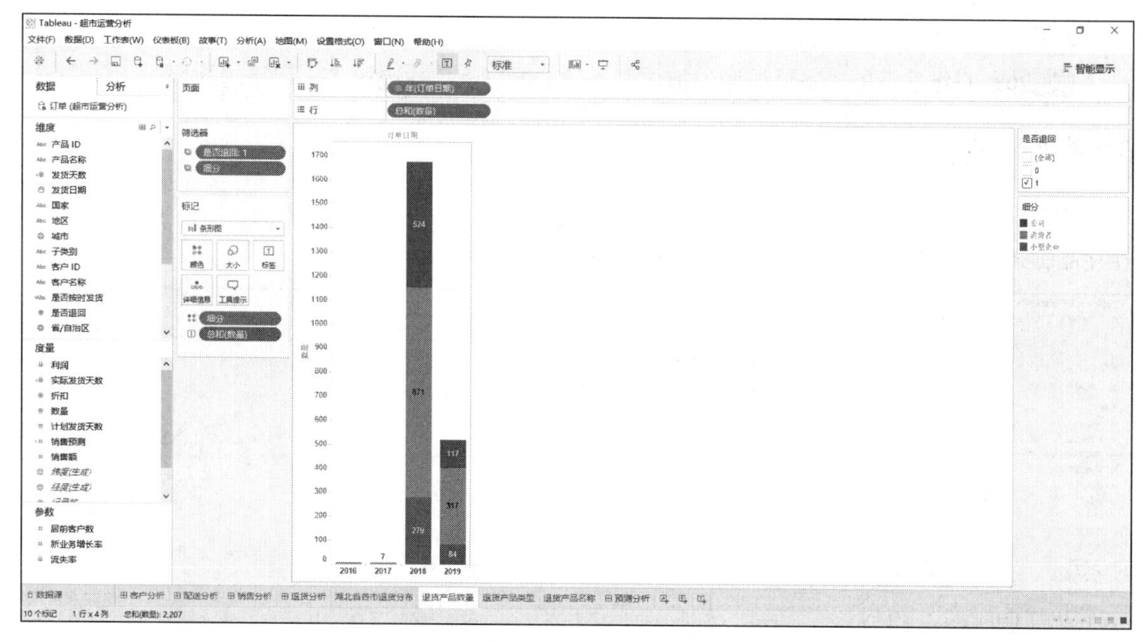

图 15-18　退货产品数量

15.4.3　退货产品类型

退货是指在经销商收货时货物完好正常收入，但在其负责销售期间因各种原因未能售出，根据销售协议可以退回产品的退货行为。退货产品类型如图 15-19 所示。

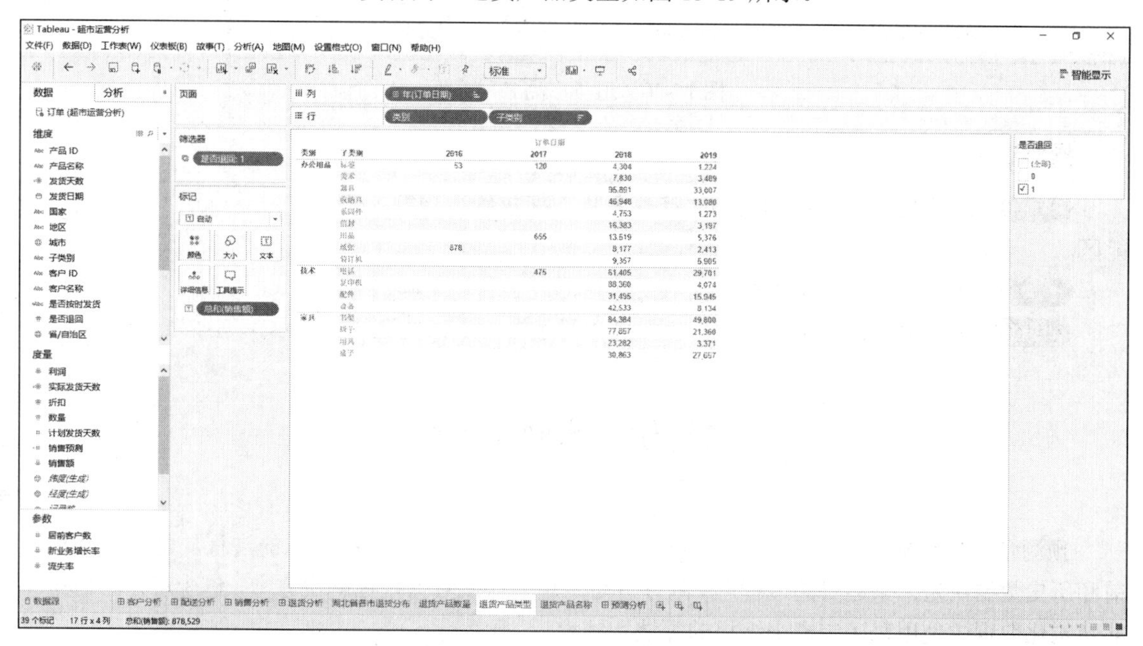

图 15-19　退货产品类型分析

操作步骤：

步骤 01　将维度下的“类别”和“子类别”拖放到行功能区，将“订单日期”拖放到列功能区。

步骤 02 将维度下的“销售额”拖放到“标记”卡的“文本”中。

步骤 03 将维度下的“是否退回”拖放到“筛选器”上，并选择“显示筛选器”。

15.4.4 退货产品名称

退货一般不会在产生时立即退还供应商，而是积存一段时间后，再退还给供应商，这类退货往往品种杂、状态多、数量大。各商品的退货量如图 15-20 所示。

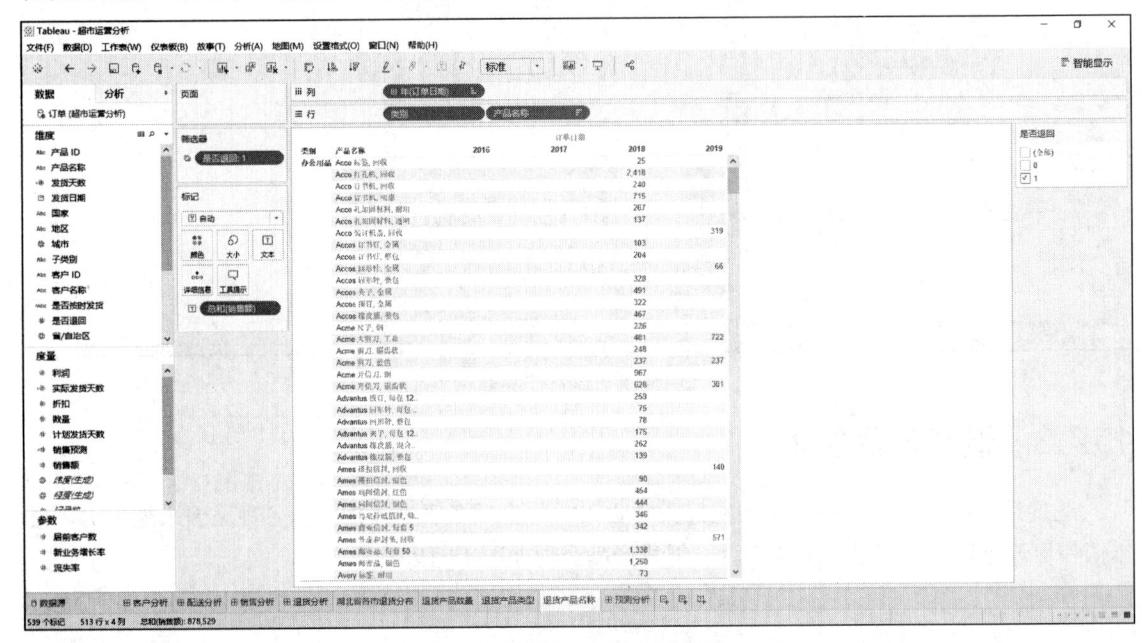

图 15-20 退货产品名称分析

操作步骤：

步骤 01 将维度下的“类别”和“产品名称”拖放到行功能区，将“订单日期”拖放到列功能区。

步骤 02 将维度下的“销售额”拖放到“标记”上的“文本”中。

步骤 03 将维度下的“是否退回”拖放到“筛选器”上，并选择“显示筛选器”。

15.5 预测分析

预测是定期更新对未来绩效的当前观点，以反映新的或变化中的信息的过程，是基于分析当前和历史数据决定未来趋势的过程。预测分析是一种统计或数据挖掘解决方案，包含可在结构化和非结构化数据中使用以确定未来结果的算法和技术。

在本案例中，我们可以根据该超市 2016 年至 2019 年的销售额和利润，预测 2020 年总体销售额以及各个地区销售额和利润情况。在 Tableau 中，对于时间序列数据，默认采用的是指数平滑法进行预测，为了提高预测精度，统计频率我们采用月份，仪表板如图 15-21 所示。

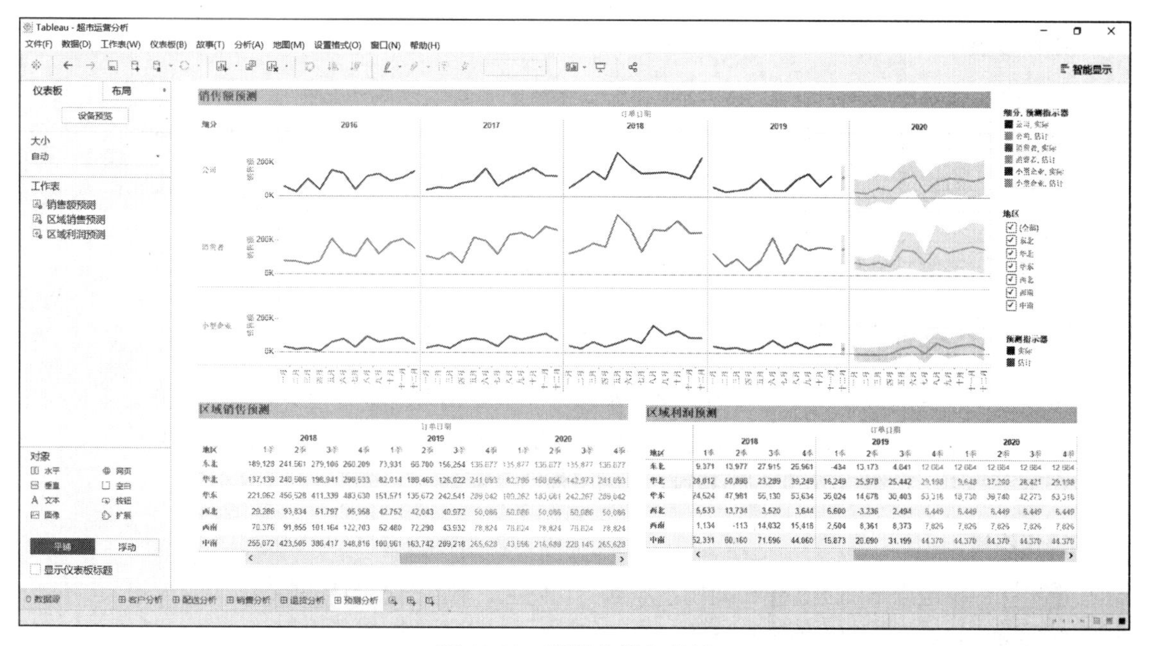

图 15-21　预测分析仪表板

15.5.1　销售额预测

销售额预测是指对未来特定时间内全部产品或特定产品的销售数量与销售金额的估计，是在充分考虑未来各种影响因素的基础上，结合本企业的销售实绩，通过一定的分析方法提出切实可行的销售目标。

在本案例中，预测 2020 年每月的销售额，如图 15-22 所示。

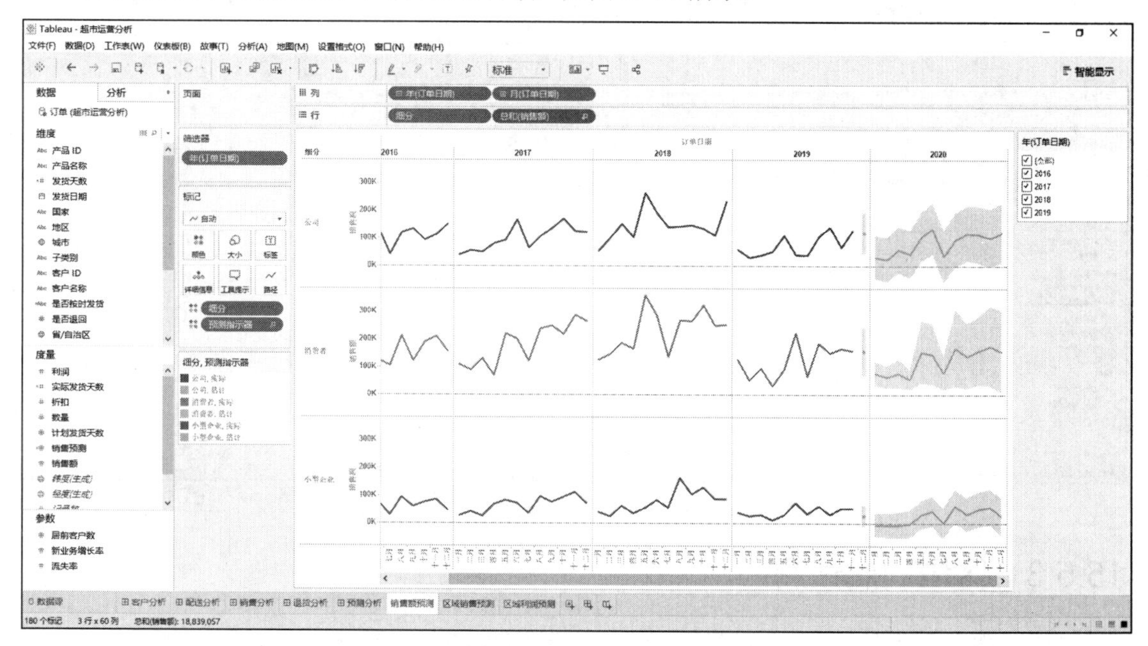

图 15-22　预测销售额

操作步骤：

步骤01 将维度下的“订单日期”拖放到列功能区，频率调整为月份。

步骤02 将维度下的“细分”拖放到行功能区，将度量下“销售额”拖放到行功能区。

步骤03 将维度下的“细分”拖放到“标记”卡的“颜色”中。

步骤04 将维度下的“订单日期”拖放到“筛选器”上，并选择“显示筛选器”。

步骤05 单击“分析”→“预测”→“显示预测”。

15.5.2 区域销售预测

由于各个地区地理、文化、政治、语言和风俗不同，消费者也有很大差异，因此企业必须正视各地区的差异性，实事求是、因地制宜，有针对性地制定经营战略和营销推广策略。

在本案例中，预测 2020 年的销售额，如图 15-23 所示。

操作步骤：

步骤01 将维度下的“订单日期”拖放到列功能区，频率调整为季度。

步骤02 将维度下的“地区”拖放到行功能区。

步骤03 将维度下的“销售额”拖放到“标记”卡的“文本”中。

步骤04 将维度下的“地区”拖放到“筛选器”上，并选择“显示筛选器”。

步骤05 单击“分析”→“预测”→“显示预测”。

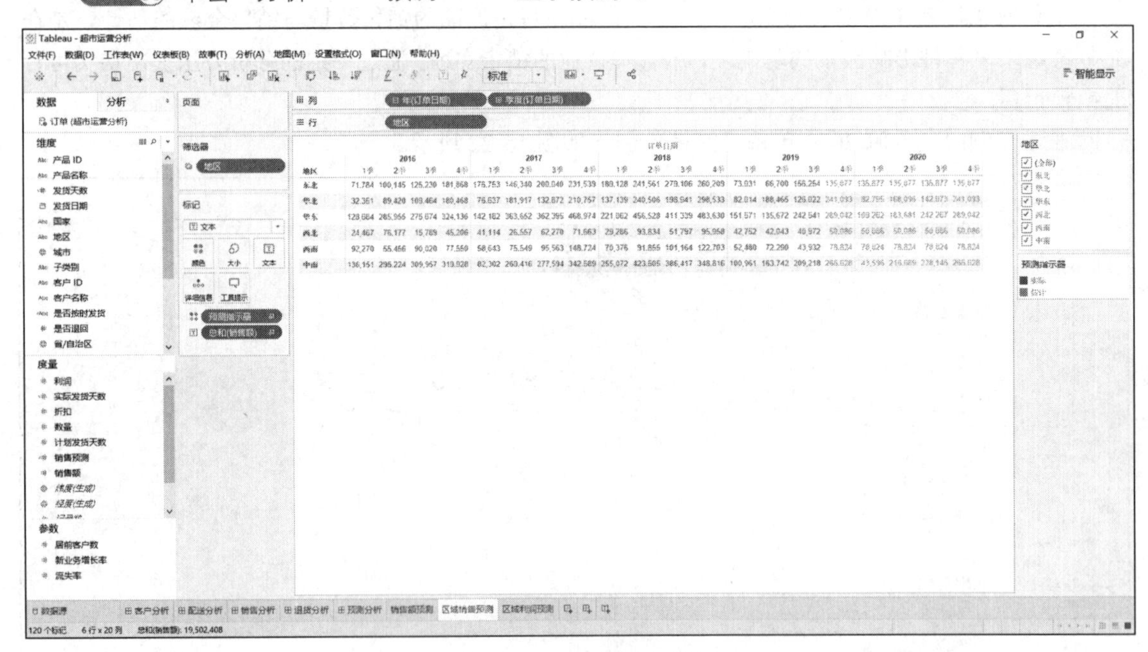

图 15-23 区域销售预测

15.5.3 区域利润预测

利润预测是企业在营业收入预测的基础上，通过对利润发生影响的因素进行分析与研究，进而对企业在未来某一段时期内可以实现的利润预期进行预计和测算。

在本案例中，预测 2020 年的利润，如图 15-24 所示。

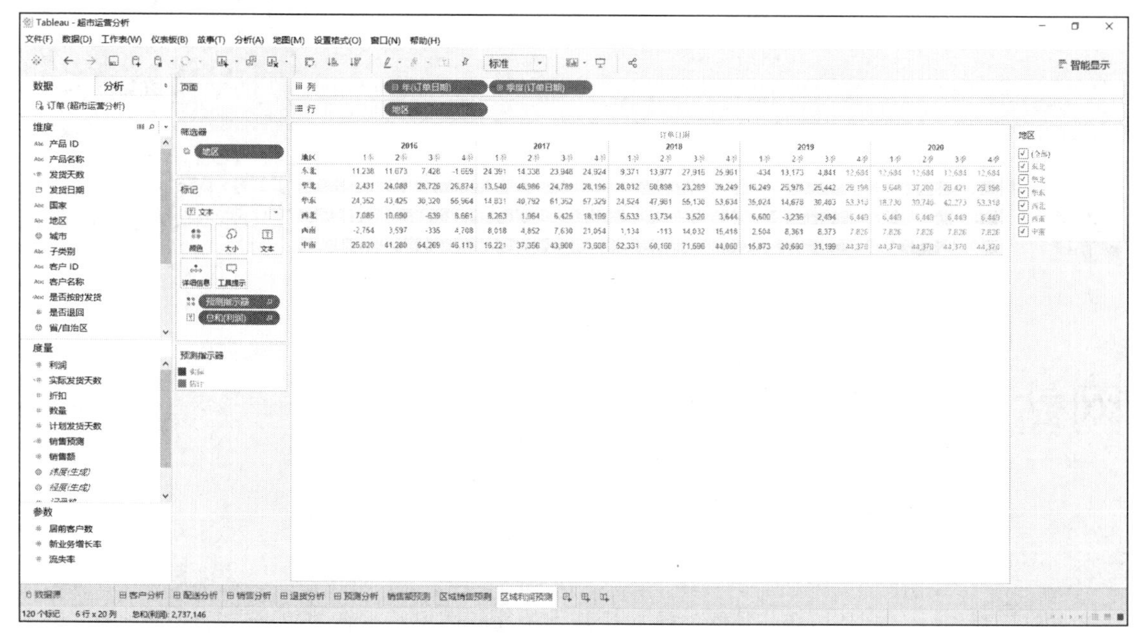

图 15-24　区域利润预测

操作步骤：

步骤 01　将维度下的“订单日期”拖放到列功能区，频率调整为季度。

步骤 02　将维度下的“地区”拖放到行功能区。

步骤 03　将维度下的“利润”拖放到“标记”卡的“文本”中。

步骤 04　将维度下的“地区”拖放到“筛选器”上，并选择“显示筛选器”。

步骤 05　单击“分析”→“预测”→“显示预测”。

15.6　上机操作题

练习 1：使用超市运营数据，制作区域销售经理的仪表板，该仪表板包括以下报表：

（1）近 4 年各个销售经理的销售额情况；

（2）近 4 年各个销售经理的利润额情况；

（3）近 4 年各个销售经理的退单量情况；

（4）近 4 年各个销售经理的满意度情况；

练习 2：将练习 1 制作的区域销售经理仪表板发布到 Tableau Online 在线服务器中。

第 16 章

网站流量统计分析

网站流量统计分析是指在获得网站访问量基本数据的情况下对有关数据进行统计分析，以了解网站当前访问效果和访问用户行为，并发现当前网络营销活动中存在的问题，为进一步修正或重新制定网络营销策略提供依据。

网站访问统计分析的基础是网站流量统计数据，可以统计的信息不仅是用户浏览的网页数量等“流量指标”，还包含用户访问网站的各种行为记录。网站访问统计的主要指标可以分为 3 类：网站流量指标、用户行为指标、用户浏览网站的方式。

本章将以某网站在 2020 年上半年的运营数据为数据源，围绕页面指标分析、访问量分析、浏览量分析、退出量分析和下载量分析 5 个方面进行深入分析。

在用 Tableau 进行数据分析之前，我们需要收集整理需要的数据，并进行清洗，再用 Tableau 进行数据连接。具体过程将不做详细说明，只介绍导入数据后的操作步骤。

16.1 页面指标分析

在网站流量统计分析中，网站页面浏览数一般是一个时期内的网页浏览总数，以及每天平均网页浏览数，主要指标可以分为 3 类：网站流量指标、用户行为指标、用户浏览网站的方式，仪表板如图 16-1 所示。

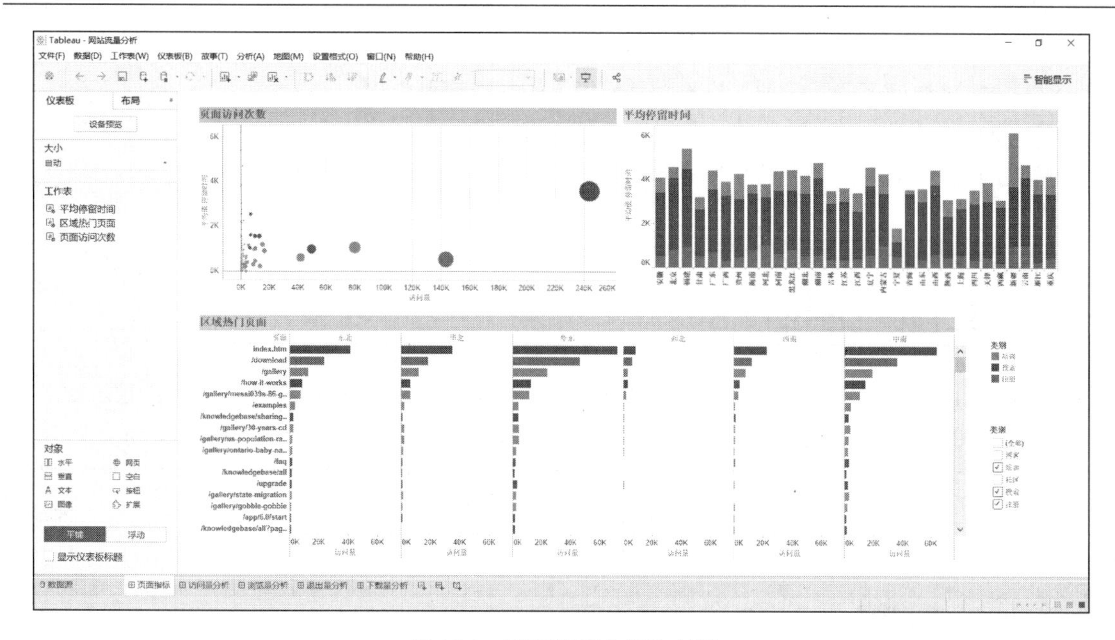

图 16-1　页面指标分析仪表板

16.1.1　页面访问次数

访问次数是指访客完整打开网站页面进行访问的次数，访问次数是网站访问速度的衡量标准。如果访问次数明显少于访客数，说明很多用户在没有打开网页时就关闭了网页，如图 16-2 所示。

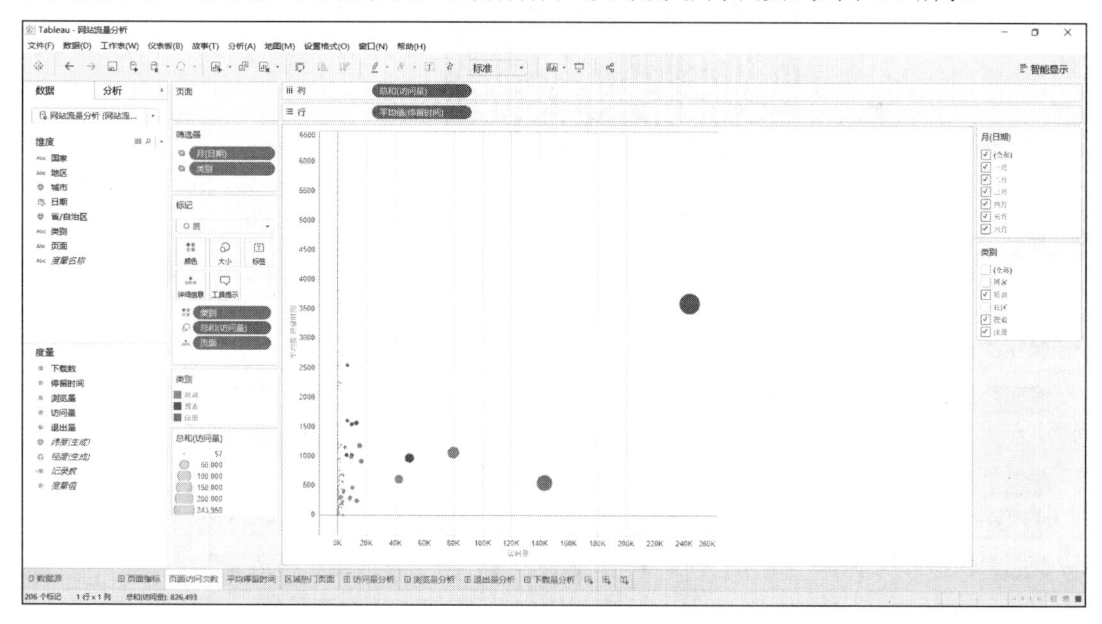

图 16-2　页面访问次数分析

操作步骤：

步骤 01　将度量下的“停留时间”拖放到行功能区，调整为平均值；将“访问量”拖到列功能区。

步骤02 将维度下的“类型”拖放到“标记”卡的“颜色”中。

步骤03 将度量下的“访问量”拖放到“标记”卡的“大小”中。

步骤04 将维度下的“页面”拖放到“标记”卡的“详细信息”中。

步骤05 将维度下的“日期”拖放到“筛选器”上，并选择“显示筛选器”。

步骤06 将维度下的“类别”拖放到“筛选器”上，并选择“显示筛选器”。

16.1.2 平均停留时间

平均访问时长是用户访问网站的平均停留时间，平均访问时长=总访问时长/访问次数。如果用户不喜欢网站的内容，可能稍微看一眼就关闭网页，平均访问时长就很短，如图 16-3 所示。

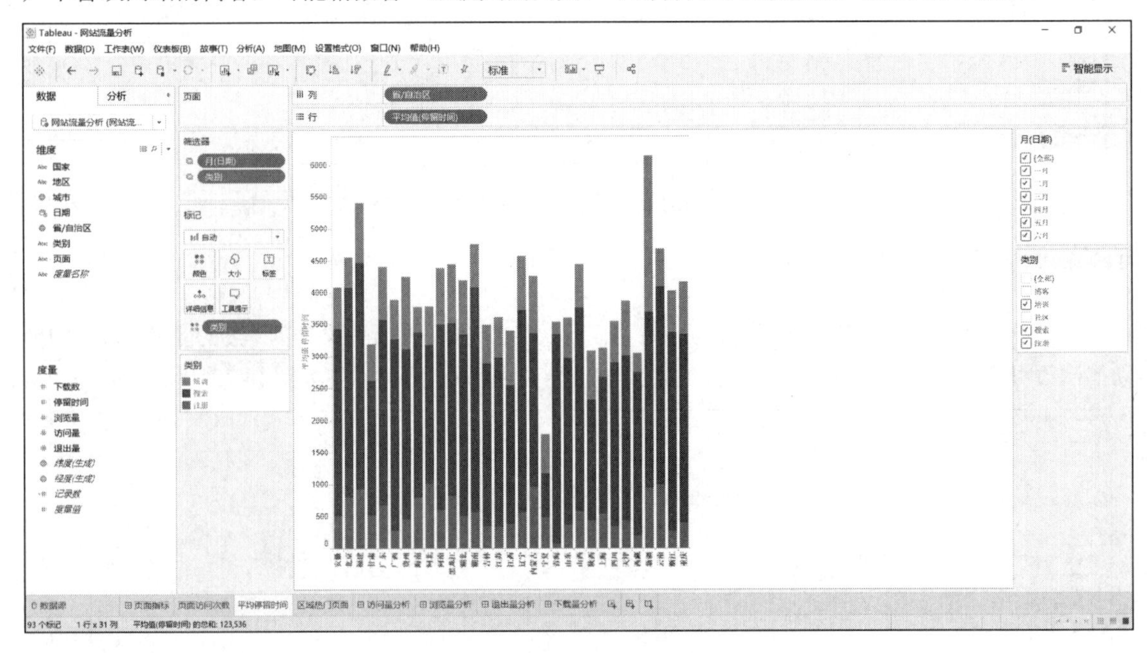

图 16-3 平均停留时间分析

操作步骤：

步骤01 将度量下的“停留时间”拖放到行功能区，调整为平均值；将维度下的“省/自治区”拖放到列功能区。

步骤02 将维度下的“类型”拖放到“标记”卡的“颜色”中。

步骤03 将维度下的“日期”拖放到“筛选器”上，并选择“显示筛选器”。

步骤04 将维度下的“类别”拖放到“筛选器”上，并选择“显示筛选器”。

16.1.3 区域热门页面

通过各个页面浏览数的比例分析重要信息是否被用户关注，通过对各个栏目页面浏览数量比例分析可以看出用户对哪些信息比较关注，也可以获得访问网站首页的用户比例。这些数据对于各个重要网页的重点推广具有重要意义，如图 16-4 所示。

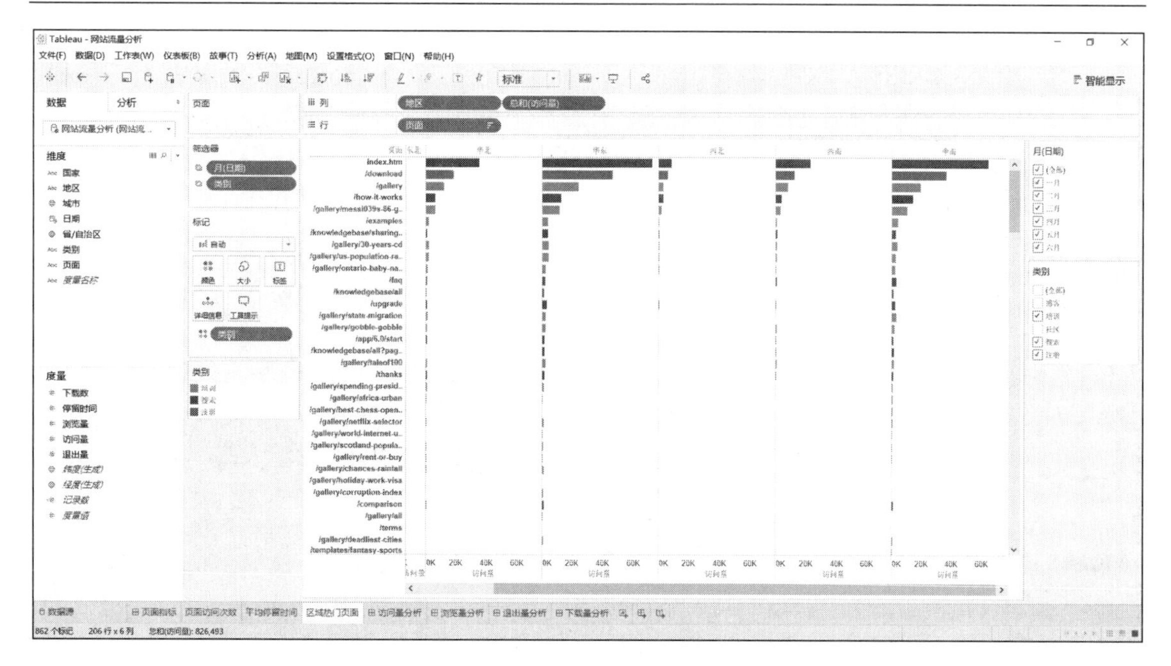

图 16-4　区域热门页面分析

操作步骤：

步骤 01 将维度下的“页面”拖放到行功能区，将维度下的“地区”拖放到列功能区，将度量下的“访问量”拖放到列功能区。

步骤 02 将维度下的“类型”拖放到“标记”卡的“颜色”中。

步骤 03 将维度下的“日期”拖放到“筛选器”上，并选择“显示筛选器”。

步骤 04 将维度下的“类别”拖放到“筛选器”上，并选择“显示筛选器”。

16.2　访问量分析

网站访问量分析是指在获得网站访问量基本数据的情况下对有关数据进行统计分析，从中发现用户访问网站的规律，并将这些规律与网络营销策略等结合。

在本例中，访问量分析将围绕访问量地图、各省市访问量、区域访问量、访问量趋势 4 个方面进行。访问量分析的仪表板如图 16-5 所示。

16.2.1　访问量地图

网站访问统计分析报告的基础数据源于网站流量统计信息，不过价值远高于原始数据资料。我们可以通过地图的形式比较全国各个省市的网站访问量大小，如图 16-6 所示。

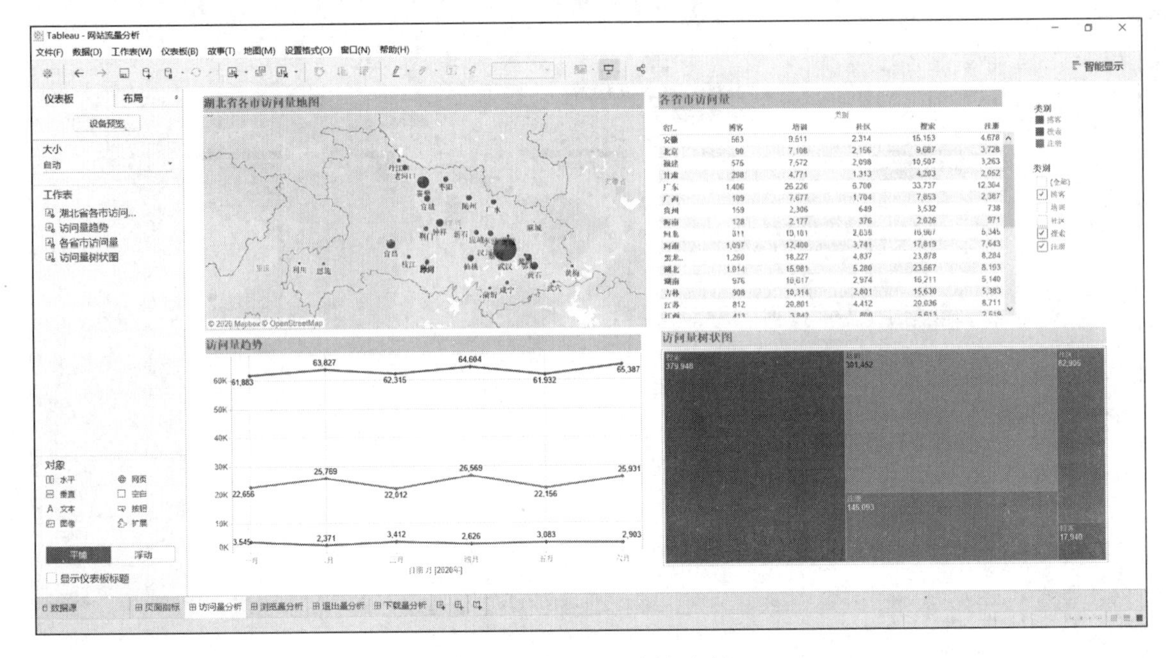

图 16-5　访问量分析仪表板

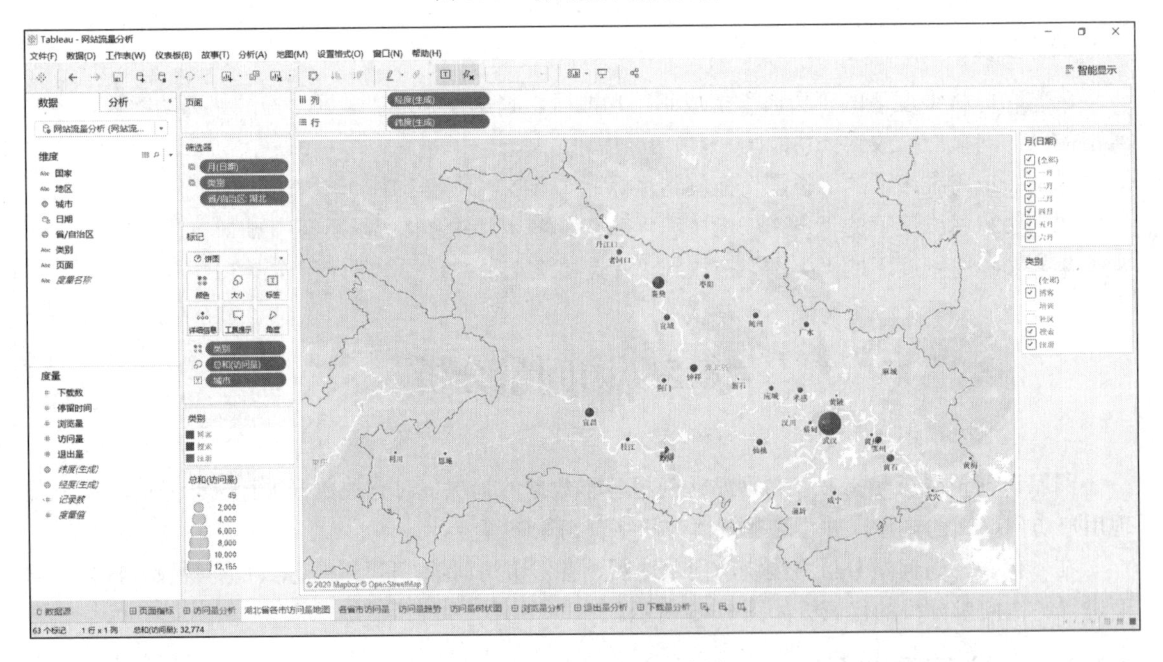

图 16-6　各省市访问量地图

操作步骤：

步骤 01 将“城市”的数据类型设置为“地理角色”中的“城市”，并把度量下的“纬度（生成）”和“经度（生成）” 分别拖放到行功能区和列功能区。

步骤 02 将维度下的“类别”拖放到“标记”卡的“颜色”中。

步骤 03 将度量下的“访问量”和拖放到“标记”卡的“大小”中。

步骤 04 将维度下的“省/自治区”拖放到“标记”卡的“详细信息”中。

步骤 05 将维度下的“日期”拖放到“筛选器”上，并选择“显示筛选器”。

步骤 06 将维度下的“类别”拖放到“筛选器”上，并选择“显示筛选器”，并将“省/自治区”拖放到“筛选器”上，在下拉框中选择“湖北”。

16.2.2　各省市访问量

由于不同省市人文地理、生活习惯和经济发展水平等的差异影响人们的网络访问偏好，因此可以从中挖掘网站流量的区域分布特征。该案例各个省市的访问量如图 16-7 所示。

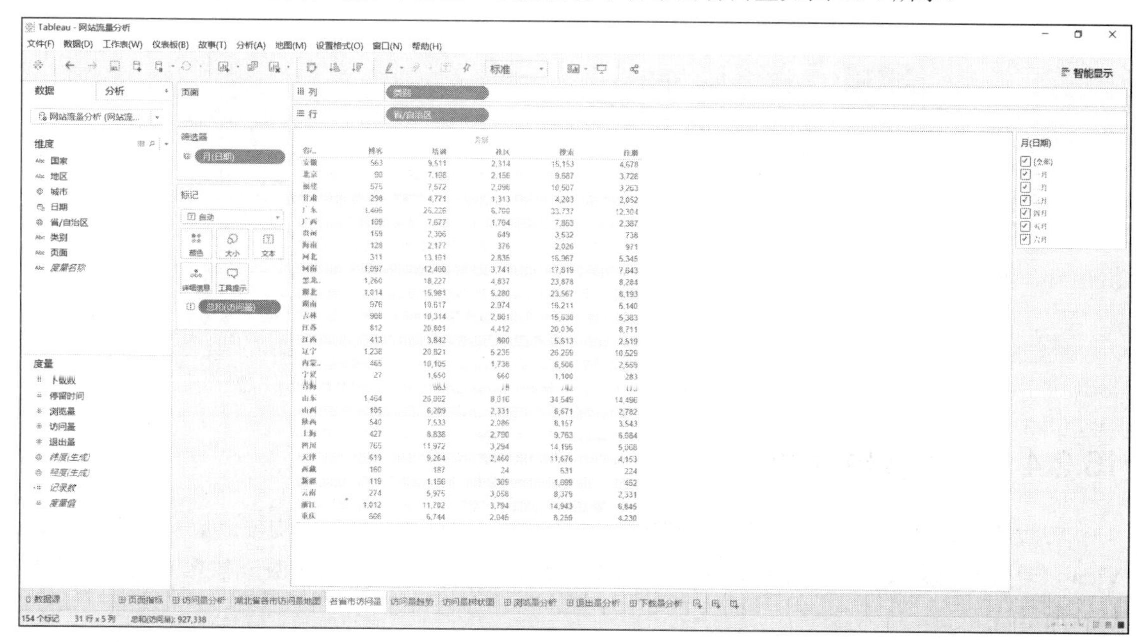

图 16-7　各个省市的访问量分析

操作步骤：

步骤 01 将维度下的“类别”拖放到列功能区，将维度下的“省/自治区”拖放到行功能区。

步骤 02 将度量下的“访问量”拖放到“标记”卡的“文本”中。

步骤 03 将维度下的“日期”拖放到“筛选器”功能区，统计频率调整为月，并单击筛选条件，选择“显示筛选器”。

16.2.3　访问量趋势

对网站页面访问量进行分析，从中分析网站流量的发展趋势，并将这些数据与网站所处阶段与特点结合分析。该网站的访问量趋势如图 16-8 所示。

操作步骤：

步骤 01 将维度下的“日期”拖放到列功能区，统计频度调整为月；将度量下的“访问量”拖放到行功能区。

步骤02 将维度下的“类别”拖放到“标记”卡的“颜色”中。

步骤03 将度量下的“浏览量”拖放到“标记”卡的“标签”中。

步骤04 将维度下的“类别”拖放到“筛选器”功能区，并单击筛选条件，选择“显示筛选器”。

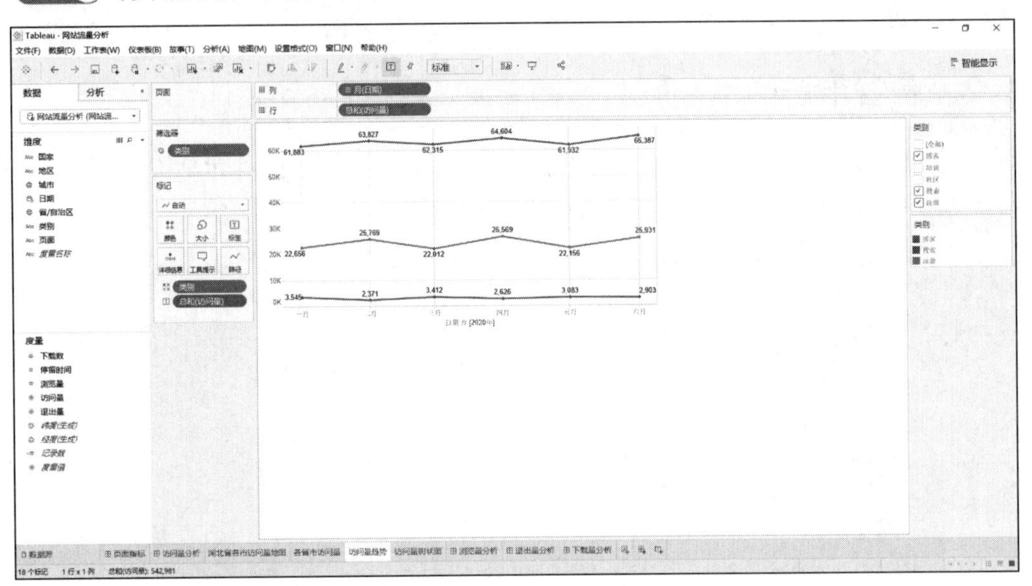

图 16-8 访问量趋势分析

16.2.4 访问量树状图

访问量即页面浏览量或点击量，用户每一次对网站中的每个网页访问均被记录一次。PV（Page View，即页面浏览量），因为一个独立 IP 可以产生多个 PV，所以 PV 个数≥独立 IP 个数，如图 16-9 所示。

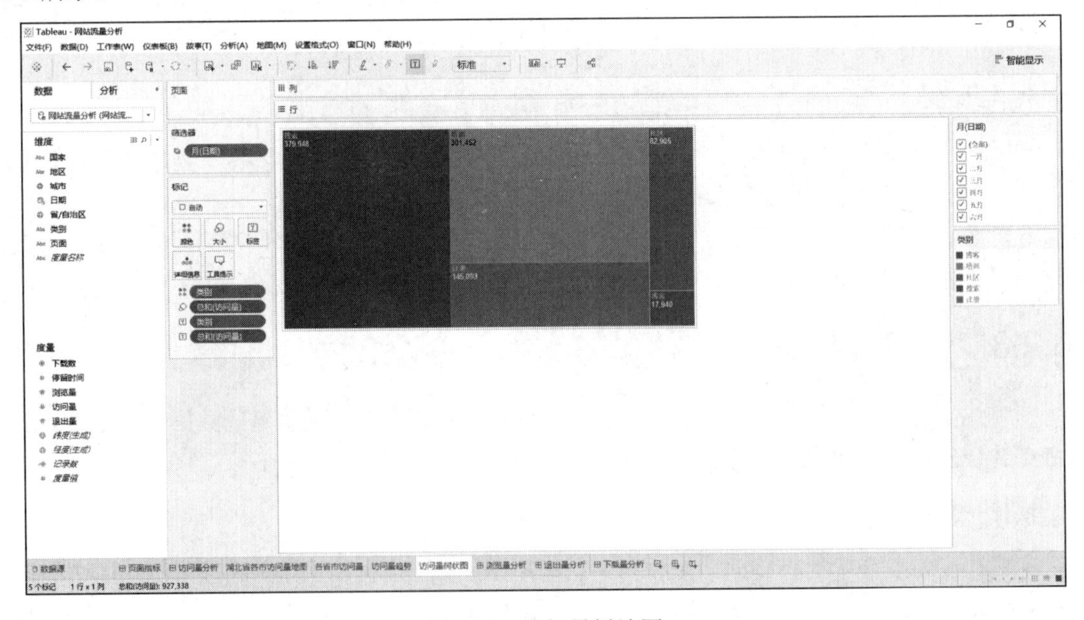

图 16-9 访问量树地图

操作步骤：

步骤01 将维度下的“类别”拖放到“标记”卡的“颜色”中。

步骤02 将度量下的“访问量”拖放到“标记”卡的“大小”中。

步骤03 单击右上方的“智能显示”按钮，在界面上选择“树地图”。

步骤04 将维度下的“日期”拖放到“筛选器”功能区，统计频率调整为月，并点击筛选条件，选择“显示筛选器”。

16.3　浏览量分析

浏览量和访问次数是呼应的。用户访问网站时每打开一个页面，就记为一个 PV。同一个页面被访问多次，浏览量也会累积。一个网站的浏览量越高，说明这个网站的知名度越高，内容越受用户喜欢。

在本例中，浏览量分析将围绕浏览量地图、各省市浏览量、区域浏览量、浏览量趋势 4 个方面进行。浏览量分析的仪表板如图 16-10 所示。

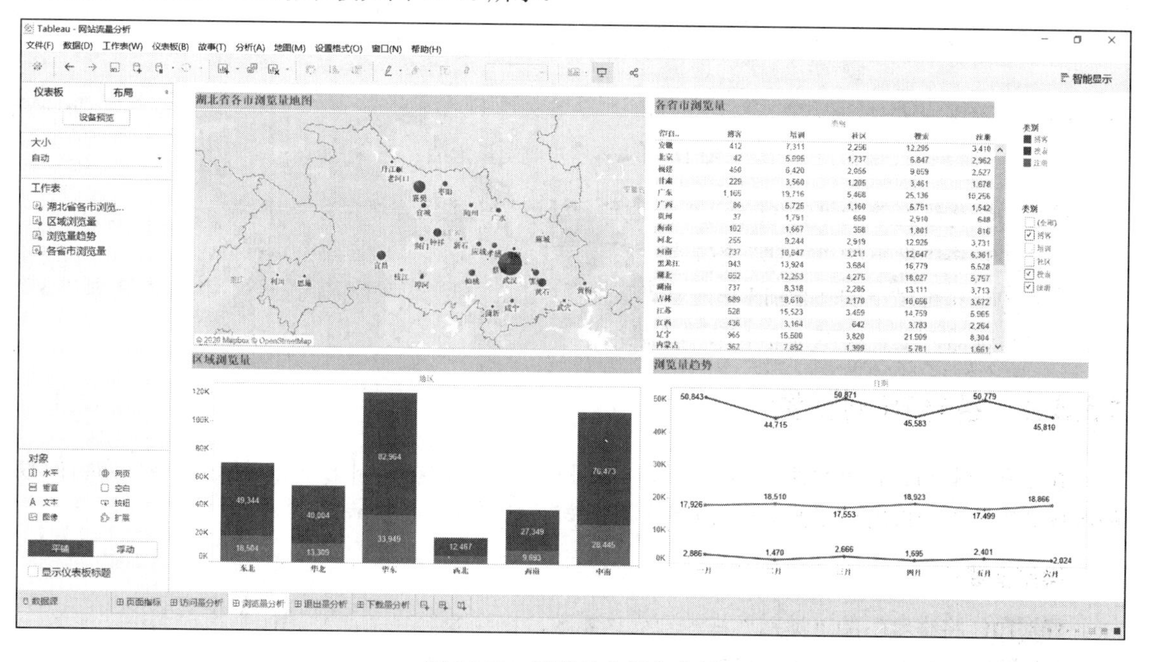

图 16-10　浏览量分析仪表板

16.3.1　浏览量地图

我们可以通过地图的形式比较全国各个省市的网站浏览量大小，反映用户在各个省市的空间分布、组合、联系、数量和质量特征及其变化情况，如图 16-11 所示。

操作步骤：

步骤01 将“城市”的数据类型设置为“地理角色”中的“城市”，并把度量下的“经度（生成）”拖放到列功能区，将“纬度（生成）”拖放到行功能区。

步骤02 将维度下的“类别”拖放到“标记”卡的“颜色”中。

步骤03 将度量下的“浏览量”拖放到“标记”卡的“大小”中。

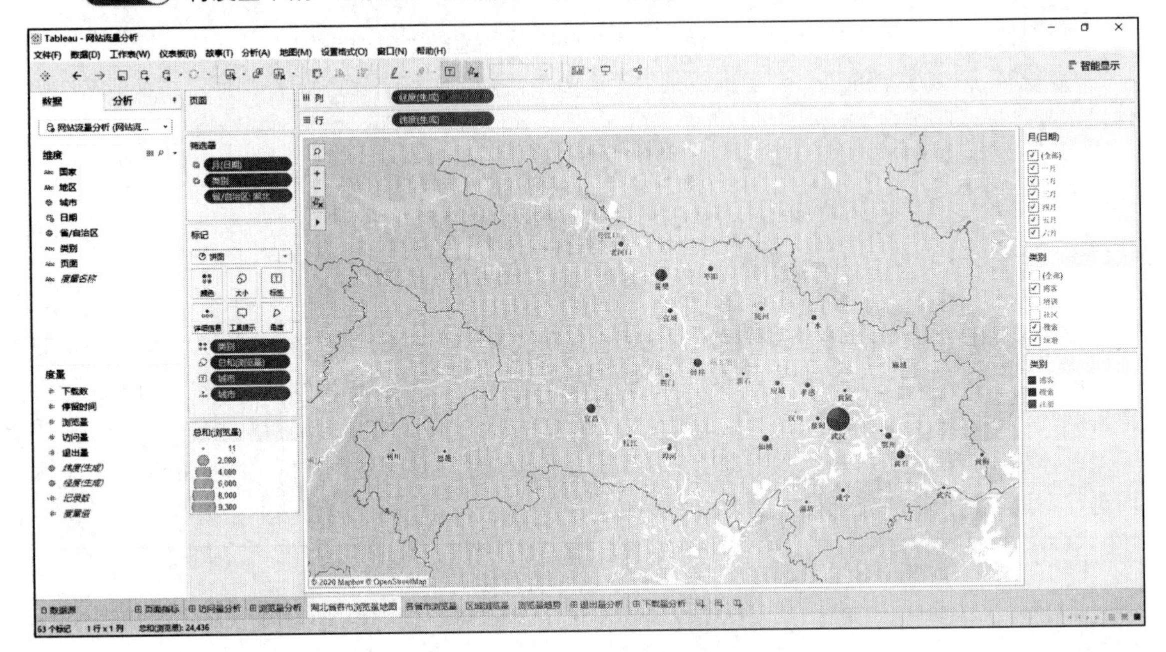

图 16-11　各省市浏览量地图

步骤04 将维度下的“省/自治区”拖放到“标记”卡的“详细信息”中。

步骤05 将维度下的“日期”拖放到“筛选器”上，并选择“显示筛选器”。

步骤06 将维度下的“类别”拖放到“筛选器”上，并选择“显示筛选器”，并将“省/自治区”拖放到“筛选器”上，在下拉框中选择“湖北”。

16.3.2　各省市浏览量

由于各个省市经济文化水平的差异影响人们的网络浏览偏好，因此可以通过网站页面访问数的区域分布深入分析用户在各个省市的浏览量偏好，如图 16-12 所示。

操作步骤：

步骤01 将维度下的“类别”拖放到列功能区，将纬度下的“省/自治区”拖放到行功能区。

步骤02 将度量下的“访问量”拖放到“标记”卡上的“文本”中。

步骤03 将维度下的“日期”拖放到“筛选器”功能区，统计频率调整为月，并单击筛选条件，选择“显示筛选器”。

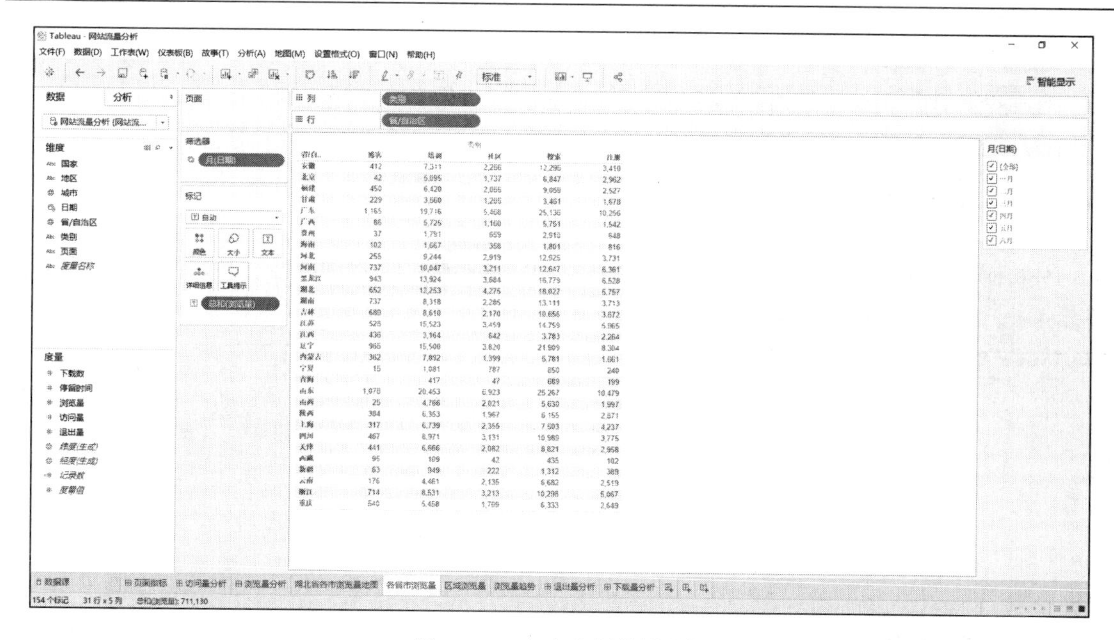

图 16-12 各省市浏览量分析

16.3.3 区域浏览量

由于不同区域人文地理、生活习惯和经济发展水平等的差异影响人们的网络浏览偏好，因此通过分析网站页面浏览数的区域分布可以挖掘用户的特征，如图 16-13 所示。

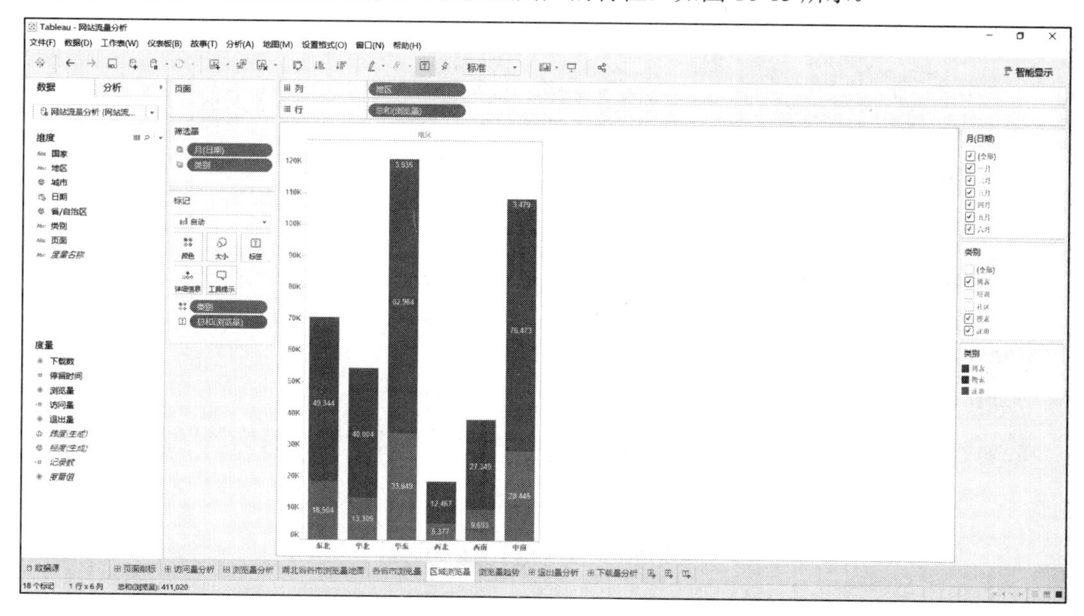

图 16-13 区域浏览量分析

操作步骤：

步骤 01 将度量下的“浏览量”拖放到行功能区，将维度下的“地区”拖放到列功能区。

步骤 02 将维度下的“类别”拖放到“标记”卡的“颜色”中。

步骤03 将度量下的“浏览量”拖放到“标记”卡的“标签”中。

步骤04 将维度下的“日期”拖放到“筛选器”上，并选择“显示筛选器”。

步骤05 将维度下的“类别”拖放到“筛选器”上，并选择“显示筛选器”。

16.3.4 浏览量趋势

分析网站页面浏览数，从中得出网站浏览量的发展趋势，并将这些数据与网站所处阶段特点结合分析。网站用户的浏览量如图 16-14 所示。

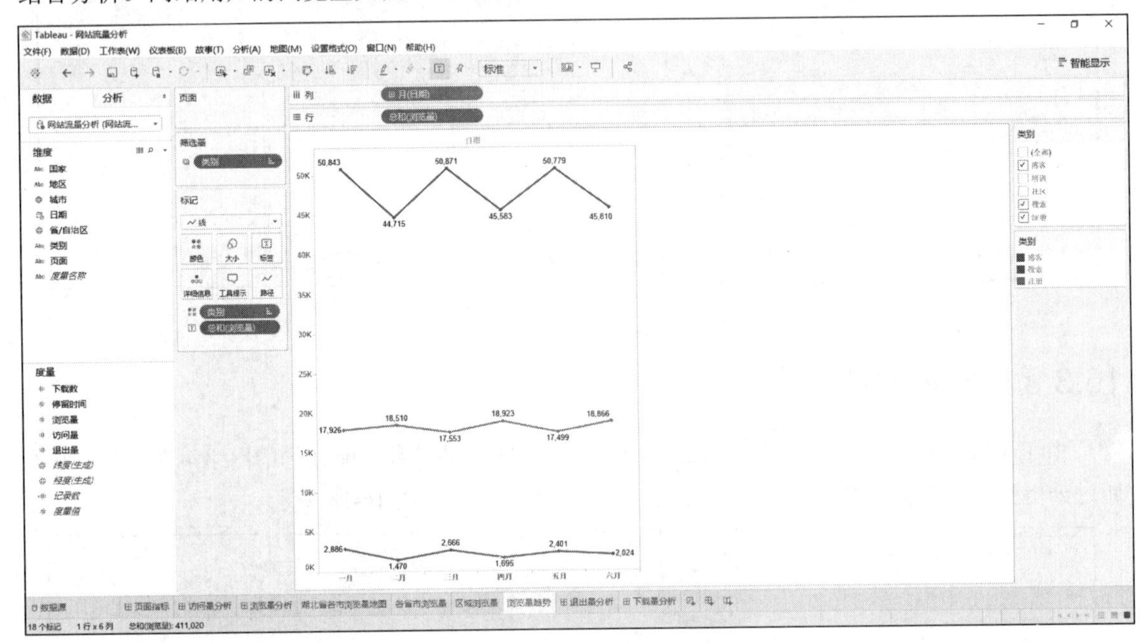

图 16-14 浏览量趋势分析

操作步骤：

步骤01 将维度下的“日期”拖放到列功能区，统计频度调整为月；将度量下的“浏览量”拖放到行功能区。

步骤02 将维度下的“类别”拖放到“标记”卡的“颜色”中。

步骤03 将度量下的“浏览量”拖放到“标记”卡的“标签”中。

步骤04 将维度下的“类别”拖放到“筛选器”上，并选择“显示筛选器”。

16.4 退出量分析

对网站页面的退出量进行全面分析，从中得出用户的行为规律。对于新发布的网站，如果网站页面退出量有明显下降的趋势，就应该进一步分析近期网站退出量明显下降的原因。

在本例中，退出量分析将围绕退出量地图、各省市退出量、区域退出量、退出量趋势 4 个方面进行。退出量分析的仪表板如图 16-15 所示。

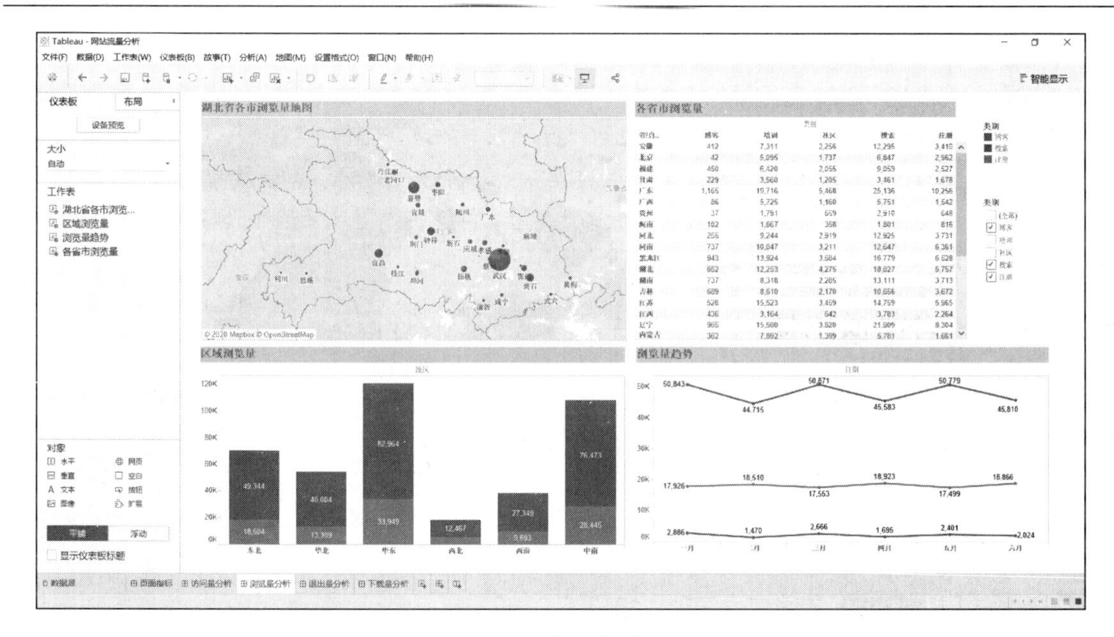

图 16-15　退出量分析仪表板

16.4.1　退出量地图

我们可以通过地图的形式比较全国各个省市的网站退出量大小，反映网站用户的空间分布、组合、联系、数量和质量特征及其变化，如图 16-16 所示。

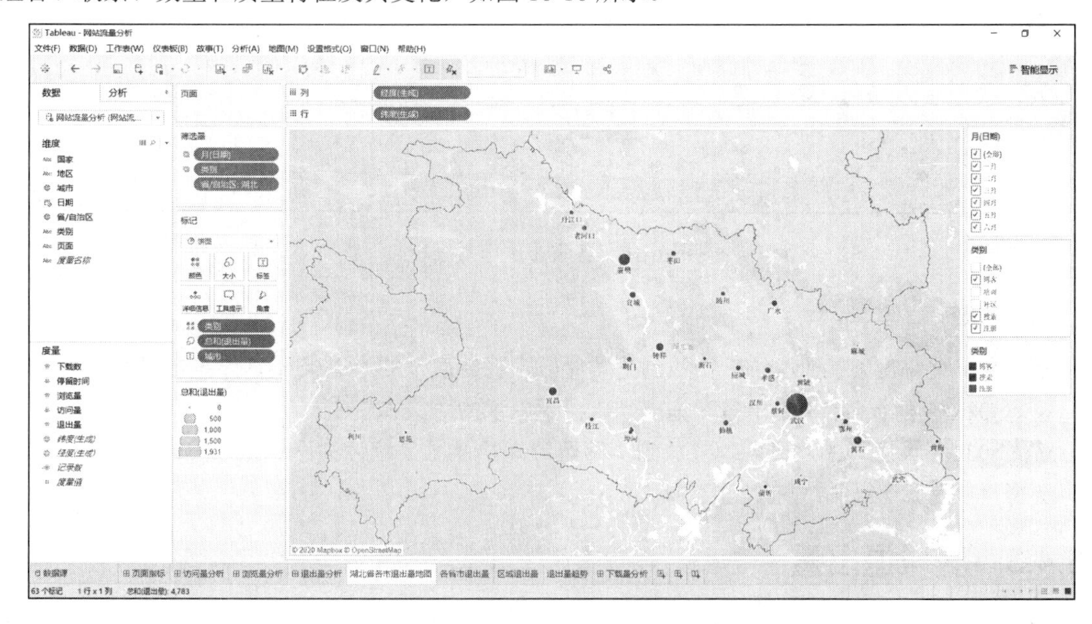

图 16-16　各省市退出量地图

操作步骤：

步骤 01 将“城市”的数据类型设置为“地理角色”中的“城市”，并把度量下的“经度（生成）”拖放到列功能区，将“纬度（生成）”拖放到行功能区。

步骤 02 将维度下的“类别”拖放到“标记”卡的“颜色”中。

步骤 03 将度量下的“退出量”拖放到“标记”卡的“大小”中。

步骤 04 将维度下的“省/自治区”拖放到“标记”卡的“详细信息”中。

步骤 05 将维度下的“日期”拖放到“筛选器”上，并选择“显示筛选器”。

步骤 06 将维度下的“类别”拖放到“筛选器”上，并选择“显示筛选器”，并将“省/自治区”拖放到“筛选器”上，在下拉框中选择“湖北”。

16.4.2 各省市退出量

可以通过分析各个省市网站页面退出量，从中找出网站流量的分布特征，还可以将这些数据与网站所处阶段特点进行结合。各省市退出量如图 16-17 所示。

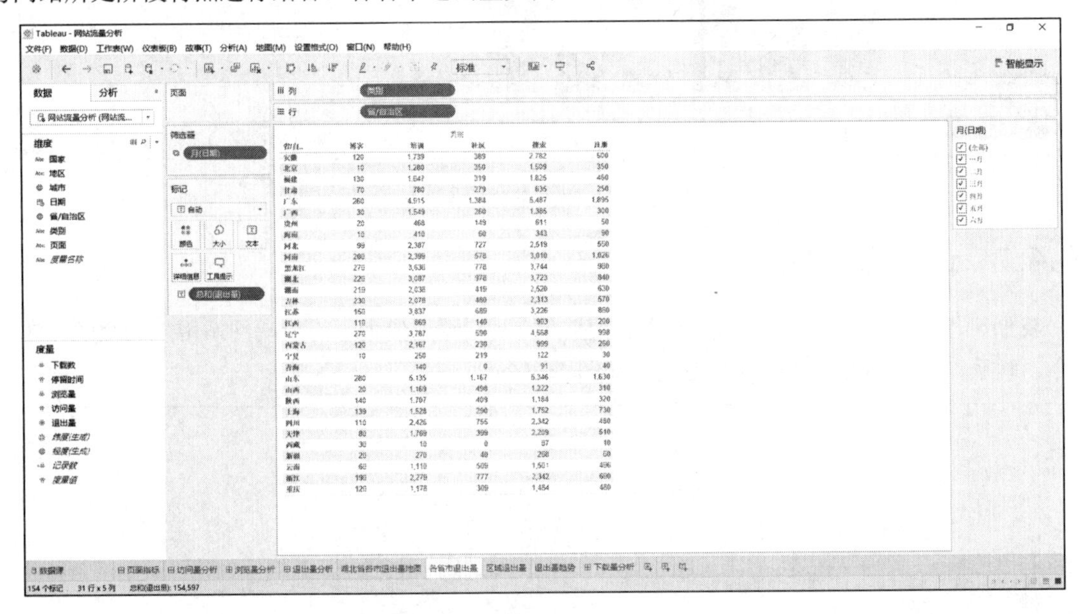

图 16-17 各省市退出量分析

操作步骤：

步骤 01 将维度下的“类别”拖放到列功能区，将纬度下的“省/自治区”拖放到行功能区。

步骤 02 将度量下的“退出量”拖放到“标记”卡的“文本”中。

步骤 03 将维度下的“日期”拖放到“筛选器”功能区，统计频率调整为月，并单击筛选条件，选择“显示筛选器”。

16.4.3 区域退出量

由于不同区域人文地理、生活习惯和经济发展水平等影响人们的网页浏览与退出偏好，因此可以通过网站页面退出数的区域特征为后期网站运营提供数据支撑，如图 16-18 所示。

操作步骤：

步骤 01 将度量下的“退出量”拖放到行功能区，将维度下的“地区”拖放到列功能区。

步骤 02 将维度下的“类别”拖放到“标记”卡的“颜色”中。

步骤 03 将度量下的“退出量”拖放到“标记”卡的“标签”中。

步骤 04 将维度下的“日期”拖放到“筛选器”上，并选择“显示筛选器”。

步骤 05 将维度下的“类别”拖放到“筛选器”上，并选择“显示筛选器”。

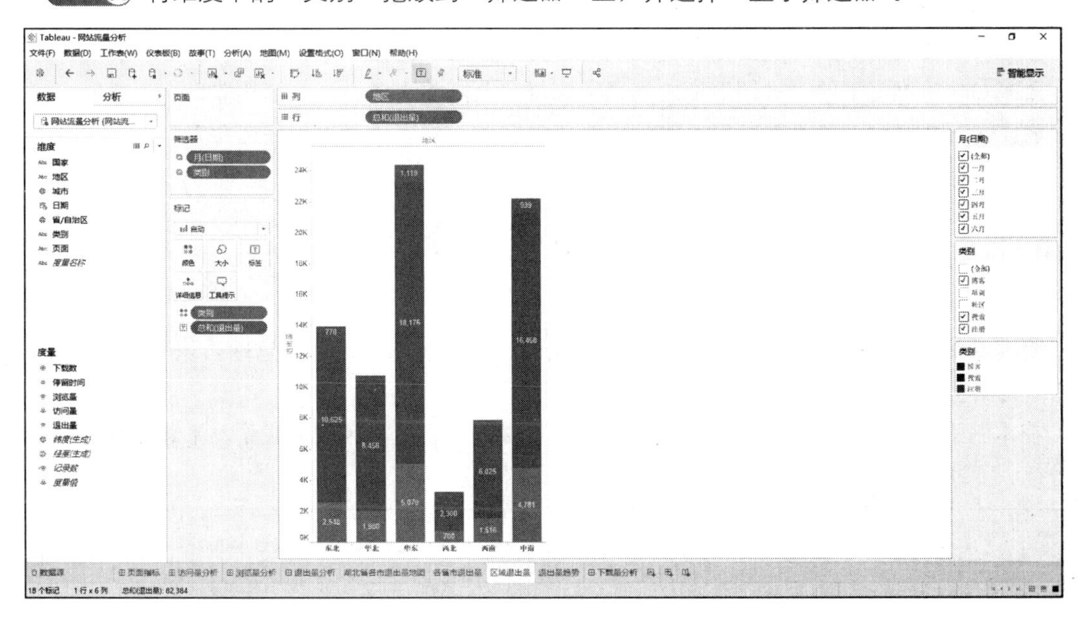

图 16-18　区域退出量分析

16.4.4　退出量趋势

对网站页面退出量进行分析，从中挖掘网站流量的发展趋势，并将这些数据与网站所处阶段特点结合分析，为后期网站优化提供参考，如图 16-19 所示。

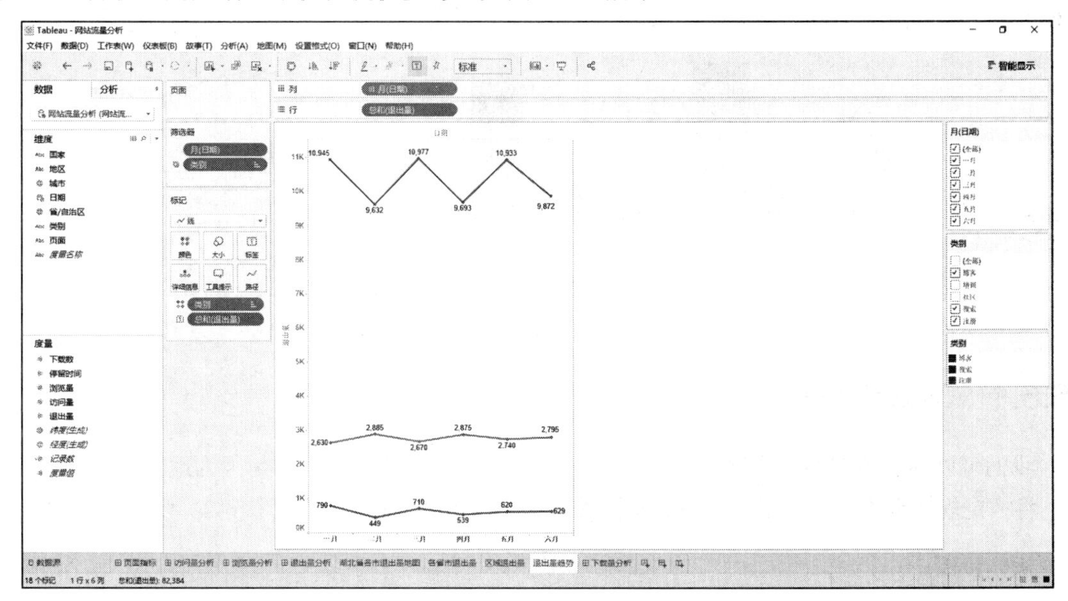

图 16-19　退出量趋势分析

操作步骤：

步骤 01 将维度下的“日期”拖放到列功能区，统计频度调整为月；将度量下的“退出量”拖放到行功能区。

步骤 02 将维度下的“类别”拖放到“标记”卡的“颜色”中。

步骤 03 将度量下的“退出量”拖放到“标记”卡的“标签”中。

步骤 04 将维度下的“日期”拖放到“筛选器”上，并选择“显示筛选器”。

步骤 05 将维度下的“类别”拖放到“筛选器”上，并选择“显示筛选器”。

16.5 下载量分析

对网站页面下载量进行分析，从中分析网站流量的发展趋势，并将这些数据与网站所处阶段特点进行结合，挖掘网站的未来发展趋势。

在本例中，下载量分析将围绕下载量地图、各省市下载量、区域下载量、下载量趋势 4 个方面进行。下载量分析的仪表板如图 16-20 所示。

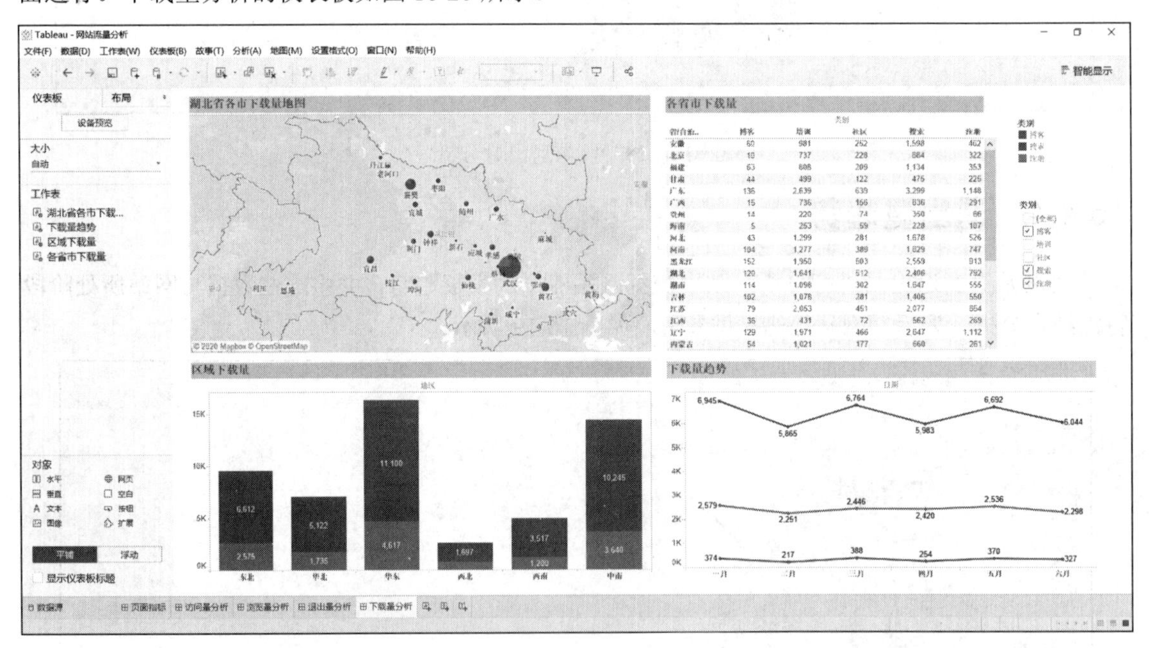

图 16-20 下载量分析仪表板

16.5.1 下载量地图

我们可以通过地图的形式比较全国各个省市的网站下载量大小，这是因为地图是根据数学法则，将一定规律现象使用地图语言通过制图综合缩小反映在平面上，如图 16-21 所示。

操作步骤：

步骤 01 将“城市”的数据类型设置为“地理角色”中的“城市”，并把度量下的“经度（生

成)”拖放到列功能区，将“纬度 (生成)”拖放到行功能区。

步骤 02 将维度下的“类别”拖放到“标记”卡的“颜色”中。

步骤 03 将度量下的“下载数”拖放到“标记”卡的“大小”中。

步骤 04 将维度下的“省/自治区”拖放到“标记”卡的“详细信息”中。

步骤 05 将维度下的“日期”拖放到“筛选器”上，并选择“显示筛选器”。

步骤 06 将维度下的“类别”拖放到“筛选器”上，并选择“显示筛选器”，并将“省/自治区”拖放到“筛选器”上，在下拉框中选择“湖北”。

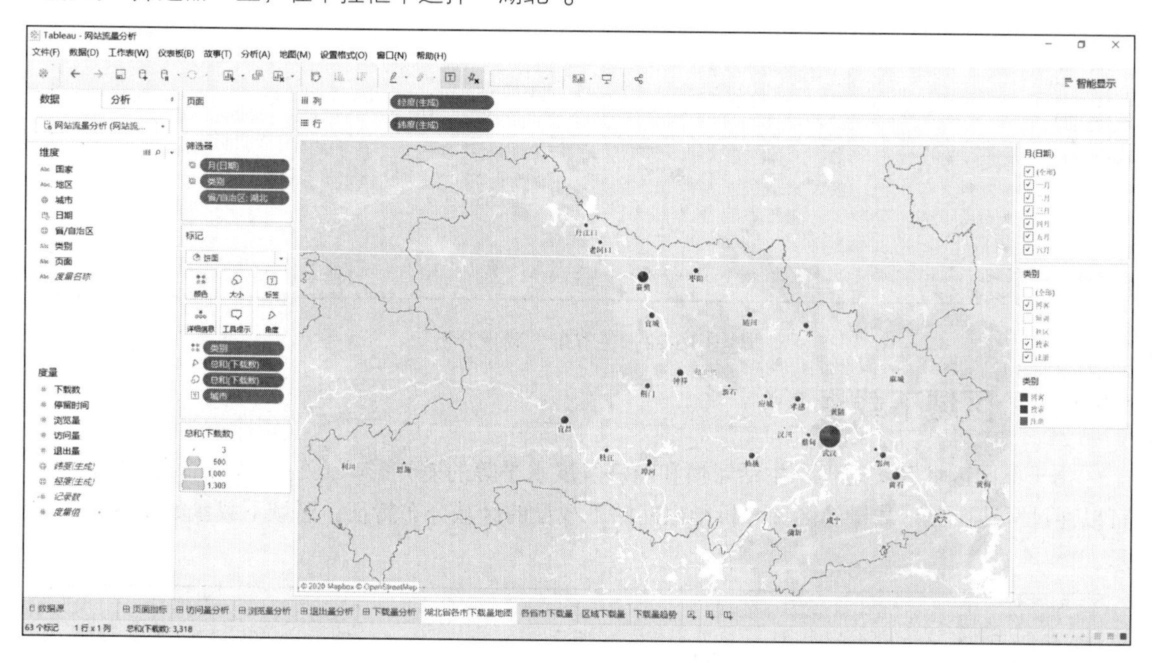

图 16-21　各省市下载量地图

16.5.2　各省市下载量

由于不同区域人文地理、生活习惯和经济发展水平等影响人们的网络浏览偏好，因此可以通过网站页面访问数的分析得出网站流量的区域分布特征。各省市下载量如图 16-22 所示。

操作步骤：

步骤 01 将维度下的“类别”拖放到列功能区，将维度下的“省/自治区”拖放到行功能区。

步骤 02 将度量下的“访问量”拖放到“标记”卡的“文本”中。

步骤 03 将维度下的“日期”拖放到“筛选器”功能区，统计频率调整为月，并单击筛选条件，选择“显示筛选器”。

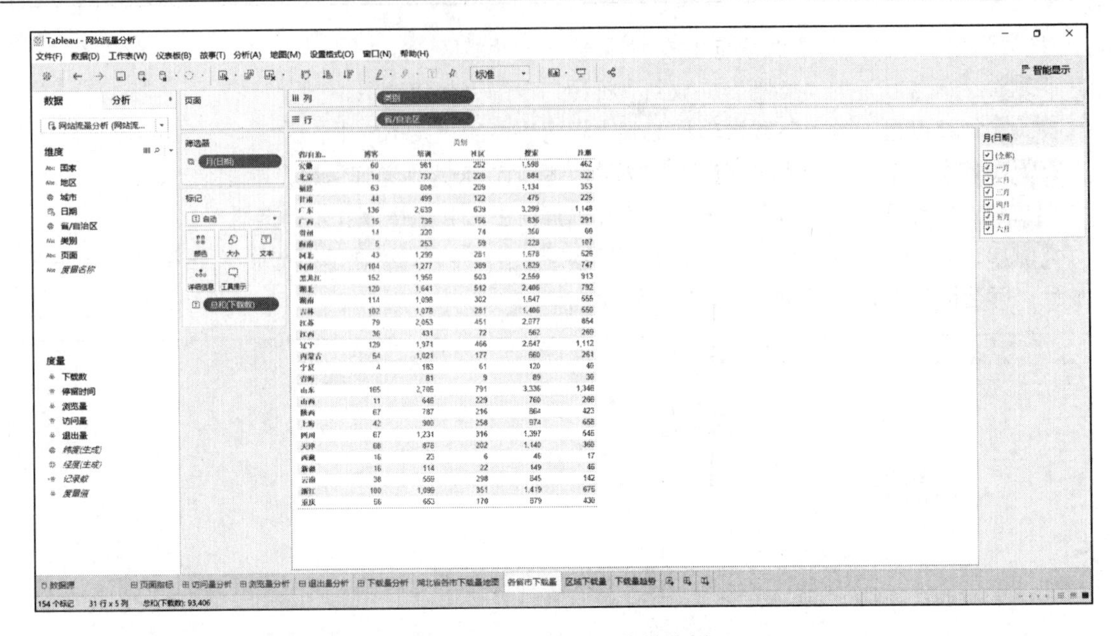

图 16-22　各省市下载量分析

16.5.3　区域下载量

由于不同区域人文地理、生活习惯和经济发展水平等的差异影响人们的网络下载偏好，因此可以通过网站页面下载量的区域分析得出网站下载量的区域分布特征。区域下载量如图 16-23 所示。

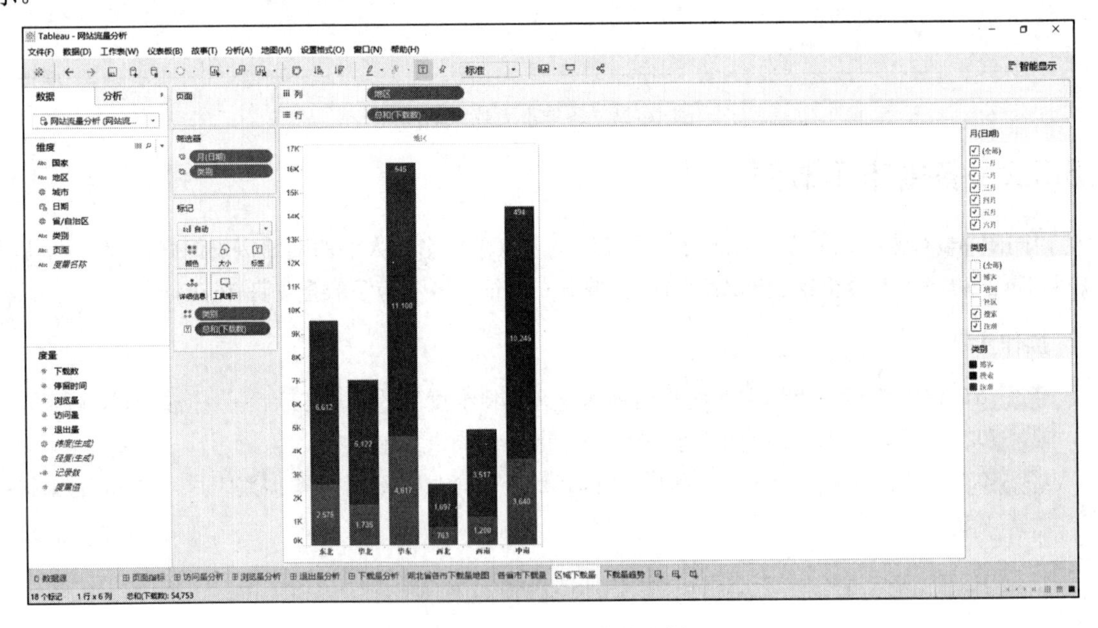

图 16-23　区域下载量分析

操作步骤：

步骤 01 将度量下的“下载数”拖放到行功能区，将维度下的“地区”拖放到列功能区。

步骤02 将维度下的“类别”拖放到“标记”卡的“颜色”中。

步骤03 将度量下的“下载数”拖放到“标记”卡的“标签”中。

步骤04 将维度下的“日期”拖放到“筛选器”功能区，调整为月，并选择“显示筛选器”。

步骤05 将维度下的“类别”拖放到“筛选器”功能区，并选择“显示筛选器”。

16.5.4 下载量趋势

对于发布的网站，如果网站页面下载量有明显上升的趋势，就与网站发展阶段的特征基本吻合，否则应该进一步分析网站下载量没有明显上升的原因。本案例的下载量趋势如图 16-24 所示。

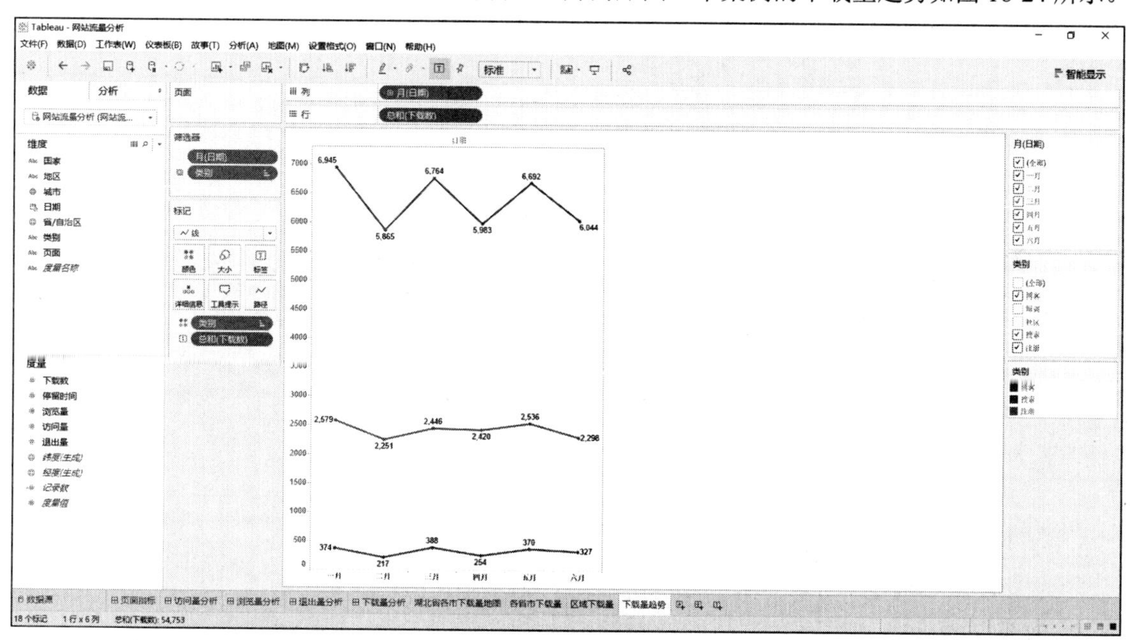

图 16-24　下载量趋势分析

操作步骤：

步骤01 将维度下的“日期”拖放到列功能区，统计频度调整为月；将度量下的“下载数”拖放到行功能区。

步骤02 将维度下的“类别”拖放到“标记”卡的“颜色”中。

步骤03 将度量下的“下载数”拖放到“标记”卡的“标签”中。

步骤04 将维度下的“日期”拖放到“筛选器”上，并选择“显示筛选器”。

步骤05 将维度下的“类别”拖放到“筛选器”上，并选择“显示筛选器”。

16.6 上机操作题

练习 1：使用网站流量数据，制作页面停留时间的仪表板，该仪表板包括以下报表：

（1）网站总体页面平均停留时间情况；

（2）各省市页面平均停留时间的地图；

（3）各地区页面平均停留时间的饼图；

（4）各类别的页面平均停留时间情况；

练习 2：将练习 1 制作的页面停留时间仪表板发布到 Tableau Online 在线服务器中。

附录 A

配置 ODBC 数据源

ODBC 是微软开放服务结构中有关数据库的一个组成部分。ODBC 建立了一组规范，并提供了一组访问数据库的标准 API，用户可以直接将 SQL 语句送给 ODBC，使用 ODBC 驱动程序访问数据的位置。

Tableau 经常需要通过 ODBC 访问数据库，尤其是 MySQL 数据库，注意在连接之前首先需要下载和安装 MySQL 的 ODBC 驱动，其他数据库与此类似。下面我们以最常用的 Windows 10 64 位家庭版系统为例进行讲解，具体操作步骤如下。

步骤 01 添加数据源管理器。

双击“控制面板”→“系统和安全”→“管理工具”→“ODBC 数据源（64 位）”，弹出“ODBC 数据源管理程序（64 位）”对话框，如图 A-1 所示。

步骤 02 选择相应的驱动程序。

在“用户 DSN”选项卡中单击“添加”按钮，弹出“创建新数据源”对话框，选择“MySQL ODBC 8.0 Unicode Driver”，如图 A-2 所示。

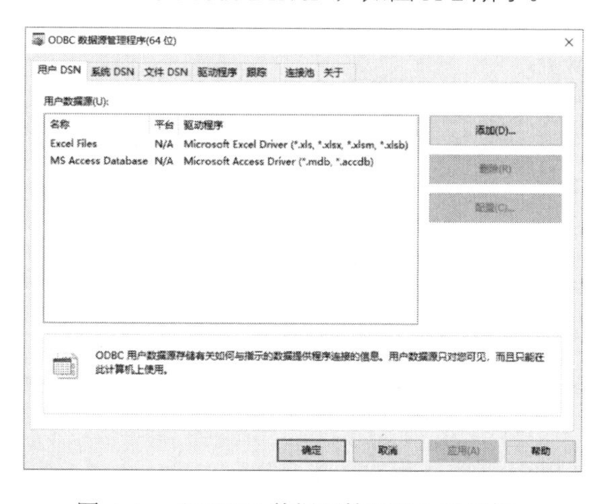

图 A-1 “ODBC 数据源管理器”对话框

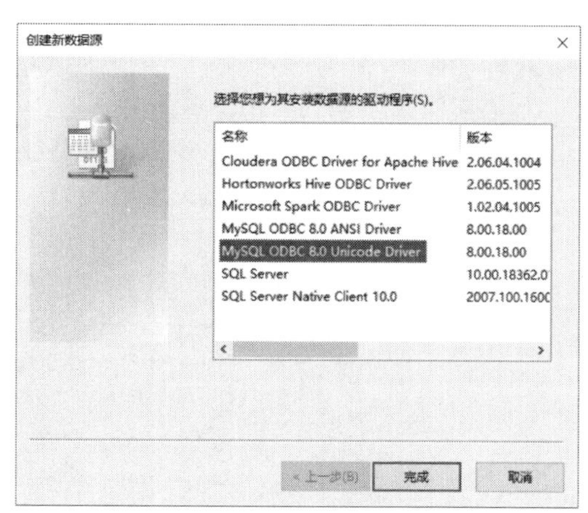

图 A-2 选择相应的驱动程序

步骤 03 配置数据库服务器。

单击图 A-2 的“完成”按钮，弹出“MySQL Connector/ODBC Data Source Configuration”对话框，如图 A-3 所示。

输入数据源名称、数据源描述（可以不填写）、MySQL 所在的服务器名称或 IP 地址、端口号（默认是 3306）、数据库的用户名和密码、默认的数据库等。服务器名称可以是 MySQL 所在的机器名称，也可以是 IP 地址（如果是本地数据库可以直接输入“localhost”或“127.0.0.1”）。

步骤 04 测试数据源连接。

如果想测试是否已成功连接，可以单击如图 A-3 所示的“Test”按钮，出现“Connection Successful”的提示信息，说明配置的 ODBC 数据源没有问题，如图 A-4 所示。

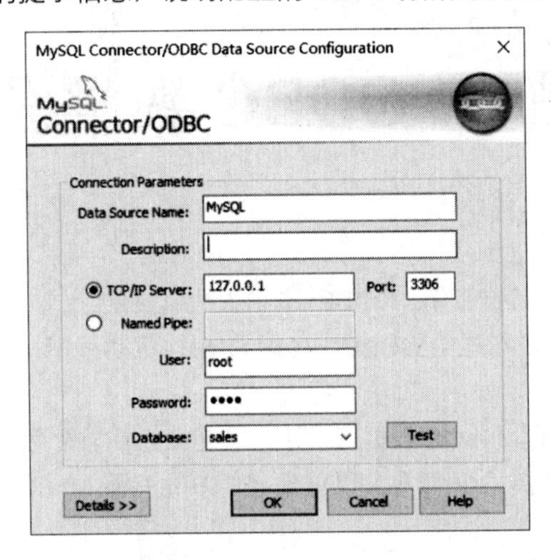

图 A-3 连接数据库服务器

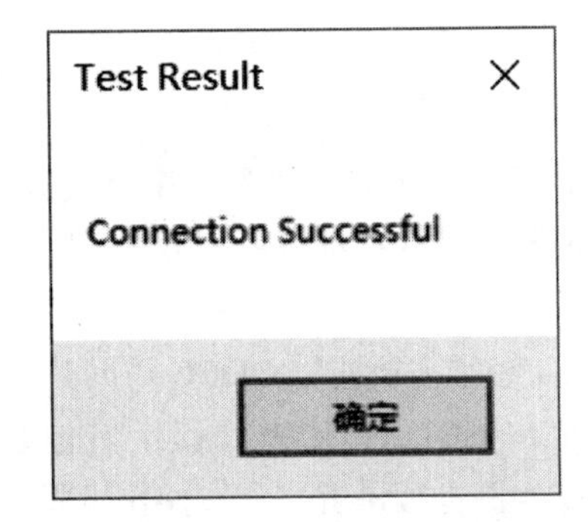

图 A-4 测试连接成功

参考文献

[1] 王国平. 精通 Tableau 商业数据分析与可视化[M]. 北京：清华大学出版社，2019
[2] 美智讯. Tableau 商业分析一点通[M]. 北京：电子工业出版社，2018
[3] 美智讯. Tableau 商业分析从新手到高手[M]. 北京：电子工业出版社，2018
[4] 白玲. 基于 Tableau 工具的医疗数据可视化分析[J]. 中国医院统计，2018，2505：399-401.
[5] 陈佳艳. 基于 Tableau 实现在线教育大数据的可视化分析[J]. 江苏商论，2018，02：123-125.
[6] 杨月. Tableau 在航运企业航线营收数据分析中的应用[J]. 集装箱化，2018，2908：8-9.
[7] 刘红阁等. 人人都是数据分析师 Tableau 应用实战[M]. 北京：人民邮电出版社，2015
[8] 沈浩等. 触手可及的大数据分析工具：Tableau 案例集[M]. 北京：电子工业出版社，2015

参考文献

[1] [illegible]
[2] [illegible]
[3] [illegible]
[4] [illegible]
[5] [illegible]
[6] [illegible]
[7] [illegible]
[8] [illegible]